中国石油勘探生产与新能源要览

2022

中国石油天然气集团有限公司　编

石油工业出版社

图书在版编目（CIP）数据

中国石油勘探生产与新能源要览.2022/中国石油天然气集团有限公司编.--北京：石油工业出版社，2024.9.--ISBN 978-7-5183-6874-7

I.F426.2

中国国家版本馆CIP数据核字第2024NZ6698号

中国石油勘探生产与新能源要览2022

出版发行：石油工业出版社
（北京安定门外安华里2区1号　100011）
网　　　址：www.petropub.com
图书营销中心：（010）64523731
编 辑 部：（010）64523623　64523586
经　　销：全国新华书店
印　　刷：北京中石油彩色印刷有限责任公司

2024年9月第1版　2024年9月第1次印刷
710×1000毫米　开本：1/16　印张：13.25　插页：2
字数：260千字

定价：35.00元
（如出现印装质量问题，请与图书营销中心联系）
版权所有　翻印必究

编辑说明

一、《中国石油勘探生产与新能源要览2022》（简称《要览》）记述中国石油天然气集团有限公司2022年油气勘探与生产业务主要发展情况，向广大读者展示中国石油天然气集团有限公司努力实现有质量、有效益、可持续发展，为建设基业长青的世界一流综合性国际能源公司所做出的努力和取得的成就。

二、本册《要览》内容分为3个部分：油气勘探开发生产、新能源和油气田企业概览。

三、本册《要览》所引用的数据和资料时间从2022年1月1日至2022年12月31日，个别内容略有延伸。除特别指明外，一般来源于中国石油天然气集团有限公司统计数据。

四、为行文简洁，《要览》中的机构名称一般在首次出现时用全称加括注简称，之后出现时用简称。中国石油天然气集团有限公司简称为"集团公司"，中国石油天然气股份有限公司简称为"股份公司"，两者统称"中国石油"。

五、本册《要览》资料翔实、叙述简洁、数据准确，为石油员工以及广大读者了解中国石油天然气集团有限公司年度发展情况提供帮助。

六、希望读者多提供宝贵意见和建议，以便今后能更好地精选内容，为读者服务。

《中国石油天然气集团有限公司年鉴》编辑部

2024年6月

2022年5月26日，中国石油天然气集团有限公司自营区第一座海上采修一体化平台——大港油田埕海一号平台正式投产，日产原油420吨，标志着大港油田滩海自营区迈入"海油海采"新发展阶段（大港油田公司 提供）

2022年6月2日，中国石油塔里木油田公司沙漠公路零碳示范工程在塔克拉玛干沙漠建成投运，成为中国首条零碳沙漠公路（陈士兵 摄）

2022年6月15日，中国石油新疆油田公司天湾1井获重大战略突破，在准噶尔盆地南缘东湾构造带白垩系清水河组获日产油气当量885.4立方米，地层压力、试气最高井口流压刷新纪录，获中国石油天然气集团有限公司勘探重大成果奖特等奖（新疆油田公司 提供）

2022年6月25日，中国石油华北油田公司山西沁水煤层气田井口日产量和日外输商品气量双双突破550万立方米，年地面抽采能力超过20亿立方米，建成全国最大的煤层气田（华北油田公司 提供）

2022年9月8日,中国石油玉门油田公司300兆瓦光伏并网发电项目正式启动,项目安装容量360兆瓦,建成后年均发电量6.058亿千瓦·时,是中国石油建设的最大光伏发电项目

(玉门油田公司 提供)

2022年10月9—26日,中国石油辽河油田公司渤海湾盆地辽河滩海葵花岛构造带风险探井葵探1井在古近系东营组三段、沙河街组及中生界试气分别获14.86万立方米、15.45万立方米、19.94万立方米高产工业气流,初步落实百亿立方米规模天然气增储区带,获中国石油天然气集团有限公司勘探重大发现奖一等奖

(辽河油田公司 提供)

2022年12月26日,中国石油西南油气田公司当年生产天然气376亿立方米、原油6.8万吨,年油气产量当量突破3000万吨

(郑海涛 摄)

2022年12月26日，中国石油吉林油田公司北湖风电场C2风机启动，标志着中国石油风电项目第一台风机正式并网发电，实现中国石油陆上大规模集中式风力发电领域零的突破

（王珊珊　摄）

2022年12月27日，中国石油长庆油田公司天然气年产量突破500亿立方米，约占全国同期天然气产量的1/4，标志着中国石油在长庆全面建成国内首个年产500亿立方米战略大气区

（长庆油田公司　提供）

2022年12月30日，中国石油西南油气田公司龙王庙组气田水提锂中试装置建成投运，日处理规模500立方米，年产碳酸锂50吨，是国内首次利用天然气开采伴生气田水成功制得工业级碳酸锂产品（熊正禄　提供）

目　　录

第一部分　油气勘探开发生产

综述

概述…………………………………… 2
生产经营指标………………………… 2
勘探开发主要成果…………………… 3

油气勘探

概述…………………………………… 8
勘探任务完成情况…………………… 8
渤海湾盆地主要勘探成果…………… 8
松辽盆地主要勘探成果……………… 9
鄂尔多斯盆地主要勘探成果………… 10
四川盆地主要勘探成果……………… 11
准噶尔盆地主要勘探成果…………… 12
塔里木盆地主要勘探成果…………… 12
柴达木盆地主要勘探成果…………… 13
河套盆地主要勘探成果……………… 13
其他中小盆地主要勘探成果………… 14
风险勘探工作及成果………………… 14
中国石油2022年度油气勘探年会… 14

勘探工程技术

概述…………………………………… 15
物探资料采集………………………… 15
物探资料处理解释…………………… 16
物探技术攻关………………………… 16
物探科研与应用……………………… 17

国产物探软件推广应用……………… 17
地球物理数据与软件共享中心
　建设………………………………… 18
水平井钻井技术……………………… 18
精细控压钻井与欠平衡技术………… 19
随钻扩眼与垂直钻井技术…………… 21
大井丛工厂化钻井技术……………… 21
高精度成像测井和扫描测井的技术
　应用成效…………………………… 22
风险探井测井采集与解释评价……… 23
MDT技术的提质增效作用　……… 23
二维核磁共振技术的页岩油气
　"甜点"评价 ……………………… 23
高性能过钻杆测井技术的取全取准
　资料………………………………… 23
高性能套后饱和度测井的剩余油
　深化评价…………………………… 23

油田开发

概述…………………………………… 24
原油生产……………………………… 25
原油产能建设………………………… 26
精细油藏描述………………………… 26
注水工作……………………………… 26
重大开发试验………………………… 27
老油田"压舱石工程"……………… 28

长停井治理⋯⋯⋯⋯⋯⋯⋯⋯ 28
原油开发对标⋯⋯⋯⋯⋯⋯⋯ 28
油藏动态监测⋯⋯⋯⋯⋯⋯⋯ 29
中国石油2022年度油气田开发
　年会⋯⋯⋯⋯⋯⋯⋯⋯⋯⋯ 29

天然气开发

概述⋯⋯⋯⋯⋯⋯⋯⋯⋯⋯⋯ 30
天然气产能建设⋯⋯⋯⋯⋯⋯ 30
长庆气区天然气生产⋯⋯⋯⋯ 31
西南气区天然气生产⋯⋯⋯⋯ 31
塔里木气区天然气生产⋯⋯⋯ 31
气藏评价⋯⋯⋯⋯⋯⋯⋯⋯⋯ 31
天然气提高采收率现场开发试验⋯ 32
天然气保供⋯⋯⋯⋯⋯⋯⋯⋯ 33

矿权管理

概述⋯⋯⋯⋯⋯⋯⋯⋯⋯⋯⋯ 33
矿权登记状况⋯⋯⋯⋯⋯⋯⋯ 33
矿权年检缴费⋯⋯⋯⋯⋯⋯⋯ 34
矿权改革⋯⋯⋯⋯⋯⋯⋯⋯⋯ 34
合规管理⋯⋯⋯⋯⋯⋯⋯⋯⋯ 34

储量管理

概述⋯⋯⋯⋯⋯⋯⋯⋯⋯⋯⋯ 35
新增探明储量及特点⋯⋯⋯⋯ 35
可采储量标定结果⋯⋯⋯⋯⋯ 37
SEC证实储量⋯⋯⋯⋯⋯⋯⋯ 38
储量管理改革⋯⋯⋯⋯⋯⋯⋯ 38
储量管理及评价体系⋯⋯⋯⋯ 38
新增探明石油地质储量大于1亿吨的
　油田⋯⋯⋯⋯⋯⋯⋯⋯⋯⋯ 39
新增探明天然气储量规模为大型的
　气田⋯⋯⋯⋯⋯⋯⋯⋯⋯⋯ 40

油藏评价

概述⋯⋯⋯⋯⋯⋯⋯⋯⋯⋯⋯ 41
新增探明石油地质储量⋯⋯⋯ 41
油藏评价主要成果⋯⋯⋯⋯⋯ 42
油藏评价管理⋯⋯⋯⋯⋯⋯⋯ 42
新区原油产能建设⋯⋯⋯⋯⋯ 43
重点项目实施效果⋯⋯⋯⋯⋯ 43
新区原油产能建设管理⋯⋯⋯ 44

采油工程

概述⋯⋯⋯⋯⋯⋯⋯⋯⋯⋯⋯ 45
井下作业⋯⋯⋯⋯⋯⋯⋯⋯⋯ 45
机械采油⋯⋯⋯⋯⋯⋯⋯⋯⋯ 46
分层注水⋯⋯⋯⋯⋯⋯⋯⋯⋯ 46
储层改造⋯⋯⋯⋯⋯⋯⋯⋯⋯ 46
试油⋯⋯⋯⋯⋯⋯⋯⋯⋯⋯⋯ 47
采油工程管理⋯⋯⋯⋯⋯⋯⋯ 48

地面工程

概述⋯⋯⋯⋯⋯⋯⋯⋯⋯⋯⋯ 48
地面建设管理⋯⋯⋯⋯⋯⋯⋯ 48
地面建设重点工程⋯⋯⋯⋯⋯ 49
项目前期管理⋯⋯⋯⋯⋯⋯⋯ 50
标准化设计⋯⋯⋯⋯⋯⋯⋯⋯ 51
数智化建设⋯⋯⋯⋯⋯⋯⋯⋯ 51
企业标准发布⋯⋯⋯⋯⋯⋯⋯ 51
地面工程科技攻关⋯⋯⋯⋯⋯ 51
地面建设竣工验收管理⋯⋯⋯ 52

海洋工程

概述⋯⋯⋯⋯⋯⋯⋯⋯⋯⋯⋯ 52
海上油气上产⋯⋯⋯⋯⋯⋯⋯ 52
海上生产设施分级管理⋯⋯⋯ 55

海洋石油安全风险监测预警
　　系统建设 ································ 56
海底管道完整性管理 ···················· 56
海洋工程标准体系建设 ················ 56
专题技术研究 ···························· 56
中国石油参加中国海洋经济博览会
　　展示 ···································· 57
储气库
概述 ·· 57

储气库建设 ································ 57
储气库注采运行 ························· 58
油气勘探开发科技信息
概述 ·· 58
科技管理 ··································· 59
标准化管理 ································ 60
信息化管理 ································ 60

第二部分　新　能　源

概述 ·· 66
碳达峰方案编制 ························· 66
地热供暖 ··································· 67
风光发电 ··································· 67
清洁能源替代 ···························· 68
新能源管理体系建设 ··················· 68
碳达峰行动方案形成 ··················· 69
二氧化碳捕集、利用 ··················· 69

电能替代 ··································· 70
氢能 ·· 70
生物航空煤油项目 ······················ 70
新能源业务发展方向 ··················· 70
新能源试点项目前期工作 ············ 71
新能源新材料新事业发展 ············ 71
国际贸易新能源业务 ··················· 72

第三部分　油气田企业概览

大庆油田有限责任公司
（大庆石油管理局有限公司）
概况 ·· 74
资源勘探 ··································· 75
油气生产 ··································· 75
提质增效 ··································· 76
未上市业务 ································ 76

低碳发展 ··································· 77
市场拓展 ··································· 77
科技创新 ··································· 77
企业改革 ··································· 78
基础管理 ··································· 78
民生建设 ··································· 78
企业党建工作 ···························· 79

中国石油天然气股份有限公司辽河油田分公司
（辽河石油勘探局有限公司）

概况 ····················· 79
油气勘探 ··············· 81
开发生产 ··············· 82
抗洪复产 ··············· 82
生产组织协调 ········· 84
储气库建设运营 ······ 84
绿色低碳发展 ········· 85
经营管理 ··············· 85
企业改革 ··············· 86
依法合规治企 ········· 87
科技创新 ··············· 87
质量安全环保 ········· 88
企业党建工作 ········· 89
和谐企业建设 ········· 90
葵探1井勘探成果获集团公司
　一等奖 ··············· 90

中国石油天然气股份有限公司长庆油田分公司
（长庆石油勘探局有限公司）

概况 ····················· 91
油气勘探 ··············· 92
油田开发 ··············· 93
气田开发 ··············· 93
新能源业务 ············ 93
科技创新 ··············· 94
安全环保 ··············· 94
经营管理 ··············· 95
企业改革 ··············· 95
企业党建工作 ········· 95
队伍建设 ··············· 95
党风廉政建设 ········· 96
惠民工程 ··············· 96
庆阳革命老区建成千万吨油气生产
　基地 ··················· 96
长庆油田建成首个500亿立方米
　战略大气区 ········· 97

中国石油天然气股份有限公司塔里木油田分公司

概况 ····················· 97
油气勘探 ··············· 98
油气开发 ··············· 99
绿色低碳转型 ········· 99
科技与信息化 ········· 100
企业改革 ··············· 100
安全环保 ··············· 101
队伍建设 ··············· 102
企业党建工作 ········· 102
企业文化建设 ········· 102
富满油田连获重大发现 ······ 102
富东1井探索新领域获
　重大突破 ············ 103
克探1井探索新层系获成功 ······ 103
迪北5井获工业油气流 ······ 103
玉科7井在奥陶系一间房组裸眼
　常规测试获高产油气流 ······ 103
塔里木油田建成沙漠公路零碳示范
　工程 ··················· 103
中国石油超深层复杂油气藏勘探开发
　技术研发中心启动运行 ······ 104
塔西南天然气综合利用工程
　建成投产 ············ 104

塔里木油田大北201集气站至大北
　　处理站集输管线工程建成投产
　　……………………………………… 105
塔里木油田哈一联气系统扩建工程
　　建成投产 ……………………… 105
塔里木油田累计向西气东输供气
　　突破3000亿立方米 …………… 105
集团公司首台井口光电一体化加热炉
　　在塔里木油田成功投运 ……… 105
塔里木油田公司开展集团公司
　　首次慢直播活动 ……………… 106
塔里木油田超深层勘探开发媒体
　　聚焦 …………………………… 106
塔里木油田定点帮扶村通过国家
　　巩固脱贫攻坚成果同乡村振兴
　　有效衔接实地考核评估 ……… 106
塔里木油田深入推进健康企业建设
　　……………………………………… 107
塔里木油田刘洪涛获中国青年
　　科技奖特别奖 ………………… 107

中国石油天然气股份有限公司
新疆油田分公司
（新疆石油管理局有限公司）

概况 ………………………………… 108
油气勘探 …………………………… 109
油气开发 …………………………… 110
新能源发展 ………………………… 110
经营管理 …………………………… 110
改革创新 …………………………… 111
安全环保 …………………………… 111
社会责任 …………………………… 112
驻疆企业协调 ……………………… 112

油气副产品市场化竞拍销售
　　实现突破 ……………………… 112
中国石油数据中心（克拉玛依）入选
　　国家绿色数据中心名单 ……… 112
东湾构造带天湾1井获高产工业
　　油气流 ………………………… 113
燃煤注汽锅炉掺烧生物质试验在
　　集团公司首获成功 …………… 113
玛湖油田累计生产原油突破
　　1000万吨 ……………………… 113
国内首例平台井"双压裂"试验
　　取得成功 ……………………… 113
吉7井区光伏电站项目
　　建成投运 ……………………… 113
红浅火驱工业化试验累计产油
　　突破50万吨 …………………… 113
玛湖凹陷夏云1井再获突破 …… 113
新疆维吾尔自治区人民政府领导
　　专题研究解决驻疆企业重点项目
　　突出问题 ……………………… 113
开发片区长责任制实施成效显著
　　……………………………………… 113
吉木萨尔页岩油年产量突破50万吨
　　……………………………………… 113
玛湖地区年累计产油突破300万吨
　　……………………………………… 114
呼图壁储气库调峰保供能力达
　　3600万立方米 ………………… 114

中国石油天然气股份有限公司
西南油气田分公司
（四川石油管理局有限公司）

概况 ………………………………… 114

油气勘探……………………… 116
天然气开发…………………… 116
天然气销售…………………… 117
新能源业务…………………… 118
安全环保管控………………… 118
科技创新与信息化建设……… 119
经营管理……………………… 119
西南油气田油气产量当量突破
　　3000万吨………………… 120
中国陆上最深天然气水平井…… 120
重点风险探井红星1井……… 121
榕山输气站天然气余压发电…… 121
吴家坪组页岩气勘探取得
　　重大突破…………………… 122
气田水提锂中试装置投运……… 122
国内首个气田伴生资源地热发电
　　项目建成投产……………… 122

中国石油天然气股份有限公司
　　吉林油田分公司
　（吉林石油集团有限责任公司）

概况…………………………… 123
油气勘探……………………… 123
油田开发生产………………… 125
天然气开发生产……………… 125
新能源建设…………………… 126
改革创新……………………… 126
生产经营……………………… 126
安全环保……………………… 126
企业党建工作………………… 127
和谐企业建设………………… 127

中国石油天然气股份有限公司
　　大港油田分公司
　（大港油田集团有限责任公司）

概况…………………………… 128
油气勘探……………………… 129
油气生产……………………… 129
提质增效……………………… 129
改革创新……………………… 130
安全环保……………………… 130
合规治企……………………… 130
和谐稳定……………………… 131
大港油田埕海一号平台投产…… 131
驴驹河储气库建成投产……… 132
尤立红当选中国共产党第二十次
　　全国代表大会代表………… 132
大港油田获评"国家技能人才培育
　　突出贡献单位"…………… 132
大港油田首个光热替代示范区
　　成功投运…………………… 132
大港油区首个科研党建协作组成立
　　………………………………… 133

中国石油天然气股份有限公司
　　青海油田分公司

概况…………………………… 133
油气勘探……………………… 135
油田开发……………………… 135
气田开发……………………… 136
新能源业务…………………… 137
炼油化工……………………… 137

工程技术………………………	138
提质增效………………………	138
科技管理………………………	138
安全生产………………………	139
数字化油田……………………	140
企业党建工作…………………	140
纪检监督………………………	141
企业文化建设…………………	142
工会工作………………………	142
矿区服务………………………	142
疫情防控………………………	143

中国石油天然气股份有限公司 华北油田分公司 （华北石油管理局有限公司）

概况……………………………	143
油气勘探………………………	145
油田开发………………………	145
天然气保供……………………	145
新能源业务……………………	146
经营管理………………………	146
改革创新………………………	146
安全管控………………………	146
和谐稳定………………………	147
企业党建工作…………………	147

中国石油天然气股份有限公司 吐哈油田分公司 （新疆吐哈石油勘探开发有限公司）

概况……………………………	148
油气勘探………………………	150
油气开发………………………	150
新能源业务……………………	151
科技攻关………………………	151

改革创新………………………	152
依法合规治企…………………	152
提质增效………………………	153
安全环保………………………	153
企业党建工作…………………	154

中国石油天然气股份有限公司 冀东油田分公司

概况……………………………	155
增储上产………………………	156
提质增效………………………	157
转型发展………………………	157
科技创新………………………	158
依法治企………………………	158
风险管控………………………	158
企业改革………………………	159
队伍建设………………………	159
和谐企业建设…………………	160
企业党建工作…………………	160

中国石油天然气股份有限公司 玉门油田分公司

概况……………………………	161
油气勘探………………………	163
油田开发………………………	164
炼油化工………………………	165
新能源业务……………………	165
海外市场开拓…………………	167
工程技术………………………	167
科技创新………………………	168
标准化工作……………………	169
信息化建设……………………	169
安全环保………………………	170
经营管理………………………	171

企业管理……172
队伍建设……173
企业党建工作……173

中国石油天然气股份有限公司浙江油田分公司

概况……175
油气勘探……176
油气田开发……176
产能建设……176
新能源开发……177
技术攻关……177
质量健康管理……177
安全环保……178
提质增效……179
深化改革……179
依法治企……179
员工培训……180
企业党建工作……180
民生工程……181
智慧油田建设……181
首次牵头编制2项行业标准……182
复杂山地浅层页岩气科技成果通过鉴定……182
机器人破解长输管道检测难题……182
压裂新工艺技术开中国石油先河……183
2项油气勘探成果获集团公司2022年度勘探重大发现成果奖……183

中石油煤层气有限责任公司

概况……184

勘探增储……185
高效开发……185
气田管理……185
提质增效……186
科技创新……186
质量健康安全环保……187
人才强企……187
合规管理……188
深化改革……188
企业党建工作……189

南方石油勘探开发有限责任公司

概况……190
油气勘探……191
油气开发……191
新能源业务……191
工程技术……192
科研创新……192
安全环保……192
经营管理……192
企业党建工作……193
企业文化建设……193

中国石油天然气股份有限公司储气库分公司

概况……194
企业管理……195
质量安全环保……195
张兴盐穴储气库建设……196
菏泽盐穴储气库建设……196
企业党建工作……196

第一部分

油气勘探开发生产

综 述

【概述】 中国石油国内油气勘探与生产业务、新能源业务、储气库业务及国内勘探开发对外合作项目运营组织管理由中国石油天然气股份有限公司油气和新能源分公司（简称油气新能源公司）统筹负责。截至2022年底，油气新能源公司归口管理单位17个，分别是大庆油田有限责任公司、辽河油田分公司、长庆油田分公司、塔里木油田分公司、新疆油田分公司、西南油气田分公司、吉林油田分公司、大港油田分公司、青海油田分公司、华北油田分公司、吐哈油田分公司、冀东油田分公司、玉门油田分公司、浙江油田分公司、中石油煤层气有限责任公司、南方石油勘探开发有限责任公司、储气库分公司。

2022年，国内油气勘探取得4项重大战略突破、15项重要发现，落实9个亿吨级和9个千亿立方米规模储量区。新增探明石油地质储量86216万吨（含凝析油1038万吨），新增探明天然气地质储量6845亿立方米（含页岩气671亿立方米），新增探明石油地质储量连续17年超过6亿吨，新增探明天然气地质储量连续16年超过4000亿立方米。全年生产原油10500万吨、天然气1455亿立方米，油气产量当量再创历史新高。

（张 磊）

【生产经营指标】

1. 勘探开发工作量

2022年，油气勘探二维地震8618千米、三维地震21826平方千米（含天然气前期评价工作量1590平方千米），钻井1316口，进尺442.1万米；原油开发钻井9750口，进尺1948.1万米；天然气开发钻井3327口，进尺1468.2万米；完钻水平井2512口（表1）。

2. 油气储量

2022年，新增探明石油地质储量8.6亿吨、天然气地质储量6845亿立方米，SEC口径油气储量接替率1.12。

3. 油气产量

2022年，生产原油10500万吨、天然气1455亿立方米，分别同比增加189万吨、77亿立方米；油气产量当量22090万吨、同比增产799万吨，再创历史新高。

表1　2022年勘探开发工作量

项　目		2022年	2021年	同比增减
勘探	二维地震（千米）	8618	5832	2786
	三维地震（平方千米）	21826	16986	4840
	钻井（口）	1316	1464	-148
	进尺（万米）	442.1	468.2	-26.1
开发	原油 钻井（口）	9750	8775	975
	原油 进尺（万米）	1948.1	1654.4	293.7
	天然气 钻井（口）	3327	2393	934
	天然气 进尺（万米）	1468.2	723.8	744.4
	完钻水平井（口）	2512	2568	-56

注：勘探地震中含天然气前期评价工作量1590平方千米。

4. 经济效益指标

2022年，上市业务销售收入6558亿元，税前利润1377亿元，净现金流1489亿元。

5. 安全环保

2022年，安全环保形势总体稳定，控减排"六项指标"及节能节水均完成年初任务指标。

【勘探开发主要成果】

1. 油气勘探取得一批新的重要成果

2022年，突出整体研究和顶层设计持续强化地质综合研究和工程技术攻关，突出新区新领域目标准备和战略发现持续强化风险勘探和重大预探领域甩开勘探，突出12大增储领域和12大战略接替领域，持续强化富油气区带集中勘探、整体勘探、立体勘探、精细勘探，突出地震先行，持续强化地震勘探追加投资22亿元，持续推进矿权三年保卫战、采矿权倍增和SEC增储专项行动，取得4项重大战略性突破和15项重要发现，发现和落实9个亿吨级和9个千亿立方米级规模储量区。塔里木盆地塔北富满富东1井试获日产气40.5万立方米、油21.4立方米高产油气流，鹰山组二段断控高能滩复合油气藏勘探取得重大突破，发现碳酸盐岩超深层超高压油气勘探新领域；准噶尔盆地南缘天湾1井白垩系试获日产气76万立方米、油127立方米高产油气流，南缘深层隐伏背斜型构造勘探取得重大突破，发现 8000 米超深层碎屑岩超高压油气藏；四川盆地川东地区大页 1H 井试获日产气 32 万立方米，吴家坪组海相页岩气新层系新领域勘探首获重大突破，开辟四川盆地页岩气规模增储新阵地；渤海湾盆地保定凹陷保清 1X 井、高 77X 井、高 67X 井东营组—馆陶组分别试获日产油 106 立方米、41 立方米和 43 立方米高产油流，取得老区新凹陷石油勘探的重大突破，发现亿吨级高效规模储量区，对深化老区精细勘探意义重大。新增石油、天然气探明地质储量分别为 8.6 万吨、6845 亿立方米。

2. 油气产量当量再创历史新高

2022 年，紧盯"七年行动方案"目标，瞄准全年任务，克服新冠肺炎疫情、洪涝灾害和地震等影响，强化产运销储联动，5 次调整全年运行计划，生产原油 10500 万吨，同比增长 189 万吨，实现四连升，创"十三五"以来最大增幅。天然气产量持续保持较快增长，产量 1455 亿立方米，再创新高，同比增长 77 亿立方米。油气产量当量 22090 万吨、同比增产 799 万吨，再创历史新高。西南油气田油气产量当量同比增加 233 万吨、达到 3062 万吨，成为第四个超 3000 万吨的油气田；松辽、鄂尔多斯、四川、渤海湾、新疆、柴达木等六大油气生产基地地位持续夯实，产量当量及其同比增量分别为 21667 万吨、735 万吨，分别占相应总量的 98%、92%。

3. 油气老区稳产基础不断夯实

2022 年，突出"控递减"和"提高采收率"两条主线，强基固本，夯实老区稳产基础。实施"压舱石工程"，基于对油田开发形势的准确研判和前期准备，召开工程启动会并开展专题培训，精心制定 10 个示范项目上产稳产 1000 万吨部署方案并推进实施。狠抓精细油藏描述，完成年度部署审查项目 86 个，覆盖地质储量 14.18 亿吨，成果应用提供井位 5720 口，增加可采地质储量 2064 万吨；强化注水专项治理，实施注水工作量 40.9 万井次，推广完善 17 项配套工艺，分注率提高 0.5 个百分点，分注合格率提高 1.7 个百分点，井口水质达标率提高 0.3 个百分点；开展长停井治理，恢复长停井 7633 口（其中采油井 5380 口、注入井 2253 口），开井率 76.2%，连续 6 年稳步提升，同比提高 0.9 个百分点。推进 CCUS（碳捕集、利用与封存）业务，继续加大碳源组织与注入力度，二氧化碳注入 111 万吨（内部碳源占 51.6%）、产油 24.8 万吨，其中吉林油田注入 43 万吨、大庆油田注入 30 万吨；持续推进重大开发试验，突出 10 大试验项目，持续推进化学驱油、热采工业化推广力度，加大转变注水开发方式、气驱技术攻关与应用，产油 2313 万吨，占总产量的 22%；开展老气田综合治理，苏里格、龙王庙、涩北等 10 个（含安岳气田震旦系）重点气田的开发调整和台南、苏里格等3个提高采收率项目现场开发试验，预计可提高采收率5—13个百分点、增加经济可采储量3337亿立方米。全年油田自然递减率9.34%、综合递减率4.20%，均创股份公司上市以来最好水平。

4. 油气产能建设效果持续好转

2022年，坚持"技术进步提单产"和"强化管理提效益"两条主线，强化方案设计优化和效益倒逼，开展项目效益排队和优选，推进油气产建项目达标达产达效，确保新建产能对产量、效益、成本控降的正向拉动。推进开发方式转变，推广大井丛平台式集约化建产新模式，油、气平台化钻井分别占总钻井数的74%、71%以上，其中6口井以上油、气平台井数分别占53%、46%，地面工程建设推进标准化设计、工厂化预制、模块化建设、标准化施工，节约土地4839亩（1亩≈666.67平方米）和投资15.9亿元；加大水平井规模应用力度，完钻水平井2512口，水平井体积压裂1427口，油、气水平井分别以16.9%和33.7%的投产井数贡献41%和58%的新井产能；配套完善验收考核制度，为实现油气科学配产，核定实际生产能力，规范产能建设项目管理，实现产能与产量联动，编制印发油气产能标定、验收与配产管理实施细则。全年完钻井12440口，新建油、气产能1172万吨、278.3亿立方米，产能完成率分别为97.7%和101.5%。

5. 天然气冬季保供能力不断提升

国内油气和新能源业务一直将天然气冬季保供作为战略性民生工程常抓不懈。2022年初以来，按照"四个坚持、五个最、六个到位"要求，提前谋划，统筹气田生产、产能建设和储气库注采、建设，提升保供能力，冬季保供量继续保持5%以上增幅。气田生产态势良好，加强生产动态分析，精心维护老井能力，加快新井投产节奏，优化气井配产，加快地面工程配套，10—12月生产天然气385.7亿立方米，12月生产天然气136.6亿立方米，同比增加3040万立方米，冬季气田生产能力保持良好。储气库生产态势良好，13座在役库、12座先导试验库共25座库投入注气，年注气156.4亿立方米，同比增加34.6亿立方米，超国家能源局下达任务9.8亿立方米；按期完成注采转换相关工作，保供期采气137.3亿立方米，高月冲峰能力1.85亿米^3/日，同比增加2500万米^3/日。装置检维修工作进展顺利，全年完成天然气处理厂105座、装置176套检修，完成储气库13座、装置24套检修。

6. 创新动力活力不断增强

2022年，科技创新机制持续完善，强化科研与生产深度融合。落实科技项目全成本预算，协调推动直属研究院所科技项目全成本管理，勘探院实现收支平衡、略有盈余。

勘探地质理论取得创新性成果，生烃机理认识取得突破性进展，发现富藻烃源岩早熟早排机制，渤海湾盆地为沙河街组一段下亚段生油门限变浅700米，创新泥灰岩成烃新模式，四川盆地发现雷口坡组三段烃源岩新类型；有效储层发育机理不断创新，勘探下限不断拓展；海相碳酸盐岩、前陆冲断带、岩性及页岩油气等领域成藏富集规律认识不断深化，推动这些领域在多盆地取得重大发现或突破。

开发地质技术取得阶段性重要成果，页岩油形成以"可动油储量丰度"为核心的地质工程"甜点"评价体系，水平井靶层由"厚油层"转向厚度小于5米的"黄金靶层"；碳酸盐岩缝洞体雕刻形成断储结构空间精细表征技术，新井成功率95%以上，高效井占比69%；第四代智能分注形成油管内非接触对接缆控分注技术，实现2段到4段提级分注，7个示范区应用1194口井，含水上升率下降1.39个百分点、自然递减率下降3.07个百分点，水驱动用程度显著提高。

工程技术创新持续推进，地震强化"两宽两高一单点"采集和叠前深度偏移处理攻关，同类区块资料品质大幅提高；钻井6000米以上超深井平均井深同比增加132米，钻井周期缩短7.6%，平均机械钻速提高9.4%；测井攻关建立页岩油可动油含量测井表征方法，"甜点"分类精度提高10%以上；压裂改造针对"三超"储层，研发形成超深"铣—刮—捞—刷"四合一井筒准备技术、完井试油一体化技术和加重压裂液体系，配套超深层大通径分层压裂技术，实现8000米左右超深层精准改造，平均作业效率提升40%以上。

数字化转型智能化发展持续推进，基本形成国内上游业务数字化转型统一标准场景模板建设方案；以数据中台、业务中台和专业软件共享环境建设为重点，持续提升勘探开发梦想云数据湖和平台技术能力；强化开展数据共享和数据治理，完成数据资源目录建设，持续推进数据入湖，促进数据资产化。

7. 安全环保形势保持稳定

2022年，全面贯彻习近平生态文明思想和关于安全生产的重要论述，认真落实"四全"和"三个管住"的工作要求。

QHSE体系建设更加完善，以全要素量化审核、专项审核和联合审核相结合的方式，发现问题16594项，对其中265项严重问题进行问责，全员安全环保理念显著增强，QHSE制度标准体系日臻完善。

重大风险得到有效控制，统筹推进危险化学品、油气长输管道、城镇燃气、房屋建筑物安全等安全风险专项治理工作，安全生产专项整治三年行动圆满收官，投资隐患治理项目438项，强化特殊敏感时期风险升级管控。

绿色发展建设成效突出，新增7个矿权通过地方绿色矿山验收，全面推广钻井不落地技术，无污染清洁作业技术覆盖率100%，VOCs治理全面达标，主要污染物COD、氨氮、二氧化硫、氮氧化物、二氧化碳、甲烷较全年控制目标分别减排9%、35%、21%、10%、5%、1%。

质量管理水平稳定提升，原油新标准全项检测能力建设全面建成，督促各企业组织产品质量监督抽查9198批次，合格率99.32%，其中原油、天然气合格率100%；抽查入井流体体系1154批次，不合格87批次，合格率92.46%，阻止不合格产品进入生产现场。

健康管理水平全面提升，指导18家企业及海外项目科学有序应对新冠肺炎疫情变化，督促落实国家卫健委职业病危害专项治理工作要求，全年非生产亡人702人，同比下降10.32%；继续保持安全生产责任事故"零"死亡，全面杜绝较大及以上质量安全环保事件，自产油气产品质量"零"不合格，健康管理稳中向好。

8. 经营业绩创近八年最好水平

2022年，推进提质增效价值创造专项行动，实施十个方面38项具体措施，同比提质增效130亿元，取得显著成效。投资管控建立"1+N"投资闭环管理体系，强化效益倒逼和项目排队优选，通过工程成本管控节约建设投资70亿元以上；深化改革全面完成国企改革三年行动1171项任务和对标管理提升行动987项任务，"油公司"模式和三项制度改革完成专业化重组整合20项业务、萎缩退出及移交6项业务，新型采油气作业区444个全部完成转型、总体建设到位率100%，压减二级、三级机构756个、减员2.76万人，完成压减法人7户任务目标；亏损治理亏损面和亏损户数均为近12年最低，亏损额为近10年最低，4家重点治理亏损油田全部实现扭亏为盈；大力实施油气完全成本降压行动，一企一策制定、审查、完善完全成本压降工作方案，强化源头控制，挖掘各环节降本潜力，实现完全成本逐年下降，剔除跨周期调节影响，2022年完全成本控制在预算目标以内；深化成本对标，召开对标管理工作推进视频会，总结共享先进经验和做法，以各项生产经营指标的改善评价工作成效，开展成本对标改善行动。"两利四率"实现"两增一控三提高"，上市业务账面税前利润1377.3亿元、净利润1140.4亿元，为近8年同期最好水平。未上市业务账面税前利润亏损54.3亿元、净利润亏损60.4亿元。

（范文科　向书政）

油 气 勘 探

【概述】 2022年，股份公司分层次设置油气预探项目（石油预探项目30个、天然气勘探项目22个、内部流转勘探项目10个）和风险勘探项目，其中重点勘探项目20个。国内油气勘探坚决贯彻落实习近平总书记关于大力提升勘探开发力度的重要指示批示精神，全面落实集团公司党组决策部署和要求，超前谋划，精心组织，扎实推进，克服新冠肺炎疫情影响，取得4项重大战略突破、15项重要发现，落实9个亿吨级和9个千亿立方米级规模储量区，为国内原油产量稳中有升，天然气产量快速增长奠定扎实的资源基础。

油气勘探突出"六油三气"重点勘探，加快高效规模资源落实，突出风险勘探与甩开预探，加强重点地区和重点领域集中勘探，加大地震勘探部署和实施力度，强化各盆地各探区综合地质研究工作，加大工程技术攻关力度，形成鄂尔多斯盆地中浅层、长 7_{1+2} 段页岩油、长 7_3 段页岩油、上里塬地区环84区块、准噶尔盆地玛湖风城组、吉南凹陷井井子沟组、塔里木盆地富满地区、河套盆地兴隆构造带、渤海湾盆地保定凹陷9个亿吨级规模储量区以及鄂尔多斯盆地太原组灰岩、本溪组天然气、苏里格陕28区块、四川盆地蓬莱—中江灯影组二段、川中古隆起北斜坡灯影组—龙王庙组、陆相致密气、川南页岩气、大庆合川流转区茅口组、塔里木盆地库车坳陷博孜—大北地区等9个千亿立方米级规模储量区。

【勘探任务完成情况】 2022年，二维地震8618千米，三维地震21826平方千米，钻井1316口、进尺442.1万米，试油交井616口，新获工业油气流井408口，综合探井成功率57%。新增探明石油地质储量86216万吨（含凝析油1038万吨）、技术可采储量13922万吨（含凝析油279万吨），新增探明天然气地质储量6845亿立方米（含页岩气671亿立方米）、技术可采储量3354亿立方米（含页岩气154亿立方米）。

【渤海湾盆地主要勘探成果】 保定凹陷石油勘探取得重大突破。加强太行山前地质结构和成藏条件研究，构建保定凹陷油气早生早排和浅层富集成藏模式，优选清苑构造带部署实施探井5口，在1450—1700米东营组和馆陶组均钻遇50米以上厚油层，保清1X井试油获日产油106立方米，高77X井、高67X井均获日产油 41 立方米以上高产，保定凹陷石油勘探取得重大突破。落实含油面积 33.4 平方千米，在老区新凹陷发现亿吨级高效规模储量区，对深化渤海湾盆地老区精细勘探具重大意义。

辽河滩海葵花岛构造带葵探 1 井油气勘探取得重要发现。立足滩海深层，加强断裂演化、保存条件和油气成藏研究，部署实施的葵探 1 井在中生界 5658—5835 米井段 8 毫米油嘴测试获日产气 19.94 万立方米，在沙河街组三段 4776—4546 米井段 7 毫米油嘴测试获日产气 15.45 万立方米，在东营组三段下部 3616—3767 井段 12 毫米油嘴测试获日产气 9.8 万立方米，首次在滩海中生界、沙河街组三段发现高产气藏，初步落实有利含气面积 400 平方千米，开辟辽河坳陷深层天然气勘探新领域。

饶阳凹陷杨武寨沙河街组三段下部深层石油勘探取得重要发现。加强冀中坳陷深层油气成藏条件研究，在深层沙河街组三段下部烃源岩、沉积储层和成藏研究基础上，优选杨武寨构造带部署钻探 4 口井，钻遇 49—116 米厚油层，完试 2 口井均获工业油流，强 104X 井在沙河街组三段下部 4365—4375 米井段 8 毫米油嘴测试，获日产油 88.6 立方米。初步控制有利含油面积 24 平方千米，冀中坳陷深层勘探取得重要发现，拓展东部老区勘探新领域。

歧口凹陷滨海斜坡区碎屑岩潜山勘探取得新进展。加强歧口凹陷南部断阶带二叠系碎屑岩潜山成藏研究，实施的埕海 45 井在二叠系上石盒子组钻遇 68 米厚油层，1844—1908 米井段测试获日产油 63.6 立方米，新类型潜山勘探取得新成果。

【松辽盆地主要勘探成果】 三肇凹陷肇页 1H 井页岩油勘探取得重要发现。2022 年，加强三肇凹陷页岩油地质评价研究，优选稀油带部署的肇页 1H 风险探井在青山口组 2211—3843 米井段压裂，3 毫米油嘴测试，获日产油 16.8 立方米高产，试采 42 天稳定日产油 15—17 立方米，累计产油 744 立方米，三肇凹陷页岩油新区勘探取得重要发现，有望推动松辽盆地北部近万平方千米页岩油稀油带的整体突破。

古龙凹陷精细勘探取得新进展。近年来，持续深化中浅层精细勘探，加强远源、近源、源上三种成藏类型评价研究，古龙凹陷、巴彦查干、江桥等地区 68 口探评井在葡萄花油层、萨零组等层系获工业油流，21 口井获日产油大于 10 吨。落实含油面积 238.6 平方千米，新增探明石油地质储量 4692 万吨、经济可采储量 771 万吨，为大庆油田原油稳产奠定资源基础。

长岭凹陷乾安地区石油精细勘探取得新进展。近年来，强化老资料重新认识，滚动精细挖潜，勘探评价一体化，乾安地区黑 203 等 8 口井在青山口组和姚家组获日产 3.5—71.8 立方米工业油流。落实含油面积 239 平方千米，新增探明石油地质储量 1144 万吨、经济可采储量 161 万吨，发现效益增储新层系，落实含油面积 51 平方千米，为吉林油田原油稳产奠定资源基础。

【鄂尔多斯盆地主要勘探成果】 鄂尔多斯盆地长 7_3 段纹泥型页岩油勘探取得重要发现。加强延长组长 7_3 段页岩油地质评价和"甜点"刻画，部署实施岭页 1H 和池页 1H 风险探井在长 7_3 段压裂测试，分别获日产油 116 吨、36.6 吨高产，岭页 1H 井试采 234 天，获日产油 21.8 吨稳产，累计产油 4719 吨，长 7_3 段纹层型页岩油勘探取得重要发现，落实含油面积 795 平方千米。

乌拉力克组海相页岩油气勘探取得重要发现。加强鄂尔多斯盆地西缘乌拉力克组页岩源储特征研究、"甜点"段（区）刻画和评价，部署实施的 4 口直井均获工业油气流，其中李 86 井在 4522—4535 米压裂测试获日产气 15.22 万立方米，试采稳定日产气 1.5 万立方米；银探 3 井在 4238—4272 米压裂测试获日产油 6.6 立方米、气 1013 立方米，实现中国古生界海相页岩油的首次发现，初步落实乌拉力克组页岩油气有利勘探面积 1 万平方千米，展现该区海相页岩油气较大的勘探潜力。

中浅层石油勘探取得重要进展。近年来，加强古地貌河道砂体油藏群成藏研究和中生界浅层勘探目标落实评价，部署实施的白 293 等 178 口井在长 3 段以上中浅层获日产 4.34—105.6 吨工业油流，井均日产油 13.2 吨。落实含油面积 327 平方千米，新增探明石油地质储量 1.02 亿吨、经济可采储量 1739 万吨，建产 75.3 万吨，对长庆油田原油稳产上产具有重要意义。

本溪组天然气勘探取得新进展。近年来，加强三角洲—潮汐砂坝砂体分布预测研究和有效砂体刻画，7 口探井在本溪组获工业气流，37 口开发井单井日产气超 10 万立方米，其中 2 口井超百万立方米。落实含气面积 4928 平方千米，形成千亿立方米高效规模储量区，对长庆油田天然气稳产上产具有重要意义。

盆地东缘山西组页岩气勘探获新进展。坚持多层系立体勘探，强化山西组页岩"甜点"评价和成藏研究，大吉 3-4 井在山西组山 2^3 亚段压裂后获日产气 1.78 万立方米，试采 6 个月，稳定日产气 1 万立方米，累计产气 151 万立方米；吉平 1H 井试采一年半，稳定日产气 3.3 万立方米，累计产气 1800 万立方米，初步落实有利区面积 800 平方千米，展现山西组 2^3 亚段页岩气具有工业产气能力，对煤层气公司天然气增储上产发挥重要作用。

冀东探区佳县地区新层系天然气勘探取得新进展。近两年来，开展石千峰组千 5 段、下石盒子组盒 6 段、本溪组等新层系评价研究，新井钻探以及老井复查上试，13 口井新获工业气流，井均日产气 2.13 万立方米，最高日产 7.5 万立方米（米26井），落实含气面积592平方千米，对冀东油田天然气勘探开发一体化上产具有重要意义。

【四川盆地主要勘探成果】 四川盆地大页1H井吴家坪组页岩气新层系勘探首获重大突破。加强开江—梁平海槽吴家坪组深水陆棚岩相古地理研究，强化水平井提产工艺攻关，探索吴家坪组新层系页岩气勘探潜力，部署钻探的大页1H井在4530—5990米井段压裂测试，获日产气32万立方米高产，压力系数2.02。初步估算5000米以浅有利面积2885平方千米，开辟四川盆地页岩气规模增储新阵地，对推动中国页岩气勘探开发具有重要战略意义。

川中古隆起北斜坡东坝1井天然气勘探取得重要发现。近两年，加强川中古隆起北斜坡整体研究，认为具备多层系立体勘探潜力，部署风险探井东坝1井在灯影组四段、龙王庙组测试均获日产气20万立方米以上高产，北斜坡灯影组四段取得首次突破，落实灯影组四段有利含气面积807平方千米，在蓬莱气区又发现龙王庙组新产层。

充探1井雷口坡组泥灰岩油气勘探取得重要发现。立足川中雷口坡组海相领域，强化源储一体非常规油气成藏研究，部署的风险探井充探1井首次在雷口坡组三段3489—3604米测试，获日产气10.9万立方米、凝析油47立方米工业油气流，发现雷口坡组三段泥灰岩新的油气藏类型，初步落实有利含油气面积4600平方千米，开辟四川盆地海相非常规油气勘探新领域。

威远、渝西地区深层页岩气勘探取得重要进展。持续推进五峰组—龙马溪组深层页岩气评价勘探，威远自201井区62口井试气获井均日产气19.4万立方米，落实含气面积130.6平方千米，新增探明天然气地质储量847亿立方米、经济可采储量164亿立方米；渝西地区足203井区、威远自205井区3口井试气，获井均日产气19.5万立方米，落实含气面积178.3平方千米。浙江大安区块大安1H井、大安2H井分别获日产气27万立方米、26万立方米，展现渝西地区深层页岩气规模增储潜力。

吉林油田自贡探区二叠系天然气勘探取得重要发现。深化综合地质研究，加强多层系立体勘探，部署钻探的自贡1井在茅口组3064—3075米井段13毫米油嘴测试，获日产气25.7万立方米；吉富1井在栖霞组—茅口组3051—3089米井段测试，获日产气8.5万立方米，初步落实有利含气面积678平方千米，展现自贡地区栖霞组—茅口组良好的勘探潜力，对吉林油田增储上产具有重要意义。

天府气区致密气勘探取得新进展。加强致密气"甜点"精细评价及提产技术攻关，勘探开发一体化实施，天府气田沙溪庙组99口井获工业气流，日产气0.53万—98.7万立方米，井均日产气29万立方米；立体勘探须家河组致密气，天府 101 井、永浅 1 井分别获日产气 28 万立方米、31 万立方米高产，展示天府气区致密气巨大的勘探潜力。

茅口组一段泥灰岩致密气勘探取得新发现。加强二叠系茅口组一段烃源岩、沉积储层及成藏研究，探索其泥灰岩勘探潜力，部署钻探的新探 1 井和大坝 1 井，在茅口组一段分别获日产 4.5 万立方米、4.2 万立方米工业气流，且试采稳定，初步落实有利含气面积 1260 平方千米，证实茅口组一段泥灰岩致密气具有较大的勘探潜力和稳产能力，开辟海相泥灰岩非常规勘探新领域。

【准噶尔盆地主要勘探成果】 准噶尔盆地南缘东湾构造带天湾 1 井天然气勘探取得重大突破。加强"双复杂"区地震采集处理解释技术攻关，强化圈闭评价和落实，部署钻探的风险探井天湾 1 井在清水河组 8066—8092 米井段 8.1 毫米油嘴测试，获日产气 75.82 万立方米、油 127.2 立方米，油压 123.4 兆帕，压力系数 2.15，准噶尔盆地南缘深层隐伏背斜型构造勘探取得重大突破。初步落实清水河组和头屯河组有利含油气面积 597 平方千米，展现 8000 米以深碎屑岩领域巨大的勘探潜力，进一步坚定准噶尔盆地南缘中段寻找大油气田的信心。

玛北风城组致密油、页岩油勘探取得重要进展。近年来，加强玛北风城组页岩油和致密油"甜点"评价和油气成藏研究，风险探井玛页 1H 井在风城组三段页岩油段压裂后获日产油 108 立方米，试采 170 天，稳定日产油 40 立方米，累计产油 5931 立方米；针对风城组二段致密油钻探的大斜度井玛 51X 井在风城组二段压裂后获日产油 107 立方米，落实含油面积 145 平方千米，展示玛湖风城组致密油、页岩油巨大的勘探潜力和良好的开发前景。

玛湖凹陷夏云 1 井夏子街组石油勘探取得新发现。强化夏子街组白云质碎屑岩储层和成藏研究，部署实施的夏云 1 风险探井在夏子街组 4869—4988 米井段，3.5 毫米油嘴试油获日产油 58 立方米，在风城组三段 5107—5218 米试油获日产油 30.4 立方米。初步落实夏子街组有利含油面积 1572 平方千米，开辟夏子街组云质岩石油勘探新领域。

吐哈准东区块吉木萨尔凹陷井井子沟组石油勘探取得新进展。加强井井子沟组整体研究和重新认识，吉木萨尔凹陷吉新 4 井试油获日产油 27 立方米，吉新 2-2H 井试采稳定日产油 51 立方米，累计产油 4978 立方米，初步落实有利含油面积 183 平方千米，证实吉木萨尔凹陷西部井井子沟组具有良好成藏条件，展现其常规砂岩油藏勘探较大的勘探潜力。

【塔里木盆地主要勘探成果】 塔里木盆地富东 1 井奥陶系断控高能滩勘探获重大突破。加强富满地区奥陶系鹰山组岩相古地理研究，强化高能滩体刻画，部署钻探的预探井富东 1 井在鹰山组二段 7925—8359 米井段 7 毫米油嘴测试，获日产气40.5万立方米、油21.4立方米高产,压力系数2.1,鹰山组二段断控高能滩复合油气藏新类型勘探取得重大突破,落实含油气面积397.1平方千米,发现一个超深层超高压油气勘探新领域。

玉科—富源地区奥陶系深层新发现三条油气富集带。加大富满东部新的主断裂和次级断裂甩开力度,部署实施的满深8井、富源6井、玉科7井在一间房组—鹰山组分别获日产油423立方米、554立方米、83立方米,日产气94万立方米、53万立方米、18万立方米高产,新发现F_120、F_118和$F_{II}53$三个断裂油气富集带,证实不仅主断裂带可高产富集,次级断裂带同样可高产富集,含油气范围进一步东扩,落实含油气面积158平方千米,展现富满东部地区超深层仍具有巨大勘探潜力。

库车坳陷博孜1和大北12气藏外围勘探取得重要进展。加强断裂系统和天然气成藏重新认识研究,强化三维地震精细处理解释和圈闭落实,博孜1号构造博孜2401、博孜2402等井在巴什基奇克组—巴西改组获日产气24万立方米以上,新落实含气面积47.6平方千米、探明天然气地质储量534亿立方米、经济可采储量232亿立方米;大北12号构造大北13井在巴什基奇克组获日产气11.5万立方米,新落实含气面积30平方千米。博孜1和大北12气藏含气范围大幅扩展,储量规模均达近千亿立方米增储区。

【柴达木盆地主要勘探成果】 牛中—牛东地区油气勘探取得重要发现。加强烃源岩和成藏条件再认识,强化圈闭目标落实评价,部署钻探的牛17井在5190—5200米井段压裂后,5毫米油嘴测试,获日产气12.67万立方米,实现阿尔金山前基岩勘探由隆起区向斜坡区扩展;牛16井在侏罗系小煤沟组1645—1785米压裂测试,获日产油25.5立方米、气2400立方米,试采稳定日产油8.5立方米、气2400立方米,首次实现侏罗系低压油气藏工业稳产,整体展现较好的规模增储潜力。

柴西北红沟子地区上干柴沟组（N_1）碳酸盐岩油藏勘探取得新进展。加强上干柴沟组（N_1）碳酸盐岩岩相古地理和岩性油气藏成藏研究,甩开部署的沟11井在3860—3868米井段试油获日产油36立方米、气7466立方米,落实含油面积44平方千米,柴西北地区碳酸盐岩新层系勘探取得新进展。

【河套盆地主要勘探成果】 河套盆地临河坳陷中部扎格构造带扎格1井石油勘探取得新发现。加大地震勘探部署力度,强化圈闭目标落实,甩开部署的扎格1井在临河组一段5083—5090米试油,获日产油367立方米,临河组二段5480—5488米试油,获日产油174立方米高产,初步落实有利含油面积197平方千米,临河坳陷中部扎格构造带有望形成河套盆地增储新区带。

【其他中小盆地主要勘探成果】 吐哈盆地丘东洼陷致密砂岩气勘探取得重要发现。加强洼槽区三角洲沉积体系刻画和大面积致密砂岩成藏研究，部署吉7H井在三工河组5330—5400米井段压裂测试，获日产气5.3万立方米、凝析油40.7立方米，试采370天，稳定日产气2.8万立方米、凝析油30.4立方米，累计产气635万立方米、油7409立方米。甩开部署的吉702H井获日产气5.24万立方米、凝析油55.7立方米，侏罗系深层致密气下洼进源勘探获重要发现。落实含气面积39平方千米，对吐哈油田增储上产具有重要意义。

【风险勘探工作及成果】 立足战略性、全局性、前瞻性重大领域和目标，加强盆地基础研究、整体研究，创新油气地质认识，精细组织管理，加快目标落实和实施推进，2022年部署风险探井46口，完钻44口井，完试31口井，27口井获工业油气流，取得2项重大战略性突破和10项重要发现。其中，准噶尔盆地南缘中段天湾1井、四川盆地大页1H井吴家坪组页岩气获重大战略性突破，川西北龙门山推覆带红星1井二叠系栖霞组、鄂尔多斯盆地长岭页1H井、池页1H井延长组长7_3亚段页岩油、四川盆地川中古隆起北斜坡东坝1井灯影组四段、充探1井雷口坡组三段泥灰岩、准噶尔盆地玛湖西斜坡夏云1井夏子街组、盆1井西凹陷盆中1井白碱滩组、玛湖玛页1H井风城组页岩油、松辽盆地北部三肇凹陷肇页1H井页岩油等获重要发现。全面完成年度目标，为2023年油气勘探开辟新领域。

【中国石油2022年度油气勘探年会】 2022年12月14—15日，中国石油天然气集团有限公司2022年度油气勘探年会以视频形式召开。此次会议是在开启第二个百年奋斗目标新征程的重大历史节点、党的二十大之后召开的一次重要会议，也是在"十四五"关键之年，持续深入贯彻落实习近平总书记关于大力提升油气勘探开发力度系列重要指示批示精神和集团公司党组对油气勘探决策部署总体要求的一次重要会议。会议全面总结2022年高效勘探重大成果和勘探管理好经验好做法，深入分析油气勘探工作面临的新形势新任务，进一步明确2023年油气勘探重点工作和部署安排。会议传达集团公司董事长、党组书记戴厚良和总经理、党组副书记侯启军对油气勘探年会的贺信批示。集团公司党组成员、副总经理焦方正，股份公司副总裁兼油气新能源公司执行董事、党委书记张道伟，股份公司副总裁朱国文，集团公司石油工程首席专家秦永和以及来自集团公司和股份公司总部有关部门、油气新能源公司、工程技术分公司、16家油气田公司、中国石油勘探开发研究院、东方地球物理勘探有限责任公司及其他工程技术服务企业等单位勘探系统的500多名代表以视频形式参加会议。

（孙瑞娜 范土芝）

勘探工程技术

【概述】 2022年，集团公司加大三维地震勘探部署，年度部署地震工作量创历史新高。物探业务科学统筹生产组织，严格现场质量控制，强化重点难点地区物探技术攻关，持续打造物探技术利剑，促进物探技术水平与管理水平双提升，支撑国内上游业务持续高质量发展。钻井和测井工程面对"低深难"的勘探形势和"两高一低"的开发现状，突出创新驱动和精益管理，提升钻井和测井业务在油气勘探发现、原油产量稳定和天然气业务快速发展中的支撑保障和提质增效作用。全年钻井13735口、进尺3253.4万米，完成水平井2512口；探井测井1229口井、开发井测井14609口井、生产井测井51320井次，解释符合率探井85.7%、开发井96.7%，保持较高水平。

【物探资料采集】 2022年，二维地震计划采集8475千米，完成8618千米；三维地震计划采集23503平方千米，完成20236平方千米；三维重磁资料面积28439平方千米，二维时频电磁剖面长度2857千米，微生物化探550平方千米；井中地震99口，其中零井源距VSP 76口、非零井源距VSP 14口、Walkaway VSP 4口、Walkaround VSP 1口、三维VSP 4口。

坚持整体部署、多层系立体勘探的理念，强化技术经济一体化方案论证，推广应用高灵敏度单点检波器，突出多波多分量、井地联采等新技术攻关以及检波器打孔埋置等新工具应用，物探成果质量大幅提升。鄂尔多斯盆地平凉—演武三维地震加大超高灵敏度检波器接收等新技术应用，资料主频拓宽10赫兹，断裂和古地貌特征更加清晰，利用三维地震成果部署井位钻探成功率相比以往提高40个百分点；四川盆地梓潼—绵阳三维地震创新开展多波多分量采集，识别侏罗系沙溪庙组一段河道62条，较纵波刻画河道面积增加近300平方千米；准噶尔盆地石西101井三维地震创新物理点预布设流程，推广震源滑扫T-D优化技术，采集最高日效6730炮，创造大沙漠区采集日效新纪录，新资料频带拓宽1个倍频程以上，石炭系顶及内幕成像更加清楚；塔里木盆地迪北2—康村三维地震推广"风险智能划分+现场踏勘""高精度卫片+坡度图"优化选点和"直升飞机+节点仪"施工工艺，平均采集日效较邻区提高73.54%，创塔里木盆地山地三维地震采集日效新纪录。

【物探资料处理解释】 2022年，深化精细地震资料处理解释，助力高效勘探和效益开发取得新进展。处理二维地震8.09万千米、三维地震11.11万平方千米；解释二维地震18.77万千米、三维地震31.69万平方千米，发现落实圈闭7513个，面积7.47万平方千米，提交井位7667口，采纳4021口，支撑部署风险井位46口，油气重大突破与发现参与率100%，为油气高效勘探和低成本开发提供有力支撑。

华北油田针对临河三维地震通过宽频一致性处理和逆时偏移等关键技术，精细刻画构造展布，有效改善中浅层波组特征和断裂成像质量，中深目的层钻井深度平均相对误差0.9%；基于新处理解释成果，2022年临河三维地震区发现落实圈闭25个，支撑12口井部署和兴华11、华兴12区块亿吨探明储量提交。塔里木油田应用多次波压制、Q叠前深度偏移等关键技术，大幅提高富满地区深层地震成像精度，准确刻画奥陶系—寒武系地层结构，发现落实圈闭24个，支撑120口井位部署和富满油田超6亿吨三级储量提交，有效支撑"富满之下找富满"高效勘探；立足大北区块构造稳定区，加强地震精细目标处理，成像质量明显提高，断裂特征更加清晰，新发现大北13圈闭，新增控制储量天然气432亿立方米、凝析油75万吨。西南油气田攻关形成以层序约束相控反演、地震波形驱动为核心的岩性储集体定量表征技术，解决隐蔽岩性油气藏地震响应特征不明显难题，准确刻画川中古隆起灯影组丘滩体储层展布，支撑千亿立方米天然气探明储量提交；创新礁滩复杂地质体刻画技术，支撑川东YA012-X11-C1井钻遇二叠系、三叠系礁滩储层1160米，获日产超200万立方米高产工业气流，刷新四川盆地生物礁"储层段最长、储层钻遇率最高、测试产量最高"等多项纪录。

【物探技术攻关】 2022年，针对前陆冲断带、碳酸盐岩、构造岩性和页岩油气四大领域，设立16个物探技术攻关课题，处理解释二维地震218.7千米、三维地震3824平方千米。其中，前陆冲断带领域重点攻关准噶尔盆地南缘、塔里木盆地塔西南和柴达木盆地英雄岭等"双复杂"探区地震成像技术，落实勘探目标；碳酸盐岩领域重点攻关塔西南寒武系盐下、鄂尔多斯石炭系太原组、川中和塔东等碳酸盐岩储层描述技术，落实钻探圈闭；构造岩性领域聚焦松辽、渤海湾、吐哈、福山、海拉尔等地区岩性目标精细成像，拓展勘探战场；页岩油领域重点攻关川中侏罗系、南堡凹陷古近系页岩油"甜点"刻画技术，指导水平井轨迹设计。

立足重点区带、重点领域，持续深化物探技术攻关，取得良好应用效果。攻关表层结构反演和全深度速度建模技术，探索应用时延全波形反演，提升川西北枫顺场及准噶尔盆地南缘、东部深层潜山等复杂构造中深层成像精度，夯实井位目标落实基础；完善复杂储层精细描述，攻关多波联合反演预测技术，大幅提升川中致密砂岩含气预测符合率，支撑侏罗系沙溪庙规模储量提交；深入开展"双高"地震资料处理解释技术攻关，消除并补偿近地表吸收衰减导致的波形畸变，增强低频弱信号能量，综合提高河套、川东等地区地震分辨率，满足储层保真识别需求；攻关应用宽方位各向异性成像及方位裂缝预测等技术，刻画鄂尔多斯盆地乌审旗古隆起断裂及台内滩有利发育区，支撑勘探部署。利用物探技术攻关成果，2022年发现落实圈闭112个、面积2571平方千米，建议井位137口，持续跟踪并支撑红星1井钻探成功，助推佳探1等6口风险井位部署。

【物探科研与应用】 2022年，聚焦勘探开发生产面临的共性问题，突出关键、核心、引领性技术研发，围绕人工智能、"双复杂"目标、裂缝型致密储层和陆相碎屑岩等领域设立7个课题，在多个方面取得重要技术进展与突破。在人工智能方面，创新基于复杂岩相智能识别的速度建模技术，提高特殊地质体速度建模精度，改善盐下目的层成像效果；研发F-X域智能去噪技术，提高噪声压制效率和精度，效率比常规技术提升约3.5倍。在"双复杂"领域，创新多约束初至走时层析技术和复杂地表静校正技术，更好地解决巨厚黄土区和疏松近地表山地的长波长静校正问题，在准噶尔盆地南缘、鄂尔多斯盆地庆城、柴达木盆地英中等地区应用取得良好效果，资料信噪比、保幅性、成像精度明显提升，井震相关系数0.85。在裂缝型致密储层领域，创新研发相控双孔隙结构因子渗透性预测技术，提高致密砂岩储层孔隙度和含气饱和度预测精度，四川盆地秋林地区侏罗系沙溪庙组致密砂岩渗透率预测误差小于半个数量级。在陆相碎屑岩领域，探索多波多分量地震资料处理解释技术，首次利用横波资料发现纵波无响应的隐蔽河道砂储层，横波资料刻画河道砂储层总面积较纵波增长38%，支撑四川盆地秋林地区侏罗系沙溪庙组致密气储量提交。

【国产物探软件推广应用】 2016—2021年，推动GeoEast等国产物探软件应用，完成"188"推广应用目标，显著增强物探技术自主创新能力。根据油气勘探开发实际需求，2022—2025年突出GeoEast处理解释软件由油气勘探领域向开发领域应用拓展，制定"2919"（即2025年勘探开发地质研究人员熟练掌握率达到20%，地震处理解释项目应用率分别达到90%和100%，井位目标或研究项目贡献率达到90%）工作目标。2022年，GeoEast软件在股份公司16家油气田企业和3家科研院所持续深入推广应用，勘探开发地质研究人员熟练掌握率11.07%，处理项目应用率87.2%，解释项目应用率92.1%，井位目标或研究项目贡献率100%，"2919"工作目标稳步推进，国产物探软件支撑集团公司持续增储上产、助力油气勘探开发高质量发展作用进一步凸显。

【地球物理数据与软件共享中心建设】 2022年，集团公司批复同意在中国石油勘探开发研究院成立中国石油地球物理数据与软件共享中心，负责国内勘探开发业务地球物理数据异地备份管理、地球物理软件云化管理和共享服务等工作。数据是未来的核心资产，地球物理数据与软件共享中心的成立对于确保地球物理数据安全，深化挖掘地球物理数据资产潜力，提高数据资产价值，支撑集团公司勘探开发业务持续高质量发展具有深远而重大的意义。

（曾　忠　刘依谋）

【水平井钻井技术】 2022年，完成水平井2595口，占钻井总井数的18.9%，其中长庆、新疆、西南、大庆等是水平井主要应用油田。通过优化井身结构、优选提速工具及钻头、强化钻井参数、推广油基钻井液、完善提速模板等措施实现提速提效。

水平井技术进步高效推动非常规油气藏资源开发，长庆、新疆、大庆、西南等地区效益持续提升。庆城页岩油投产水平井98口，平均单井日产油12吨，日产大于10吨井比例从54.5%提升至72.5%，单井EUR达2.7万吨，开发建设实现整体达产达效和快速上产；新疆吉木萨尔页岩油利用随钻GR成像测井+碳酸盐分析技术，较2021年平均水平段1863.44米增加122.34米，平均油层钻遇率92.6%，全年产油50.9万吨，单井EUR、钻井速度得到有效提升，单井投资从7527万元控降至4500万元；大庆古龙页岩油2022年产油8.51万吨、天然气2986.4万立方米，2000米水平段单井EUR预测可达2.0万—3.1万吨，具备效益开发条件；川渝页岩气2022年完钻水平井308口，平均钻井周期94.44天，同比缩短1.53%，平均机械钻速提高13.18%，平均水平段长增长2.17%，储层钻遇率提高0.53%。在目的层应用欠平衡钻井工艺，形成"地面降温+全程旋导+控压钻井"的提速组合，水平段密度同比降低0.15—0.2克/厘米^3，平均机械钻速8.61米/时，同比提高28%，平均水平段钻进时间由2021年30天缩短至22天，支撑日产气超4000万立方米，年产能力130亿立方米，建成千万吨页岩气大气田。

水平井重点区块提速提效效果明显。2022年大庆古龙页岩油水平井平均井深5157.4米，水平段长2492米，钻井周期24.7天，机械钻速29.46米/时，同比井深增加258米，水平段长增加210米，钻井周期缩短3.1天；玛湖致密油水平井平均井深4915米，水平段长1320米，钻井周期73.9天，同比缩短5.1天，周期同比缩短6.5%；吉木萨尔页岩油水平井平均井深5803米，水平段长

2027米，机械钻速15.8米/时，钻井周期40.4天、水平段一趟钻成功率提升至54.5%，水平段长同比增加117米，钻井周期缩短8.2%，一趟钻比率提高14个百分点。

强化组织管理和技术攻关，水平段钻井指标稳步提高。2022年川南页岩气8口井实现215.9毫米井眼一趟钻。其中：中深层页岩气井4口，宁209H47-9井刷新单趟进尺最多（2440米）、水平段最快钻井周期（6.33天）两项纪录；深层页岩气井4口，阳101H11-4井刷新单趟进尺最多（2830米）、最快钻井周期（58.61天）两项纪录。川中致密气攻关"强攻击性PDC钻头+高造斜率旋转导向+旋导专用直螺杆+强化参数"为主体的二开一趟钻提速技术，6口井实现二开"一趟钻"，平均机械钻速24.42米/时、钻井周期9.13天，二开平均钻井周期同比缩短43%。永浅201井钻井周期7.77天创致密气最快钻井周期纪录，4口储量井钻井周期均控制在9天内。

侧钻井等水平井配套技术不断突破。长庆油田侧钻井累计投产801口，恢复产能36.7万吨。日产油水平800吨/日，具备年产油30万吨的生产能力，有力支撑老油田稳产。侧钻定向井单井总投资由170万元降低至150万元，侧钻水平井由360万元降低至300万元。在苏南88-114CH井完成首口基于7英寸老套管152毫米钻头开窗侧钻、114.3毫米套管固井完井的侧钻水平井成功实施，实钻水平段长1214米，创造长庆气田侧钻井最长水平段纪录；玛湖地区强化大功率螺杆推广应用，与2021年相比，旋导进尺占比由32.8%下降至6.9%，平均钻井周期由76.6天缩短至74.4天。在陆9、石南21井区采用侧钻水平井精细设计及综合录井地质导向技术实现高效挖潜，实施7口侧钻井，累计增油3519吨，对比新钻水平井节约钻井投资2800万元；西南油气田攻关应用"国产旋转导向+油基钻井液+钻井参数强化+漂浮下套管"技术，解决浅埋深长水平段井钻井摩阻大、常规下套管难的问题。金浅501-8-H2井水平段长2060米，应用140毫米全通径漂浮接箍下套管技术获得成功，为长水平段、轨迹复杂水平井安全高效下套管提供更优的方案。在足203H5-2井开展PZG65-ϕ299×13毫米膨胀管裸眼封堵现场试验，下入井段1183.88—1850米（段长666.12米），成功封堵恶性漏失层，同时实现不改变原井身结构完井，刷新中国膨胀管现场应用最大尺寸纪录。

【精细控压钻井与欠平衡技术】 2022年，推广应用精细控压钻井固井、欠平衡钻井282井次，主要应用在西南油气田和新疆油田，在窄密度窗口钻井、固井和易漏地层钻井提速等方面取得显著成效。

推广应用精细控压钻井技术，保障窄密度口地层的安全钻井。西南油气田蓬莱区块在241.3毫米井眼应用16井次，进尺22772.34米，较邻井减少漏失量373.48立方米，减少复杂损失时间15.85天。在高石009区块241.3毫米及165.1毫米井眼应用2井次，进尺5887米，较邻井减少漏失量820立方米，减少复杂损失时间21天；新疆油田玛湖401井区三开配备精细控压实施水平井12口，溢漏同层问题改善明显，平均复杂时率降低7.6%。达13井区三开井段应用精细控压技术，实现零复杂，水平段长由2021年的1326米增加至1641米，钻完井工期由137天缩短至129天；青海油田柴探1井、阿探2井通过动态承压，以平均48米/次的承压频率准确刻画压力窗口，实时跟踪钻进ECD、起下钻抽汲、激动ECD，保障2040米"零复杂"完钻。通探1井以压稳水层为原则，刻画压力窗口，创油田单井控压最长井段纪录，发生井漏5次，漏失钻井液95立方米，相比邻井冷科1井（井涌4次、井漏61次、漏失量360立方米）复杂大幅降低。

开展精细控压固井，提升超深井固井质量。西南油气田在蓬莱区块241.3毫米井眼应用川庆钻采院的精细控压固井12井次，固井质量合格率51.8%、优质率24.2%，较邻井分别提高2.87%、3.56%。在高石009区块241.3毫米井眼应用3井次，固井质量合格率76.09%、优质率38.62%，较邻井分别提高4.62%、14.61%；大港油田潜山内幕地层漏失风险大，超高温水泥石强度衰减，钻井液高碱、高盐导致腐蚀性强。通过采用精细控压固井，千米桥潜山油藏风险探井固井质量优质率100%。

应用欠平衡钻井技术，机械钻速不断提升。川南页岩气针对纵向上层系多的特点，通过精细控压技术释放地层压力、恒定井底压力控制方式，推广欠平衡配套提速技术，水平段钻井效果持续改善。在长宁区块215.9毫米井眼应用欠平衡钻井52井次，进尺172339米，钻井液密度降低0.15—0.35克/厘米^3，平均机械钻速14.21米/时，较2021年区块指标提高22.92%。在泸州深层页岩气区块215.9毫米井眼应用欠平衡钻井42井次，进尺55400米，钻井液密度降低0.18克/厘米^3，平均机械钻速9.12米/时，较邻井提高24.1%。在渝西深层页岩气区块215.9毫米井眼应用欠平衡钻井61井次，进尺191023米，钻井液密度降低0.15—0.20克/厘米^3，平均机械钻速7.62米/时，较邻井提高45.42%。

气体钻井大幅度减少漏失，节约钻井周期。青海油田针对表层恶性漏失严重的问题，开展空气钻井工艺。柴探1井采用充气泡沫钻进，钻至649米一开完钻。柴909井一开采用空气钻井，进尺811米，平均机械钻速12.68米/时，创青海油田444.5毫米井眼空气钻井井深最深856米、干井筒固井最深856米以及单只空气锤进尺最长811米三项纪录。柴909井潜水面600米，采用空气钻井后相比柴探 1 井漏失近 5900 立方米无漏失，节约周期至少 30 天。

【随钻扩眼与垂直钻井技术】 2022 年，为解决环空间隙小、井底 ECD 大、套管难以下入、固井质量差等难题，推广应用随钻扩眼技术 37 井次。为解决部分构造地层倾角大，采用常规钻具组合钻进易斜、吊打机械钻速慢的难题，推广应用垂直钻井系统 114 口井。

新疆油田优化扩眼器布齿方式，由平面齿改进为非平面+尖锥混合齿，提升刀翼抗冲击性和"吃入"能力。平均单井节约工期 3.5 天、节约费用 70 万元。

西南油气田射洪—盐亭区块使用垂钻工具充分释放参数，钻压从 8—12 吨提高至 18—20 吨，机械钻速提升 62%—164%，井斜控制在 1 度以内。鹰探 1 井 444.5 毫米井眼须家河组—嘉陵江组二段应用垂直钻井系统，井斜角控制在 0.5 度内，机械钻速 4.90 米/时，比鹰 1 井提高 53%；新疆油田在准噶尔盆地南缘呼 101 井、呼 102 井二开主动应用垂钻+螺杆防斜打快技术，井眼尺寸较呼探 1 井大一级的条件下，平均钻速分别提高 78%、64%。三开应用垂钻+螺杆+高效 PDC 钻头实现安集海河组地层"一趟钻"，平均机械钻速分别比呼探 1 井提高 36%、59%，四开平均钻速分别提高 158%、192%。

国产大尺寸垂直钻井系统性能不断提高。2022 年垂直钻井 27 井次，总入井时间 17489.24 小时，总进尺 42112.87 米。东秋 7 井二开使用 VDT 系列工具第一趟钻进尺 1383 米，日进尺 293 米，分别创区块一趟钻进尺最高纪录和单日进尺最高纪录。卧深 1 井三开单只钻头进尺 1461 米，一趟钻穿越嘉陵江组采空区，创川渝地区 431.8 毫米钻头单只进尺纪录。

【大井丛工厂化钻井技术】 在川渝页岩气、长庆致密油致密气、新疆玛湖吉木萨尔等重点产建区块继续推进大井丛工厂化作业，2022 年完成 3 口井以上平台 1776 个、井数 7996 口，占比 57.6%，同比提高 1.4 个百分点。

长庆油田攻关形成大井丛水平井钻井技术、九大钻井液体系、九大堵漏技术等 11 项低渗透油气田开发钻完井系列技术，其中大井丛水平井钻井技术能力达到国际领先水平。2022 年，大井丛工厂化节约永久征地 6689 亩，节约钻井工期 2536 天，节约费用 4.7 亿元。新疆油田玛湖地区主要采用"大小钻机组合"模式，有效提高大钻机利用率。针对油基钻井液多次重复利用后劣质固相增加导致性能恶化的问题，研究形成劣质固相絮凝清除技术，钻井液劣质固相含量下降 27%，重复利用率提升至 50%，循环利用井数从 4 口井提高至 8 口井，平均单井节约 14 万元；川南页岩气井持续加强大井丛工作推进，在黄 202 井区、自 201 井区、长宁等区块试点 10 口井及以上的大平台，进一步扩大工厂化作业优势。自 201H54 平台 10 口井用时 21.48 天完成一开批钻作业，同比节约周期28.23天，同比节约钻井液用量65%；大港油田大井丛工厂化作业节约建设费用2628万元，其中节约临时和永久征地1040亩，节约井场道路和管线37千米，减少废弃钻井液排放1306立方米，网电钻井减少碳排放986吨，提质增效效果显著；大庆油田大井丛工厂化作业平台450个，与非平台井比，缩短搬安时间和钻井工期，节约搬迁费用，增加钻井液重复利用率，减少材料费用，降低钻井液处理费用，加上节约征地、减少路电管道长度和地貌恢复等费用，共节约费用37167.1万元；辽河油田完成3口井及以上平台263个，对比单井新建平台，节省征地1399亩、井场道路建设165千米、井场管线建设38千米，节省费用1.38亿元，为辽河油田整体提质增效发挥重要作用；华北油田持续规模化推行大井丛布井方式，完成3口井及以上大井丛平台46个。兴华1区块部署16个平台，通过平台井批钻施工、配套提速钻具组合、优选钻头、优化钻井液性能、强化钻井参数等，实现钻井提速，保障巴彦油田百万吨产能建设速度；吉林油田将平台井技术作为一项关键技术在油气开发中全面推广，完成平台53个、404口井，节省成本8751万元；青海油田在英东、花土沟、干柴沟和风西油田完成平台29个，总井数124口，累计节约钻井工期117天，节约钻井成本368.2万元。

（叶新群）

【高精度成像测井和扫描测井的技术应用成效】 2022年，中国石油555口探井应用成像测井（不含阵列感应和阵列侧向），探井覆盖率45.2%，其中阵列声波、电成像、核磁共振、地层测试MDT/XPT、元素俘获/岩性扫描和旋转式井壁取心分别为332井次、414井次、307井次、26井次、178井次和46井次，分别占探井总数的27%、33.7%、25%、2.1%、14.5%和3.7%。

成像测井主要应用。在松辽古龙、鄂尔多斯长7_3油层、准噶尔玛湖风城组和柴达木下干柴沟组等页岩油"甜点"评价中，集中应用岩性扫描、电成像、二维核磁共振和阵列声波等测井新技术，准确计算矿物组分、有效孔隙度和可动油饱和度等关键参数，精确优选页岩油甜点段；在准噶尔盆地南缘、塔里木博孜—大北和河套盆地深层等复杂碎屑岩评价中，重点应用核磁共振、电成像、阵列声波和MDT，精细评价储层孔隙结构、岩性岩相特征和裂缝有效性，建立压力剖面预测模型，准确识别储层流体性质，支撑天湾1、扎格1等重点探井获突破；在四川蓬莱—龙女寺和合川—潼南区块深层茅口组—栖霞组、塔里木富满奥陶系等缝洞碳酸盐岩评价中，应用电成像、岩性扫描和远探测声波测井，精细刻画缝洞特征、定量计算矿物组分、准确评价有效储层和识别流体性质，助力潼深11和潼深7等井获高产气流。

【风险探井测井采集与解释评价】 2022年,针对油气藏特征、储层特点和井筒条件,优化57口风险探井测井采集设计,完井测井资料录取率95.5%、优等品率99%,为准确认识和评价油气藏提供资料基础。加强风险探井测井资料深化处理,精细评价岩性岩相、孔隙结构、可动孔隙度和可动油含量、地应力大小、脆性指数等,组织风险探井测井解释专家会审,反复讨论试油层段并提出试油建议,准确确定出天湾1、宣探1、新探1、风云1等井的试油层段,支持风险勘探发现突破。

【MDT技术的提质增效作用】 2022年,推广应用MDT测井技术,主要在大庆、新疆、塔里木、西南和华北等油气田应用77井次,平均测压成功率70.1%。大庆油田应用60井次,解释符合率97.7%,产能预测符合率91%,减少试油层24个,节省直接成本约840万元;四川长宁页岩气应用XPT快速测压平台10井次,准确获取页岩储层的孔隙压力,完善"甜点"段和"甜点"区测井评价标准,支撑钻井液密度优化设计;华北油田在河套盆地兴华构造探评井中通过钻具传输作业MDT 7井次,在井况极其复杂情况下高效完成MDT井下取样作业及流体识别,快速落实流体性质,节约完井周期40天,节省试油费用600余万元,有力支撑1.24亿吨探井储量提交。

【二维核磁共振技术的页岩油气"甜点"评价】 2022年,在青海、西南、塔里木、新疆、大庆和吉林等油气田应用56井次,全直径岩心二维核磁共振现场扫描实验在长庆、华北和南方等油田应用9井次(扫描岩心长度343.03米、二维核磁扫描877个点),准确评价储层物性和孔隙结构,准确计算可动油饱和度,在页岩油"甜点"段测井优选及复杂岩性致密油气藏流体识别中发挥关键作用。

【高性能过钻杆测井技术的取全取准资料】 2022年,高性能过钻杆测井技术在川渝页岩气、长庆致密油气和页岩油、玛湖和吉木萨尔水平井以及大庆页岩油等领域应用1289井次,快速安全获取高质量常规、偶极声波与电成像等资料。相比于钻具输送测量方式,提高测井时效近50%,且资料精度与电缆测井基本一致,满足水平井储层品质与工程品质评价。长庆油田页岩油开发区环H11-2水平井应用ThruBit测井技术,测量水平井段1900米,安全快速采集高质量的常规、电成像和偶极声波测井资料,相比钻具传输测量方式节约测井时间195小时,效率提高4倍,为储层品质和完井品质综合评价及储层改造优化方案提供良好的资料基础。

【高性能套后饱和度测井的剩余油深化评价】 2022年,推进自主研发的脉冲中子全谱测井(PNST)以及针对性引进的脉冲中子—中子(PNN+)和四中子等先进套后饱和度测井新技术应用,成效显著。脉冲中子全谱测井(PNST)测井应用 159 井次，特高含水期剩余油解释符合率 86.8%，剩余油挖潜效果明显，增油 1.82 万吨、增气 53.09 万立方米；青海油田应用 PNN+ 测井 71 井次，优选潜力层 38 口井 /83 小层进行措施补孔，措施层成功率 77.3%，平均单井日增油 2.28 吨，累计增油 12500 吨，为老油区增产提供有力技术支持；华北油田应用四中子、PNN+ 等先进适用套后饱和度测井 49 井次，巴彦探区利用四中子测井助力兴华 10 井和兴华 11–1X 井低阻油层测试获百吨高产油流，饶阳凹陷路 27–19 井根据套后饱和度测井资料补孔试采，日产油 3.93 吨，半年增油 149.61 吨。

（袁　超）

油田开发

【概述】　截至 2022 年底，股份公司累计动用地质储量 219.83 亿吨，可采储量 63.46 亿吨，标定采收率 28.87%；日产油水平 27.93 万吨，年产油 10500 万吨，累计产油 49.42 亿吨；地质储量采出程度 22.43%，可采储量采出程度 77.70%，地质储量采油速度 0.47%，剩余可采储量采油速度 6.82%，储采比 14.70；老井自然递减率 9.12%，综合递减率 4.05%；年产液量 9.50 亿吨，油田综合含水率 89.82%；日注水 312.8 万立方米，年注水 11.23 亿立方米，月注采比 1.06，累计注采比 1.04；采油井总井数 260014 口，开井 198187 口，平均单井日产油 1.41 吨；注水井总井数 102824 口，开井 76629 口，平均单井日注水 40.8 立方米（表 2）。

表 2　2022 年采油、注水情况

项　目	2022 年	2021 年	同比增减
采油井总井数（口）	260014	257626	2388
采油井开井数（口）	198187	193722	4465
平均单井日产油（吨）	1.41	1.41	0
注水井总井数（口）	102824	101017	1807
注水井开井数（口）	76629	76063	566
平均单井日注水（立方米）	40.8	40.7	0.1

【原油生产】 2022年，生产原油10500万吨（含液化气），其中自营区产油9956万吨、合作区产油544万吨（表3）。

表3 2022年原油产量、商品量情况

万吨

项　目	2022年	2021年	同比增减
原油产量	10500	10311	189
其中，自营区（含风险作业）原油产量	9956	9669	287
合作区原油产量	544	642	-98
原油商品量	10397	10204	193

大庆油田强化水驱和聚合物驱挖潜、扩大复合驱规模、加快外围有效动用，年产原油2971万吨，累计生产原油24.9亿吨，继续发挥中国石油原油产量"压舱石"的作用。长庆油田加快长7页岩油开发建设，加大低产低效区块治理力度，年产原油2570万吨。塔里木油田推进评价建产一体化，碳酸盐岩油藏实现高效开发，年产原油736万吨。新疆油田加快推进玛湖500万吨原油上产工程，强化老区挖潜，年产原油1441万吨。辽河油田克服特大洪水影响，年产原油933万吨。青海、吉林、华北、大港、吐哈、冀东、浙江、玉门、南方等油田通过艰苦努力，克服汛期、冰雪极端天气和新冠肺炎疫情等困难，为股份公司产量的持续较快增长贡献力量（表4）。

表4 2022年各油田原油产量

万吨

油气田	2022年	2021年	同比增减	油气田	2022年	2021年	同比增减
股份公司总计	10500	10311	189	大港油田	400	394	6
大庆油田	2971	2945	26	青海油田	235	234	1
长庆油田	2570	2536	34	吐哈油田	139	135	4
新疆油田	1441	1370	71	冀东油田	105	121	-16
辽河油田	933	1008	-75	玉门油田	69	59	10
塔里木油田	736	638	98	南方公司	32	31	1
华北油田	442	424	18	西南油气田	7	6	1
吉林油田	417	407	10	浙江油田	2	2	0

【原油产能建设】 2022年，自营区钻井9560口，进尺1935.2万米，新建产能1130.2万吨。

各油田坚持"先算后干，算赢再干"，控制生产节奏，确保质量和效益。大庆油田、辽河油田完成率超过100%。完成率较低的有吉林油田、玉门油田、青海油田和大港油田，主要因为大井丛平台井比例增大、批钻批压周期较长以及安全评价、环境影响评价等。

自营区老区产能完成464.8万吨，新区产能完成665.3万吨。新井日产油3.50吨，其中老区新井单井日产油2.80吨、新区新井日产油5.02吨。

【精细油藏描述】 2022年，精细油藏描述86个区块单元，覆盖地质储量15.71亿吨，地质建模12.12亿吨，支撑编制各类方案267个，提供老区产能井位5720个。精细油藏描述覆盖石油储量199.2亿吨、建模储量187.2亿吨，分别占总量的90.8%和85.4%，为老油田稳产发挥重要作用。

精细油藏描述技术取得系列创新成果：（1）创新"断层控砂"理论，打造高效增储建产区。大港油田以"断砂耦合"为指导，利用古地形恢复技术，重新认识沈家铺开发区沙三段孔西断层控制下的砂体沉积规律，建立该区"断层控砂模式"。（2）岩石物理驱动叠前反演薄储层预测技术，形成叠前地震反演薄储层预测技术及流程，1米以上砂体识别精度由70.2%提高到81.5%，指导水驱、聚合物驱措施调整及化学驱加密井方案编制。（3）基于低渗透油藏裂缝建模数值模拟剩余油表征技术，指导加密调整。长庆盘古梁长6油藏通过裂缝建模数值模拟分析，裂缝两侧剩余油呈条带状分布，预测水线侧向强水洗宽度为70—100米，裂缝两侧剩余油富集；纵向上高水淹仅占10.5%，井网下水驱难以有效波及。（4）大庆油田持续优化完善自主研发的化学驱模拟技术。在黏弹性、色谱分离、碱溶蚀和润湿性改变等特色模拟功能基础上，实现自适应及微乳液体系模拟，驱油机理描述更加精准，达到国际先进水平。推广应用40个区块，覆盖油水井4551口。

【注水工作】 贯彻集团公司老油气田稳产工作会精神，抓住"控制递减率"和"提高采收率"两条主线，精确把握油藏地质情况，精准实施分类治理，巩固和发挥注水开发的主导地位，持续推进精细注水工作常态化，深化研究水流优势通道分布模式，加大低效无效注水治理力度，油田稳产基础得到进一步加强。

2022年，完成注水专项主干工作量3.9万井次，辅助工作量39.1万井次。夯实注水工作基础，完成套损更新259口井、检管重配3376口井、注水井大修3376口井，新投注水井2628口井；提高精细测调水平，完成产吸剖面测试30959井次、压力监测30713井次、测试调配138043井次、井口水质检测

72304 井次。

分注水平稳步提高，分注率66.3%，同比提高0.5个百分点；分注合格率84.4%，提高0.3个百分点；井口水质达标率93.56%，提高1.41个百分点。注水开发效果得到持续改善，含水上升率下降0.03个百分点至0.51%，水驱储量控制程度、动用程度分别同比提高0.35个百分点和0.37个百分点，至84.22%和75.43%。

【重大开发试验】 2022年，重大开发试验积极攻关，探索和储备高效、低成本、绿色的战略性接替技术，在CCUS/CCS、超低渗透油藏转变注水开发方式、SAGD/VHSD开发、天然气重力混相驱与战略储气库协同开发、无碱二元驱、空气热混相/火驱、减氧空气驱等方面取得7项成果。2022年产量达到2000万吨规模，累计产油1.9亿吨，支撑集团公司原油稳产上产和高质量发展。

2022年重点开展10项重点试验，包括化学驱提高采收率试验，减氧空气/泡沫驱开发试验，二氧化碳驱提高采收率试验，天然气+战略储气库协同开发，空气火驱试验，烟道气驱（火驱）试验，稠油老区复合驱试验，超稠油SAGD开发试验，聚合物驱后提高采收率试验，超低渗/致密油转方式试验。试验区覆盖地质储量26956万吨，预计提高采收率16.4个百分点，增加可采储量4421万吨。试验区年产油172.2万吨，平均单井日产油2.0吨，试验区和工业化推广区块年产油1946.4万吨，试验成果对增储上产的推动作用进一步显现。

以重大开发试验为抓手，以大幅度提高采收率为目标，规模推广化学驱、天然气混相驱、二氧化碳混相驱、稠油SAGD和稠油火驱5项技术的工业化应用，三次采油规模不断扩大。

化学驱持续稳产，2022年产量超1200万吨。实现由大庆油田整装油藏向新疆油田砾岩、大港油田断块、辽河油田特高渗、长庆油田中低渗等复杂类型油藏拓展，由强/弱碱复合驱向"高效、低成本、绿色"的二元复合驱转变。覆盖地质储量7.54亿吨，提高采收率15.7个百分点，增加可采储量11838万吨。2022年化学驱产量1238万吨，其中聚合物驱产量658万吨（不含聚合物驱后9.5万吨）、三元复合驱459产量万吨、二元复合驱产量111万吨。

稠油转方式（包含SAGD、蒸汽驱、火驱）不断扩大，产量达到400万吨规模。近几年，稠油在几乎没有新增探明储量的情况下，持续保持1000万吨稳产。主要是SAGD、蒸汽驱和火驱等蒸汽吞吐后大幅提高采收率技术攻关和矿场应用，有效弥补蒸汽吞吐产量的递减。转方式产量351.9万吨，其中SAGD产量162.7万吨、蒸汽驱产量156.6万吨、火驱产量32.6万吨。

推进注气应用规模，产量78万吨。践行绿色低碳战略，CCUS/CCS技术试验全面展开。2022年注入二氧化碳111万吨，年产油31万吨；累计注入二氧化碳562万吨，累计产油190万吨，换油率2.96。

【老油田"压舱石工程"】 为扎实推进老油田稳产专项行动，建立良好的油田开发秩序，实现高质量可持续发展，2022年集团公司决定启动老油田"压舱石工程"。"压舱石工程"是一项战略性、前瞻性的系统工程，是对开发体系全方位深层次的升级改造和创新，是对现有开发技术的集成应用与创新发展；是集团公司油田开发的统领性工程，是集团公司原油业务1亿吨以上长期高质量发展的基石。实施老油田压舱石工程，就是要解决集团公司生存和发展的根基问题，统筹当前与长远，超前谋划，建立良好的油田开发秩序。

2022年启动10个重点项目，发挥示范引领作用，编制上产稳产1000万吨的"压舱石工程"规划部署方案。召开"压舱石工程"启动会、组织专家现场调研、举办技术培训班和规划方案审查会等系列工作，进一步统一思想认识，明确"压舱石工程""3533"总体要求，示范项目技术路径更加清晰、规划方案更具可操作性，"压舱石工程"各项工作扎实稳步推进。

【长停井治理】 长停井治理始终坚持与精细注水、开发方式转变、工程技术进步紧密结合，突出油藏整体治理，突出效益观念，不断提高治理效果。2022年，治理恢复长停油水井5192口，其中采油井4049口，年增油105.9万吨，恢复年注水999万立方米，油井、水井开井率分别同比提高0.8个百分点和0.2个百分点，油水井利用率进一步提升。大庆油田结合成因分析，优化治理措施，优先治理产量高、投入少、效益好的井，治理长停井1455口，其中油井906口，年产油16.3万吨。长庆油田持续开展万口油井评价挖潜工程，在综合复查、油藏研究、技术试验的基础上，复产长停井606口，年增油10.1万吨。

【原油开发对标】 为了全面推进采油厂级生产单位的高质量发展和管理体系现代化，2022年首次组织开展采油厂级生产单位对标工作。深入开展常态化对标，特别是采油厂级生产责任主体对标，是加快推进"油公司"改革的关键一环，不仅可构建高质量发展指标体系，也是推动"四个转变"的管理提升工程，其过程和理念对于提质增效、可持续发展意义重大。

常态化开展油藏对标。2022年，股份公司五大类油藏有油藏单元513个，年产量10205万吨。其中：标杆21个，年产量1304万吨，占比12.8%；Ⅰ类单元42个，年产量4774.2万吨，占比46.8%。两类共占比59.6%，整体保持较好水平。通过持续推进开发水平分级与油藏对标工作相结合，以及实施相关配套措施，47个油藏单元实现开发水平升级，产量1434万吨。31个油藏单元开发水平降级，产量601万吨，这些是下步参照指标界限，对比同类标杆，找差距、补短板、促提升的重点。

【油藏动态监测】 2022年，完成各类动态监测工作量87141井（组）次，同比增加1458井（组）次。各分项完成情况如下：地层压力34740井次，其中采油井22413井次、注入井12327井次；油气水界面监测162井次；生产测井51559井次，其中产出剖面7604井次、注入剖面25060井次、工程测井17949井次、饱和度测井完成946井次；井间监测680个井组，其中干扰试井49个井组、脉冲试井1个、井间示踪534个、其他96个井组。

油藏动态监测工作持续深入提质增效，结合油田开发生产，重点做好油水井定点测压、产吸剖面测井、剩余油饱和度测井等工作，加强跟踪管理，持续推广新工艺、新技术，解决生产现场测试难题，不断提升动态监测质量，为油田开发提供资料支撑。中高渗油藏逐步形成多维立体渗流变化监测体系，开展基于机器学习的饱和度解释新方法和多域渗流地球物理试井技术研究。低渗透油藏初步形成缝网全生命评价监测体系，基本建立压裂效果评价监测技术体系。页岩油开展相关基础工作，优化井下仪器及工具，制定技术标准及规范。

【中国石油2022年度油气田开发年会】 2022年12月22—24日，集团公司以线下和视频的形式在北京召开2022年度油气田开发年会，深入学习贯彻习近平总书记重要指示批示精神，全面总结油气开发成果经验做法，分析面临的新形势新任务，安排部署下一步重点工作。会议传达集团公司董事长、党组书记戴厚良，总经理、党组副书记侯启军的批示。会议强调，要深入落实集团公司党组对油气田开发工作的总体要求，坚定不移实施稳油增气降本提效，推进上游业务高质量发展加快发展，发挥保障油气安全主力军作用。

股份公司副总裁、油气新能源公司执行董事、党委书记张道伟出席会议并讲话，对2022年油气开发工作取得的成果给予充分肯定。对于下一步工作，强调要大力推动勘探效益评价，努力实现经济可采储量平衡目标；大力推动原油效益开发，实现原油产量持续上升；大力推动天然气加快上产，为绿色低碳高质量发展做贡献；大力推动科技进步，努力实现高水平科技自立自强；大力推动改革创新，不断激发动力活力；大力推动绿色安全发展，常态化抓好疫情防控；大力加强党的建设，打造高素质的油气开发队伍。

股份公司中副总裁朱国文出席会议。总部相关部门、纪检监察组、相关专业公司、各油气田企业、工程技术服务企业和相关科研机构等有关负责人参加会议。油气新能源公司做工作报告，16家油气田公司做大会报告，10家单位做专题报告。

（郑　达）

天然气开发

【概述】 2022年,天然气开发以集团公司天然气发展战略和"十四五"规划为指导,全面落实集团公司党组决策部署,以"提新井产量,控老井递减,提产量规模,控投资成本"为工作思路,抓好评价增储和效益建产,抓实稳产和提高采收率,持续推动国内天然气业务高质量发展。

【天然气产能建设】 2022年,钻井3503口,新建产能275.77亿立方米。其中:苏里格气田钻井1193口,新建产能69.1亿立方米;靖边气田钻井322口,新建产能20.3亿立方米;神木气田钻井327口,新建产能13.3亿立方米;庆阳气田钻井51口,新建产能3.6亿立方米;长宁页岩气田投产井60口,新建产能18.4亿立方米;威远页岩气田投产井65口,新建产能21.1亿立方米;泸州页岩气田投产井66口,新建产能13.2亿立方米;安岳气田投产井15口,新建产能7.2亿立方米;博孜—大北气田投产井7口,新建产能7.8亿立方米;克深气田投产井5口,新建产能6.6亿立方米(表5)。

表5 2022年天然气产能建设

油气区	钻井(口) 2022年	钻井(口) 2021年	钻井(口) 同比增减	进尺(万米) 2022年	进尺(万米) 2021年	进尺(万米) 同比增减	新建产能(亿立方米) 2022年	新建产能(亿立方米) 2021年	新建产能(亿立方米) 同比增减
总计	3503	3163	340	1203	981	222	275.77	245.88	29.9
长庆气区	2226	2128	98	804	771	33	126.2	111.3	14.9
塔里木气区	31	47	−16	8	3.2	4.8	26.8	32.4	−5.6
西南气区	582	161	421	237	51.8	185.2	93.1	79.1	14.0
青海气区	151	219	−68	17	21	−4	5.6	6.1	−0.5
大庆油区	8	6	2	3	2.8	0.2	2.3	2.9	−0.6
新疆油区	18	4	14	8	2	6	3.1	1.1	2.0
煤层气公司	103	148	−45	27	44.7	−17.7	5.4	3.7	1.7
华北油区	182	388	−206	38	64	−26	6.0	1.9	4.1
浙江油区	51	27	24	15	7	8	3.6	5.1	−1.5
吉林油区	15	8	7	7	3.3	3.7	0.7	0.9	−0.2
其他油气区	136	27	109	39	10.2	28	3.0	1.4	1.6

致密气。2022年钻井2294口，新建产能136.6亿立方米。长庆气区致密气钻井2044口，新建产能113.1亿立方米。西南气区致密气钻井69口，新建产能17.5亿立方米。煤层气公司致密气钻井52口，新建产能3.67亿立方米。大庆气区致密气钻井2口，新建产能0.1亿立方米。辽河气区致密气钻井21口，新建产能0.39亿立方米。吐哈气区致密气钻井5口，新建产能0.38亿立方米。冀东气区致密气钻井85口，新建产能1.5亿立方米。

页岩气。2022年投产263口井，新建产能62.2亿立方米。西南气区新投产216口井，新建产能58.6亿立方米；浙江气区新投产47口井，新建产能3.62亿立方米。截至2022年底，累计投产井1212口（含评价井），日均产气规模4450万立方米，折合年产能146.8亿立方米。

煤层气。2022年钻井227口，投产299口，新建产能7.7亿立方米。沁水煤层气田樊庄郑庄区块进行稳产综合调整钻井18口，投产127口，新建产能2.6亿立方米；马必合作区块产能建设钻井158口，投产133口，新建产能3.4亿立方米。鄂东保德煤层气区块钻井23口，投产23口，新建产能0.44亿立方米。

【长庆气区天然气生产】 2022年，长庆气区天然气工业产气量493.4亿立方米（其中气层气491.5亿立方米、溶解气1.9亿立方米），同比增加28.0亿立方米；天然气商品量462.2亿立方米，同比增加29.0亿立方米。钻井2226口，进尺804万米，新建产能126.2亿立方米。

气层气井口年产量506.3亿立方米、累计产量5657.6亿立方米，已开发气层气剩余可采储量采气速度3.7%、储采比27.0。

【西南气区天然气生产】 2022年，西南气区天然气工业产量383.4亿立方米（其中气层气383.2亿立方米、溶解气0.2亿立方米），同比增加29.2亿立方米；天然气商品量366.6亿立方米，同比增加28.3亿立方米。钻井582口，进尺237万米，新建产能93.1亿立方米。

气层气井口年产量391.0亿立方米、累计产量5836.0亿立方米，已开发气层气剩余可采储量采气速度4.3%、储采比23.3。

【塔里木气区天然气生产】 2022年，塔里木气区天然气工业产量323.0亿立方米（其中气层气319.2亿立方米、溶解气3.9亿立方米），同比增加3.7亿立方米；天然气商品量305.3亿立方米，同比增加4.1亿立方米。钻井31口，进尺8万米，新建产能26.8亿立方米。

气层气井口年产量327.0亿立方米、累计产量4151.8亿立方米，已开发气层气剩余可采储量采气速度5.5%、储采比18.2。

【气藏评价】 常规气及致密气。2022年，三维地震采集处理解释1120平方千米，二维地震采集处理解释402千米，评价井23口，现场试验和试采等211口井，专题研究和方案62项。以深化气藏地质认识、优选产能建设区块、落实开发可动用储量和主体开发技术为重点，部署26个开发评价项目。评价优选目标区块40个，以苏里格致密气、博孜—大北等为重点，落实评价可动用地质储量6900亿立方米，可新建产能103亿立方米。主要成果：（1）立足三大气区，长庆气区完善庆阳气田深薄层、青石峁气田局部多层叠合的储层精细描述和富集区筛选技术，钻井周期缩短25%以上，Ⅰ+Ⅱ类井比例提高15%以上；塔里木气区通过关键资料录取、储层精细评价以及现场实验，支撑博孜—大北、克深、克拉—迪那三个100亿立方米方案；西南气区围绕川中古隆起、川中致密气和老区，落实可动用储量，可支撑新建产能42亿米^3/年，已建产能29亿米^3/年。（2）加强先导试验，优化开发主体技术，夯实新区效益开发基础；长庆庆阳气田深化气水分布，储层钻遇率由81.8%提升至88.8%；塔里木自主研发140兆帕高压井口除砂器和重复改造技术，应用10口井平均日产气量实现翻倍。

页岩气。为支撑拓展评价与区块接替，按照地震先行的思路，部署三维地震1699平方千米，完成采集929平方千米。围绕集中评价川南泸州中区泸201-202井区、长宁天宫堂构造宜202井区等上产区块，支撑储量提交与新建产能；加快评价威远、渝西矿权配置区，推进深层页岩气开发先导试验，支撑方案编制；拓展评价长宁楼东构造、威远荣昌北、渝西大足、江津等地区，优选"甜点"区，夯实接替资源基础，按照勘探开发、地质工程一体化模式，部署评价井26口，2022年完钻2口，跨年正钻24口。威远区块自201井区新增探明地质储量671.33亿立方米、含气面积104.11平方千米；威远区块自205井区新增预测地质储量4524.73亿立方米、含气面积483.16平方千米，渝西区块足203井区新增预测地质储量696.31亿立方米、含气面积153.73平方千米，合计新增预测地质储量5892.37亿立方米。川南威远、渝西评价取得重大进展，2022年4口评价井测试产量23万—38万米^3/日，EUR1.27亿—1.60亿立方米。推进评价井提速专项行动，从井场测绘设计到水平井段压裂施工完成平均工期380天，较往年缩短200天，同比提速36%。

【天然气提高采收率现场开发试验】 2022年已批复实施的天然气提高采收率现场开发试验项目3个。

克拉苏气田克深8区块提高采收率现场开发试验项目。截至2022年底，完成方案设计工作量的54%，12月平均日排水715立方米，累计排水39.6万立方米，气藏无新增见水井，年产量保持稳定，产水快速上升的势头得到遏制。

台南气田提高采收率现场开发试验项目。已完成方案设计工作量的85%，日排水量接近1000立方米；Ⅱ-1层组综合递减率由2019年的25.9%下降为17.1%，Ⅵ-1层组综合递减率由2019年20.5%下降为13.2%；综合评价Ⅱ-1层组、Ⅵ-1层组采收率可分别由31.1%提高到33.2%、45.6%提高到49.6%。

苏里格致密砂岩气藏提高采收率现场开发试验项目。包括低含水致密气藏提高采收率先导试验及中高含水致密气藏效益开发先导试验。低含水致密气藏提高采收率先导试验，设置14项主要试验内容，预期提高采收率11.2%；已完钻8口井（水平井7口、直井1口），完成设计的40%；完试7口井，平均单井无阻流量61.1万米^3/日；完成12口井测压，连续油管柱塞试验2口井，水平井柱塞试验4口井，平均单井增产0.37万米^3/日。中高含水致密气藏效益开发先导试验，设置10项试验内容，预期提高采收率10%；已完钻10口井（水平井4口、直井6口），完成设计的48%；完成探液面测试12井次，地层压力测试4口井6井次。

【天然气保供】 2021年11月至2022年3月冬季保供期，天然气产量630.2亿立方米，同比增加24.7亿立方米，天然气商品量572.8亿立方米，同比增加26.8亿立方米；冬季高峰月（2022年1月）日均产量43282万立方米，同比增加1626万立方米。2022年12月日均产量43552万立方米，同比增加2534万立方米。

（孙广伯）

矿 权 管 理

【概述】 2022年，落实集团公司对矿权管理总体要求，面对国家全面推进矿权竞争性出让、探矿权到期延续硬退减、油气监管更加严格的改革形势，围绕集团公司高质量发展的需要和实施"矿权保护工程"的战略部署，矿权管理抓重点、强基础，组织院士专家、全国"两会"代表向中央和有关部委提出政策建议，在推进转采保根基、竞争新区拓空间、依法合规护形象、建章立制强管理等重点工作中，精心组织、明确节点、责任到人，完成全年各项工作任务。

【矿权登记状况】 2022年底，集团公司有油气（含煤层气、页岩气）探矿权319个、登记面积82.15万平方千米，采矿权576个、登记面积15.25万平方千米，总计矿权 895 个、登记面积 97.4 万平方千米。

【矿权年检缴费】 加强诚信自律管理，客观实际公示年度勘查开采信息。按照自然资源部开展矿业权勘查开采信息公示工作的有关规定，2022 年度认真贯彻落实"谁填报、谁负责，如实填报、杜绝弄虚作假，出现问题要追责"的信息公示工作总体要求，通过修规范、优流程、勤沟通、强审查，精心组织，按时完成 259 个探矿权、560 个采矿权区块的勘查开采信息填报与公示。

加强矿权缴费管理，为及时取得矿权许可证提供支持。按照自然资源主管部门及国家税务总局要求，2022 年度探矿权、采矿权使用费按照年度分批（年度矿权发生变化领取许可证前缴纳）和集中（年度矿权无变化）两种缴纳方式，共缴纳 4.79 亿元。其中，分批缴纳 2.58 亿元，集中缴纳 2.21 亿元。

【矿权改革】 矿储部署联动，持续推进扩大采矿权。通过矿权储量部署联动，加快探矿权内提交探明地质储量的工作节奏，组织召开多次整改矿权转采推进会，督促油气田企业加快办理采矿权登记，定期通报进展，如期完成全部转采项目申报；充分利用政策空间，对接自然资源部，协调采矿权办理，并定期按要求提供所需信息；督办整改成效显著，得到自然资源部充分肯定。2022 年，集团公司新增采矿权面积 3800 平方千米。

积极竞争获取矿权，拓展有利勘探领域。2022 年参与自然资源部在新疆、黑龙江、甘肃、青海等 6 轮油气探矿权挂牌竞争出让。为获取有价值的勘探区块，通过组织勘探院及塔里木、大庆、华北、青海、玉门等油田公司开展区块综合地质评价论证与价值评估，竞得塔里木盆地莎车探矿权区块，面积 1111.38 平方千米，柴达木盆地德令哈、都兰—乌兰和大柴旦—都兰 3 个探矿权区块，面积 1564.55 平方千米，合计面积 2675.93 平方千米。

多层面发声，争取有利矿权政策。2022 年，油气矿权管理在"存量探矿权未来面临清零、增量探矿权获取困难"的形势下，结合集团公司勘探生产实际和长远发展规划，突出矿权政策研判，牵头组织多轮次、多角度、多层面的积极发声，关于延续次数、退减比例、建设能源基地等主要建议已经引起国家主管部门重视，尤其是《油气探矿权大幅退减危及国家安全》院士建议，上报中共中央办公厅、国务院办公厅后获得高层领导重视，有助于政府下一步出台利好政策。

【合规管理】 实现股份公司"严重失信名单零出现"总体管控目标。2022 年 6 月 21 日，自然资源部下发《关于做好 2022 年油气矿业权人勘查开采信息公示抽查检查工作的通知》，集团公司 60 个涉检项目中有 19 个探矿权和 41 个采矿权，涉及 13 家油田公司（浙江油田、南方公司和煤层气公司除外）。迎检工作总体按照"主动作为、超前准备,积极迎检、协同联动"原则,克服抽查项目多、新冠肺炎疫情影响大、核查样式多、耗时周期长等困难,60个涉检项目全部通过检查。

继续大力推进地质资料汇交管理,保持行业领先水平。地质资料汇交是矿政管理的重要内容,是矿业权人必须履行的法定义务。2022年在国家地质资料汇交要求进一步规范的背景下,通过超前统筹、及时沟通、合规管控,完成汇交矿权193个,3万余口井55万余件资料,占国内四大石油公司资料汇交总量的94.2%,获得自然资源部书面表扬。

强化探矿权退减预案优化调整,最大限度保护优质矿权。立足2021年探矿权退减预案,2022年结合勘探生产动态和矿权登记政策,强化2022年到期延续探矿权应退减方案优化调整,通过充分使用抵扣政策实际减少退减面积4万平方千米,使用同盆地置换政策优化退减6万平方千米,实现退减区域总体地质条件较差、风险可控的工作目标。

(王玉山　刘军平)

储 量 管 理

【概述】 2022年,储量管理贯彻落实集团公司关于"积极转变增储理念,实施储量管理改革"的指示要求,持续转变储量管理理念,加强以经济可采储量为核心的储量管理与评价体系建设,全面实施规范管理、精细管理、动态管理。严把新增储量入口关,突出新增储量的经济性、可升级动用性;推进"SEC增储工程",提升接替率,为集团公司增储上产、提质增效夯实储量基础,超额完成储量业绩指标和工作目标。集团公司储量管理主要包括国内新增三级储量、探明储量复(核)算、已开发可采储量标定、探明未开发及控制预测储量评价分类、SEC证实储量评估以及储量数据信息管理、标准体系制定。

【新增探明储量及特点】 2022年,新增探明石油地质储量85177.59万吨,技术可采储量13643.77万吨。其中:已开发地质储量20078.96万吨,技术可采储量3742.31万吨,未开发地储量65098.63万吨,技术可采储量9901.46万吨;新增探明溶解气地质储量1231.37亿立方米,技术可采储量187.39亿立方米。新增探明地质储量大于 1 亿吨的油田 3 个，为塔里木盆地的富满油田、河套盆地的巴彦油田和鄂尔多斯盆地的庆城油田。截至 2022 年底，累计探明石油地质储量 274.99 亿吨，技术可采储量 72.05 亿吨。其中，已开发地质储量 213.03 亿吨，技术可采储量 61.95 亿吨，未开发地质储量 61.96 亿吨，技术可采储量 10.10 亿吨。

新增探明天然气地质储量 6844.80 亿立方米，技术可采储量 3354.37 亿立方米。其中，已开发地质储量 1570.13 亿立方米，技术可采储量 645.55 亿立方米，未开发地储量 5274.67 亿立方米，技术可采储量 2708.82 亿立方米；新增探明凝析油地质储量 1038.06 万吨，技术可采储量 278.64 万吨。新增探明储量规模为大型的气田有 4 个，为鄂尔多斯盆地的青石峁气田、苏里格气田和四川盆地的天府气田、蓬莱气田。截至 2022 年底，累计探明天然气地质储量 13.69 万亿立方米，技术可采储量 7.04 万亿立方米。其中：已开发地质储量 9.19 万亿立方米，技术可采储量 4.91 万亿立方米；未开发地质储量 4.50 万亿立方米，技术可采储量 2.13 万亿立方米。

新增探明气层气地质储量 6173.47 亿立方米，技术可采储量 3199.96 亿立方米，凝析油地质储量 1038.06 万吨，技术可采储量 278.64 万吨。截至 2022 年底，累计探明气层气地质储量 11.39 万亿立方米，技术可采储量 6.36 万亿立方米。其中：已开发地质储量 7.94 万亿立方米，技术可采储量 4.56 万亿立方米；未开发地质储量 3.45 万亿立方米，技术可采储量 1.80 万亿立方米。

新增探明页岩气地质储量 671.33 亿立方米，技术可采储量 154.41 亿立方米。截至 2022 年底，累计探明页岩气地质储量 17636.73 亿立方米，技术可采储量 4132.23 亿立方米。其中，已开发地质储量 10443.93 亿立方米，技术可采储量 2489.62 亿立方米，未开发地质储量 7192.80 亿立方米，技术可采储量 1642.61 亿立方米。

2022 年无新增探明煤层气储量。截至 2022 年底，累计探明煤层气地质储量 5396.10 亿立方米，技术可采储量 2658.78 亿立方米。其中：已开发地质储量 2124.91 亿立方米，技术可采储量 1035.57 亿立方米；未开发地质储量 3271.19 亿立方米，技术可采储量 1623.21 亿立方米。

新增探明储量特点。新增探明石油地质储量连续 17 年超过 6 亿吨；新增探明天然气地质储量连续 16 年超过 4000 亿立方米，气层气储量超 6000 亿立方米为上市以来新高。新增油气大型规模探明储量占比高。大型规模油田 3 个，新增探明地质储量 4.47 亿吨，技术可采 0.68 亿吨，分别占总新增储量的 52% 和 50%；大型规模气田 4 个，新增探明地质储量 5262.35 亿立方米，技术可采储量

2719.82亿立方米，分别占总新增储量的77%和81%。非常规页岩气储量规模有序增长，新增探明页岩气地质储量671.33亿立方米，占天然气探明地质储量的10%。中西部油区新增油气储量占绝对主体，是集团公司未来增储上产的主力战场。中西部新增探明石油地质储量7.99亿吨，技术可采储量1.30亿吨，均占新增石油探明储量的93%；新增探明气层气地质储量6169.94亿立方米，技术可采储量3197.85亿立方米，均占新增气层气探明储量99.9%。原油探明储量整体储层物性差、特低渗透及致密储层储量（小于5毫达西）占比74.3%，平均采收率16%；天然气探明储量特低及致密储层储量（小于1毫达西）占比67.7%，平均采收率49%。储量管理与矿权管理密切结合，在探矿权内提交探明石油地质储量47421.29万吨，技术可采储量7181.4万吨，分别占新增探明储量的55.7%和52.6%；天然气地质储量4101.04亿立方米，技术可采储量1893.91亿立方米，分别占新增探明储量的59.9%和56.5%。矿权优化配置区块积极作为，增储效果全面显现。华北油田、辽河油田、玉门油田在流转矿权内新增探明石油地质储量14924.67万吨，技术可采储量2807.31万吨；大庆油田、辽河油田在流转矿权内新增探明天然气地质储量306.13亿立方米，技术可采储量211.49亿立方米。

【可采储量标定结果】 2022年，新区动用原油地质储量60475.4万吨，技术可采储量10278.66万吨；老区增加技术可采储量2318.43万吨。

截至2022年底，已开发油田327个，比2021年底增加新投入开发油田5个，实际标定原油已开发地质储量2193003.92万吨，技术可采储量631151.20万吨，平均采收率28.8%。

新区动用气层气地质储量1662.61亿立方米，技术可采储量886.00亿立方米；老区增加技术可采储量4.24亿立方米。

截至2022年底，已开发气田185个，实际标定气层气已开发地质储量82165.08亿立方米，技术可采储量47060.39亿立方米，平均采收率57.3%。

新区动用页岩气地质储量2682.94亿立方米，技术可采储量617.79亿立方米。

截至2022年底，已开发页岩气田4个，比2021年底增加新投入开发页岩气田1个，实际标定页岩气已开发地质储量10443.93亿立方米，技术可采储量2489.62亿立方米，平均采收率23.8%。

新区动用煤层气地质储量224.64亿立方米，技术可采储量112.09亿立方米。

截至2022年底，已开发煤层气田4个，实际标定煤层气已开发地质储量

2124.91亿立方米，技术可采储量1035.57亿立方米，平均采收率48.7%。

【SEC证实储量】 2022年12月31日为储量评估基准日。2022年，国内上游业务总证实石油储量76053万吨，其中证实已开发储量66965万吨、证实未开发储量9089万吨。SEC证实石油储量变化因素：扩边与新发现新增证实储量7849万吨，老区提高采收率新增证实储量1690万吨，受油价上升等影响修正新增证实储量6302万吨。国内上游业务石油储量接替率1.52，储采比7.31。

2022年，国内上游业务总证实天然气储量20435亿立方米，其中证实已开发储量11454亿立方米、证实未开发储量8981亿立方米。SEC证实天然气储量变化因素：扩边与新发现新增证实储量1765亿立方米，老区提高采收率新增证实储量37亿立方米，存量证实储量受转轻烃等影响修正核减证实储量903亿立方米。国内上游业务天然气储量接替率0.71，储采比16.14。

【储量管理改革】 2022年，储量管理工作以经济可采储量为核心，统筹考虑储量、产量、效益关系，持续完善储量科学管理与评估技术体系。进一步优化储量管理流程和制度，实现以储量管理为纽带勘探开发业务紧密结合的一体化业务环境。

国内储量管理突出经济性、可动用和可升级，严把新增储量入口关，努力实现规模增储、效益增储。具体措施：新增探明储量优先上报经济效益储量、已开发储量和探矿权内储量，三年内无开发动用计划的储量不上报；强化单井商业油流和区块经济性评价，加强储量开发方案编制、动用计划安排、产能评价和经济参数论证。新增控制储量、预测储量原则上不在采矿权内提交预测储量；未达到商业油气流标准、无勘探评价部署方案和近三年升级安排的不上报控制储量、预测储量；新增预测储量增加计算经济可采储量。新增页岩气和页岩油储量继续采取单独审查方式。

推进SEC增储工程，坚持"合规增储"的原则，强化扩边新发现资料论证，严格PD储量技术增量论证，确保评估结果合理合规。具体措施：立足源头增储和精细评估，加强组织协调，细化工作措施，做好半年及年度SEC储量评估工作。突出高效评价、新区效益建产、提高采收率和降本提效，结合勘探开发生产，加强油价、操作成本、开发投资及生产情况等对证实储量影响分析。完善储量评估方法，努力实现技术增储，加强非常规、特殊类型油气藏的储量评估方法和储量参数研究。分解增储目标，加强对油气田企业考核力度，全力完成年度业绩考核指标。

【储量管理及评价体系】 2022年，制定发布《中国石油天然气股份有限公司石油天然气储量管理办法》，完善以经济可采储量为核心、地质储量和技术可采储量为基础的石油天然气储量管理体系，满足新形势下不同层面储量管理需要，促进勘探开发一体化，推动储量资产化管理。组织编制《油气和新能源分公司石油天然气经济可采储量管理规定》，补充完善经济可采储量管理体系，细化经济可采储量管理和评价要求、规定估算方法。

完善SEC精细评价体系，常规油气固化精准评估技术，实现由精细到精准评估转变；非常规油气建立特色评估技术，实现由单井向区块评估转变。

深化储量动态管理，组织修订储量分类评价方法，加强分类结果审查，为高效评价、有效建产和未动用储量效益开发提供依据；统筹做好储量复算和可采储量标定工作，夯实探明储量基础，解决储采矛盾，促进合规生产。

推进一体化储量图形和协同研究平台建设，促进储量管理标准化、信息化，实现储量数图联动、矿储联动，更好地服务勘探开发生产。优化股份公司探明储量备案系统，提升申报备案速度和质量。

【新增探明石油地质储量大于1亿吨的油田】 2022年，新增探明石油地质储量41个油田，其中新命名的油田1个（石树沟油田）、新增探明石油地质储量大于1亿吨的油田3个（富满油田、巴彦油田和庆城油田）。

富满油田。2022年12月26—27日，自然资源部油气储量评审办公室评审通过富满油田满深5井区、果勒3井区、富源3井区奥陶系—间房组—鹰山组、富源303H井区奥陶系—间房组新增探明含油面积325.72平方千米，探明石油地质储量22011.86万吨，技术可采储量3301.79万吨。该油藏构造上处于塔里木盆地北部坳陷阿满过渡带，构造整体呈西北高、东南低的斜坡。奥陶系—间房组和鹰山组，发育碳酸盐岩开阔台地相和台地边缘相沉积；储层岩性以颗粒灰岩为主，储集空间类型为洞穴型、裂缝—孔洞型和裂缝型；有效储层孔隙度中值2.6%，渗透率中值0.24毫达西，属缝洞型储层。油藏埋深6942—8288米，为弹性驱及水驱的缝洞型油藏。

巴彦油田。2022年9月27—28日，自然资源部油气储量评审办公室评审通过巴彦油田兴华11区块、兴华12区块古近系临河组一段、临河组二段新增探明含油面积51.27平方千米，探明石油地质储量12438.04万吨，技术可采储量2517.19万吨。该油藏构造上处于河套盆地临河坳陷巴彦淖尔凹陷北部兴隆构造带。古近系临河组一段和二段，主要发育辫状河三角洲和湖泊沉积；储层岩性主要为长石石英砂岩，储集空间类型以原生粒间孔为主；有效储层孔隙度中值16.6%，渗透率中值96.95毫达西，属于中孔、中渗储层。油藏埋深4850—6400米，为天然能量驱动的构造油藏。

庆城油田。2022年11月22—23日，自然资源部油气储量评审办公室评审通过庆城油田乐 27 区块三叠系延长组长 7 油藏新增探明含油面积 361.20 平方千米，探明石油地质储量 10208.56 万吨，技术可采储量 1000.43 万吨。该油藏构造上处于鄂尔多斯盆地伊陕斜坡西南部，为一西倾的平缓单斜。长 7_1 油层主要为湖泊重力流沉积；储层岩性为细粒岩屑长石砂岩和长石岩屑砂岩，储集空间类型以长石溶孔为主；有效储层孔隙度中值 8.7%，渗透率中值 0.07 毫达西，属于特低孔、致密储层。油藏埋深 1277—1830 米，为弹性溶解气驱的岩性油藏。

【新增探明天然气储量规模为大型的气田】 2022 年，新增天然气（含页岩气和煤层气）探明储量 14 个气田，其中新命名的气田 3 个（青石峁气田、蓬莱气田、天府气田）、新增探明天然气储量规模为大型的气田有 4 个（青石峁气田、天府气田、苏里格气田、蓬莱气田）。

青石峁气田。2022 年 7 月 5—6 日，自然资源部油气储量评审办公室评审通过青石峁气田李 3- 李 57 区块二叠系下石盒子组盒 8、山西组山 1 气藏新增探明含气面积 2151.40 平方千米，探明天然气地质储量 1458.94 亿立方米，技术可采储量 720.00 亿立方米。该气藏构造上处于鄂尔多斯盆地天环坳陷中段偏东，构造形态整体为一宽缓的西倾斜坡。二叠系下石盒子组盒 8、山 1 期发育三角洲前缘分流河道沉积；储层岩性为中—粗粒岩屑石英砂岩、石英砂岩和岩屑砂岩，储集空间类型以原生粒间孔、次生溶孔和高岭石晶间孔为主，有效储层孔隙度中值 7.5%—7.9%，渗透率中值 0.342—0.363 毫达西，属于特低孔、特低渗储层。气藏埋藏深度在 3805.9—4107.9 米，为弹性驱动岩性气藏。

天府气田。2022 年 12 月 28—29 日，自然资源部油气储量评审办公室评审通过天府气田三台区块、盐亭区块侏罗系沙溪庙组二段、简阳区块侏罗系沙溪庙组一段气藏新增探明含气面积 633.89 平方千米，探明天然气地质储量 1349.02 亿立方米，技术可采储量 728.46 亿立方米，探明凝析油地质储量 278.92 万吨，技术可采储量 66.94 万吨。该气藏区域构造位置属于川中古隆中斜平缓带与川北古中坳陷低缓带。沙溪庙组一段主要为三角洲—湖泊沉积，发育三期三角洲前缘分流河道砂体，河道间发育间湾泥质沉积，沙溪庙组二段 1 亚段早期局部发育浅水沉积，中晚期以河流相沉积为主；沙溪庙组储层岩性主要为长石岩屑砂岩、岩屑长石砂岩，次为长石砂岩，储集空间类型以孔隙为主，发育少量微裂缝。有效储层孔隙度中值 11.7%，渗透率中值 0.340 毫达西，属于低孔、特低渗储层。气藏埋深 1783.6—2455.3 米，气藏受优质河道砂体分布控制，测试不产地层水，为弹性气驱的岩性气藏。

苏里格气田。2022 年 7 月 5—6 日，自然资源部油气储量评审办公室评审通过苏里格气田东一区召13区块二叠系下石盒子组盒8、山西组山1气藏新增探明含气面积1100.50平方千米，探明天然气地质储量1233.21亿立方米，技术可采储量660.77亿立方米。该气藏构造上处于鄂尔多斯盆地伊陕斜坡北部，为一平缓的西倾单斜构造。二叠系下石盒子组盒8、山1期发育三角洲平原分流河道沉积；储层岩性主要为中—粗粒、粗粒岩屑石英砂岩、石英砂岩和岩屑砂岩，储集空间类型以岩屑溶孔、晶间孔为主，有效储层孔隙度中值8.3%—8.8%，渗透率中值0.301—0.458毫达西，属于特低孔、特低渗储层。气藏埋深2976—3037米，为弹性驱动的岩性气藏。

蓬莱气田。2022年12月15—16日，自然资源部油气储量评审办公室评审通过蓬莱气田蓬探1井区、中深103井区震旦系灯影组二段气藏新增探明含气面积224.83平方千米，探明天然气地质储量1221.18亿立方米，技术可采储量610.59亿立方米。该气藏构造上处于四川盆地川中古隆起平缓构造区的北部单斜构造带。主要发育碳酸盐岩台地相沉积，储层主要发育藻丘、颗粒滩优势沉积亚相；储层岩性主要为凝块石白云岩、砂屑白云岩，储集空间类型以粒间溶孔、残余格架溶孔、粒内溶孔为主。有效储层孔隙度中值3.77%，渗透率中值0.138毫达西，属于低孔、特低渗储层。气藏埋深5782—5912米，为水驱的构造—岩性（地层）气藏。

（付　玲）

油藏评价

【概述】　2022年，油藏评价工作立足增加经济可采储量，提供效益建产目标，突出规模储量集中评价、中浅层优质储量效益评价、非常规资源进攻性评价和开发先导试验，提高资源创效能力。新区原油产能建设立足效益建产，强化方案设计，强化大井丛水平井等新技术应用，强化实施过程管控，强化达标达产分析，提升产能建设管理水平，为集团公司原油稳产上产发挥重要作用。

【新增探明石油地质储量】　2022年，新增探明石油地质储量85178万吨，经济可采储量11734万吨，其中已开发地质储量20079万吨、经济可采储量2924万吨，分别占年度新增探明地质储量的23.6%和24.9%。新增探明地质储量中渗透率小于5毫达西的低—特低渗透地质储量63279万吨，经济可采储量7732万吨，分别占新增探明地质储量的74.3%和65.9%，比例较2021年显著下降。

【油藏评价主要成果】 塔里木不断发展完善走滑断裂控储成藏地质理论，勘探开发一体化推动富满油田高效增储建产，探明地质储量2.25亿吨，经济可采储量3014万吨，近三年累计新增探明储量4.0亿吨，2022年原油产量260万吨。河套盆地兴隆构造带立足"近源强势输导、大型鼻隆汇聚、临洼富集"成藏特点，整体实施评价井12口，均获工业油流，其中7口井获超百立方米高产油流，新增探明石油地质储量1.24亿吨，经济可采储量2393万吨，连续两年新增探明储量超亿吨，实现新区优质储量规模高效发现。鄂尔多斯盆地强化长3以上中浅层高效储量落实评价，获工业油流井185口，新增探明石油地质储量1.02亿吨，经济可采1739万吨，支撑油田开发建产80.5万吨，实现资源—储量—产量的快速转化。鄂尔多斯盆地聚焦长6、长8低渗透油藏规模储量，深化油藏地质认识，强化工艺技术攻关，落实规模效益储量，新增探明石油地质储量1.35亿吨，经济可采储量1565万吨，夯实上产稳产资源基础。庆城页岩油围绕储量升级，深化烃源岩品质、储层物性、含油性等研究，在乐27区新增探明地质储量1.02亿吨，经济可采储量784万吨，庆城油田累计探明石油地质储量11.53亿吨，页岩油产量164万吨。准噶尔盆地深入开展西北缘老区再认识、再评价，在克拉玛依八区风城组、车排子车455井区石炭系探明石油地质储量2649万吨，经济可采储量473万吨，培植准备落实地质储量2100万吨，有力支撑老区稳产上产。松辽盆地北部立足老区精细评价，深化小油藏群富集规律认识，勘探开发一体化围绕高产井优快增储建产，新增探明石油地质储量2473万吨，经济可采储量217万吨。松辽盆地南部突出河道砂体预测技术，多属性融合刻画3—5米薄层，乾195-37直井再获17.1立方米高产油流，乾安油田实现滚动外扩，新增探明石油地质储量1099万吨，经济可采储量155万吨。辽河宜庆流转区块创新认识、多层兼顾、立体评价，乐83块长6水平井产能获突破，投产水平井4口，日产油9.0—17.2吨，初产是直井的10倍左右，新增探明石油地质储量1793万吨，经济可采储量208万吨。

【油藏评价管理】 强化顶层设计，围绕增加经济可采储量开展提质增效专项行动。2022年评价部署方案着重增加常规油评价项目、设置六大重点增储项目、加大矿权流转区评价投入、加大老井复查工作量投入，储量计划完成率132%、新增储量经济采收率同比提高2.3个百分点、流转区实现快速增加经济可采储量2679万吨。

突出优质高效储量评价，针对2022年初确定的塔里木富满、华北巴彦及鄂尔多斯中浅层三个亿吨级效益储量评价目标，建立周报跟踪制度，加快推进现场生产组织，支撑储量提交方案制定，促成提交3个亿吨级探明地质储量的工作目标。

推进成熟探区精细评价增储专项行动，开展富油区整体再评价和老区周边滚动评价。推动准噶尔盆地西北缘八区、车455井区、夏77井区、柴达木南翼山、渤海湾盆地杨武寨等重点地区整体再评价；渤海湾盆地、松辽盆地及准噶尔盆地已开发油田周边精细滚动评价，部署15个重点项目，新增探明地质储量9173万吨，支撑滚动建产145万吨。

突出近期长远兼顾，有序推动探明储量提交和潜力区落实。坚持按照"探明、培植、准备"序列项目设置，突出对重点目标、重点区块和重点井位跟踪分析，基本建立有序增储序列，探明层次11个重点目标新增探明地质储量超6亿吨，培植层次落实储量5亿吨，准备层次落实储量3亿吨。

【新区原油产能建设】 2022年，动用石油地质储量42768万吨，技术可采储量6760万吨，完钻开发井4697口，投产油井3719口，投转注水井1098口，平均单井日产油6.1吨，建成产能665.4万吨。完钻水平井1360口，平均水平段881米，投产油井913口，平均单井日产油9.7吨。

【重点项目实施效果】 塔里木富满油田产能建设实现提质增效。2022年，完钻井59口，投产油井66口，平均单井日产油49.0吨，其中试油日产百吨以上井52口，钻井成功率98.2%，高效井比例69.0%，新建产能99.5万吨，新井产量69.9万吨，生产原油260万吨。

长庆油田持续攻关页岩油规模效益开发技术体系，建成国内首个百万吨级整装页岩油开发基地。庆城油田长7页岩油完钻开发井173口，投产采油井147口，平均单井日产油9.2吨。其中，稳定生产的91口水平井，平均单井日产能力13.5吨、同比增加2.1吨，新建产能60万吨，全年产油164万吨。

新疆玛湖转变建产思路，开展管理和技术提速提效，I+II类油层钻遇率同比提高3%，水平井钻井工期75天同比提速2.8天，体积压裂保持4.2段/日，推动玛湖规模高效开发，完钻井104口，建产能77.0万吨，新井年产油34.8万吨，全区年产油319.6万吨。

新疆吉木萨尔页岩油定型关键技术，提升缝网改造效果，单井产量进一步提高。新钻水平井40口，油层钻遇率提高至87.9%，全部投产，平均单井日产油30.2吨，单井EUR提高至4万吨，新建产能19.8万吨，全年产油50.9万吨。

华北巴彦油田实现高效规模建产。完钻开发井105口，投产采油井72口，平均单井日产油11.4吨。其中，稳定生产井38口，平均单井日产能力18.63吨，新建产能29.4万吨。全年产油65.1万吨，初步建成百万吨级原油生产基地。

大庆油田古龙页岩油展示较好开发潜力与前景。5个开发先导试验井组完钻水平井58口，1号试验井组开井12口，平均单井日产油7.1立方米，4号试验井组开井10口，平均单井日产油7.4立方米，2号试验井组全部开井放喷，13口已见油，单井日产油7.9立方米。

大港油田沧东孔二段页岩油效益开发先导试验取得显著成效。5号试验平台实施5口井，与前期老井对比，"甜点"识别更精准、水平段更长、含油性指标更好，平均钻井周期由66天减少至51天，5口井2毫米油嘴投产，初期单井日产油44吨，单井EUR 3.1万吨，预计内部收益率6.16%。

冀东油田精细落实致密油藏资源潜力，推进致密油开发先导试验。高5断块沙河街组三段Ⅴ油组致密油第一批完成6口井，平均水平段长932米，Ⅰ+Ⅱ类储层占比94%，投产3口井初见成效，平均单井日产油12.8吨。

吐哈吉康油田萨探区块先导试验取得较好效果。井井子沟组完钻井20口，投产18口，平均单井日产油118.1吨，其中储层裂缝发育的井12口、达产井11口，符合率91.7%。

玉门油田环庆区块环庆96井区长8油层实现规模高效建产，完钻169口井，投产油井97口，日产油400吨，单井平均日产油4.1吨，快速建成14万吨生产能力，产建效果创区块流转以来新高。

【新区原油产能建设管理】 着力抓好源头控制，严把方案设计关，切实提高方案编制质量。强化项目评估优选，加强开发技术经济指标合理性研判，实现产量、投资、成本"三靠实"，重新进行经济评价；提高方案编制水平，坚持地质工程一体化多专业融合设计开发方案，全过程优化，以经济效益确定最优方案；加强项目方案管理，严格履行审批、备案程序，分批次下达计划；组织重点方案审查，包括巴彦兴华1、吉木萨尔页岩油、干柴沟页岩油、风西致密油、满深4—满深501、庆城页岩油。

注重产建过程管理，做好达标达产分析。以方案设计指标为依据，分季度安排达标达产情况分析，单井获稳定产量且日产量差异±10%之内为达标，投产井比例80%以上且平均单井日产量达标的区块判定为达标。投产产能1019万吨，稳定产能达标率91%，投产油井7838口，投产井达标率84%。对未达标区深入剖析原因和存在问题，制定下一步调整及提产措施，总结经验在今后产建部署中充分借鉴。

突出五个重点产能建设项目管理，玛湖、吉木萨尔、庆城、富满、巴彦新建产能337.7万吨，年产油858万吨，其中新井产量151.8万吨。页岩油年产量首次突破300万吨，2016年以来累计钻井1739口、进尺758万米，新建产能1206万吨，支撑原油产量节节攀升。

推进大井丛和水平井规模应用，助力产能建设提质增效。在产能部署方案审查中，着重突出地质工程一体化设计，指导油田公司加大力度推进市场化运作，完钻平台井6518口、占总井数的74%，其中6口井以上大平台井数4039口，占丛式井总数的61.9%。投产水平井1419口，占总井数的17.1%，钻完井周期缩短7%—24%。

加强规范化管理和专业化培训，提升产能建设管理水平。围绕"提质提产提效"目标，开展油气生产能力提升专项行动，制定并印发《原油新建生产能力标定管理实施细则》，组织新油田开发培训班，抓牢全过程质量管控，原油产能建设专业化管理见到明显效果。

（邢厚松）

采 油 工 程

【概述】 2022年，采油采气工程系统聚焦高质量发展，推进采油采气技术进步，促进管理创新，抓好安全作业和清洁生产，为油气勘探发现、原油产量稳定和天然气业务快速发展提供有力的保障和支撑。

【井下作业】 2022年，井下作业总工作量247947井次，其中维护作业154156井次、增产增注措施73405井次、大修6233口，其他14092井次（表6）。在油水井总数逐年增长的情况下，井下作业总工作量、维护性作业工作量得到有效控制，为股份公司降本增效做出积极贡献。

表6 2022年井下作业主要指标

时　间	总工作量（井次）	单井作业次数（井次/口）	维护工作量（井次）	维护次数（井次/口）	油水井措施（井次）	大修（口）	其他（井次）
2022年	247947	0.66	154156	0.41	73405	6233	14092
2021年	230349	0.675	143845	0.422	68741	5138	12625
同比增减	17598	−0.015	10311	−0.012	4664	1095	1467

持续推进带压作业规模应用，促进井下作业技术升级换代。2022年实施油气水井带压作业6140口井，减少注入水排放138.54万立方米，提前恢复注水185.22万立方米，增产原油12.55万吨，增产天然气1.2亿立方米，创经济效益5.85亿元。推进连续油管作业，提高施工效率，降低成本。2022年实施各类连续油管作业4396井次，节约成本1.6亿元。推进井下作业视频监控平台建设，依托平台推广井下作业电子监督和承包商管理系统，实现远程监督和承包商的自动量化考核。截至2022年底，各油田公司实现井下作业视频监控全覆盖。

【机械采油】 推动大平台高效无杆举升技术应用，促进效益建产。2022年，在新建产能区块应用电潜螺杆泵、超长冲程抽油机等新型高效举升技术365口井，其中长庆华庆、新疆吉木萨尔等5个示范区应用159口，平均系统效率29.0%，平均泵效62.6%，较常规抽油机举升工艺分别提高2.7个百分点和16.5个百分点。

推进老井机械采油系统改造提效，实现提质增效。在大庆油田、长庆油田、新疆油田等老油田机械采油改造提效示范区实施老旧抽油机更新改造、短周期井综合治理、数字化改造等各类措施共3277口井，机械采油系统效率提高2.5个百分点，预计延长检泵周期100天以上。规模实施低产液井间抽提效6.2万口井，同比增加1.1万口。其中，推广应用智能间抽6000口井以上，系统效率平均提高3个百分点，年节电3.8亿千瓦·时。

【分层注水】 应用先进分层注水技术，不断提高水驱油田分注水平。以推广第四代分层注水技术为抓手，提升油田分注水平。2022年实施缆控式和波码通信第四代分注技术1607口井、4625个层段，新增示范区5个，在大庆油田、长庆油田等10个油田累计试验和应用井数超过3300口井，分层注水合格率均保持在90%以上，年节约人工测调费用2亿元以上。

攻关完善第四代分层注水技术，提升技术应用水平。大庆油田加强自主研发，创新升级智能配水器，长度缩短40%，井下数据传输速度提升1倍，细分能力及数据采集效率双提升。2022年在6个示范区实施缆控分层注水500口井，实施井吸水厚度最高增长14.5%，含水率上升速度同比减缓0.18个百分点，年递减减缓7.57个百分点。长庆油田持续完善配套波码通信分注技术，单向通信效率提高40%，细分能力进一步提升。2022年新增波码通信分层注水645口井，实现阶段少递减原油2.64万吨，月度递减率由1.39%下降至0.90%。

【储层改造】 水平井改造工作量提升，有力支撑非常规油气增储上产。2022年，压裂酸化坚持"高效提产、环保低碳"工作方针，持续提升工艺技术水平，探索绿色低碳发展，支撑高效勘探、效益开发和老油田稳产。全年压裂酸化总工作量13904口井，其中水平井改造2218口，同比增加213口井，有力支撑页岩油新增探明地质储量11055万吨、年产油量312万吨，致密/页岩气及煤层气新增探明地质储量超5000亿立方米、年产气量581亿立方米，老井重复改造增产原油402.2万吨、天然气3.11亿立方米。

持续完善体积压裂2.0，进一步扩大提产提效降本效果。推进体积压裂2.0工艺规模应用，创建高效改造模式，实现提高单井产量、提高作业效率、降低压裂成本的综合目标。渝西页岩气井均EUR 1.53亿立方米，同比提升27%；长庆油田致密气平均无阻流量同比提高10%；新疆吉木萨尔页岩油压裂成本下降30%，单井平均日产油超设计4.1吨；煤层气公司鄂东深层煤层气先导评价与试验取得重大突破，投产10口水平井，平均单井日产量超过10万立方米。泸203井区深层页岩气建立"双控双优"压裂新模式，压裂套变率得到良好控制，下降35.2%，实现零丢段。通过创新发展光纤、鹰眼、广域电磁等监测技术，进一步提升对压裂工艺的认识，有效指导压裂工艺优化。

多措并举降成本，探索压裂绿色低碳发展。推进石英砂替代、电驱压裂作业，多措并举降低工程成本，实现提质增效。扩大石英砂替代陶粒，推进砂源本地化，石英砂年用量713.96万吨，同比增加260万吨，节省成本超10亿元；电驱压裂装备总功率130万水马力，2022年施工8474段，总用电量1.6亿千瓦·时，节省柴油3.9万吨，减少碳排放3.2万吨，推动压裂绿色低碳发展。

【试油】 2022年，围绕塔里木、四川、准噶尔、鄂尔多斯等盆地重点探区，开展"三高"、超深、复杂岩性等试油技术攻关，完成探评井试油1347井/2420层，获工业油气流919井/1503层，试油一次成功率98.2%，有力支撑三级储量任务完成。

强化试油管理，推进试油提质增效。开展重点地区试油周期和试油成本对标分析，挖掘试油增效潜力，采取强化排液求产周期管理、升级风险探井试油管理等措施，2022年试油周期同比下降3%以上，除华北油田、大港油田外试油周期均有不同程度减少，超深井试油周期缩短11%。制定超深井试油测试指导意见，进一步规范超深井试油施工，减少事故复杂。

加强井完整性管理，保障"三高"井和储气库井安全生产。强化"三高"井和储气库井油管柱下入质量、评价应用新扣型等管理，提高"三高"井、储气库井建井质量，井完整性水平不断提升。利用自主开发的井完整性管理系统对在役"三高"井实时监测与在线评价，确保在役井安全生产；持续开展10座储气库273口注采井和324口封堵井风险评价与削减，筛选风险较高井进行治理、中风险井监控生产，2022年完成3口红色井治理，重点监控生产24口井，确保储气库井安全平稳生产。

【采油工程管理】 标准规范制修订。2022年，完成采油工程管理规定、采气工程管理规定修订和超深井试油工程指导意见编制；组织制修订采油采气行业标准10项，企业标准3项。

组织报废井处置整改。整改审计发现问题，组织制定分类处置整改方案，并协助完成问题销项资料。

组织编写关停井安全风险防控指南。组织编写油气关停井安全风险防控指南，为应急管理部2023年专项工作提供支持。

强化重点井方案管理。组织重点井、高风险井试油方案、疑难井封井方案和储气库老井处置方案审查等工作。

组织开展技术交流。组织召开试油技术交流会，对"十三五"以来试油工艺技术进步进行全面总结和交流。

（王延峰）

地 面 工 程

【概述】 2022年，实施项目3212项，已完工1651项，建成各类站场248座、管道6400千米、油气水井14200口。截至2022年底，各油气田累计建成各类站场、管线等数量见表7。

【地面建设管理】 2022年，油气田地面建设工程质量稳步提高，建设投资得到有效控制，基础工作进一步加强，全年整体工作顺利推进，工程质量合格率100%，焊接一次合格率96.2%。

表7 截至2022年底集团公司各油气田累计建成站场、管线数量

时 间	油 田					
	计量站（座）	转油站（座）	注水站（座）	采出水处理（站）	集中处理站（原油联合站）（座）
截至2022年底	7592	3047	1126	522	244
截至2021年底	8700	1884	1216	512	253
增 减	-1108	1163	-90	10	-9

续表

时间	油田	气田			
	各类管线（千米）	集（输）气站（座）	清管站（座）	增压站（座）	污水处理站（座）
截至2022年底	277925	799	27	32	186
截至2021年底	269228	745	87	25	22
增减	8697	54	-60	7	164

时间	气田	
	天然气净化厂（处理厂）（座）	各类管线（千米）
截至2022年底	73	109379
截至2021年底	84	103823
增减	-11	5556

3月，组织召开油气田地面工程建设与标准化设计工作推进视频会，总结交流2021年工作，安排部署2022年重点工作。5月，组织学习《油气田地面建设标准化承包商HSE检查技术手册》。6月，组织编制发布《油气田地面工程重点项目（预）可行性研究报告平行编制管理办法（试行）》《初步设计文件编制规定》等6项规定和定型图。9—10月，组织16家油气田地面工程建设前期、基建管理、标准化设计及工程实体质量的年度自检自查。11月，组织"油气田地面工艺技术与标准化设计、智能化建设高级培训班"和"油气田地面建设与管理高级培训班"2个培训。12月，组织编制发布《油田地面工程管理规定》《油气田地面建设工程项目初步设计审批管理办法》等9项规定和定型图。

【地面建设重点工程】 2022年，确立油田产能、气田产能、油气管道、提质增效及老油气田改造、储气库、新能源等6大类56项重点工程。重点工程建成投产为实现油气产量目标、天然气冬季保供和提质增效打下坚实基础。

油田产能建设重点项目6项：塔里木富满油田跃满区块产能建设、富满油田产能骨架工程、长庆庆城页岩油田产能骨架工程、新疆玛湖—吉木萨尔致密油田产能骨架工程、辽河曙光油田稠油稳产、华北巴彦油田产能建设。

天然气产能建设项目10项：长庆苏里格气田300亿立方米产能骨架调整完善工程，冀东神木气田、长庆米脂气田、塔里木博孜—大北气田、冀东神木气田佳县区块、西南安岳气田、川中致密气田、泸州页岩气产能骨架工程，西南威远—泸州页岩气集输干线工程，大庆合川气田先导试验。

油气管道工程6项：长庆页岩油外输系统调整工程，塔里木油田博孜天然气外输管道工程，塔里木油田博孜凝析油外输管道工程，新疆油田克独输油管道增输改造工程，西南油气田威远、泸州区块页岩气集输干线工程，福山油田东部集输管线工程。

提质增效与老油气田改造工程8项：塔里木和田河气田、阿克莫木气田，青海尖北—东坪区块，西南油气田万州、引进、大竹分厂及磨溪净化厂硫黄回收装置尾气治理改造工程，长庆油田原油稳定及轻烃回收工程（三期）。

储气库工程15项：长庆油田苏东39-61、榆37，西南油气田铜锣峡、黄草峡，塔里木油田牙哈、柯克亚，辽河油田双台子，吐哈油田温吉桑，冀东油田南堡1-29，华北油田文23、叶县、苏桥库群，大港油田驴驹河、板南，大庆油田升平等储气库建设。

新能源工程11项：吉林油田15万千瓦自消纳风光发电项目，长庆姬塬油田风光发电项目，辽河油田沈茨锦风光发电项目，辽河油田欢喜岭采油厂、特种油开发公司CCUS地面工程，大庆油田龙一联地区清洁能源综合利用工程，大庆油田葡二联地区小型分布式电源集群应用示范工程，冀东油田自发自用光伏发电站建设项目，吐哈鲁克沁油田清洁能源替代先导示范工程，吐哈三塘湖油田清洁能源替代先导示范工程，华北油田任丘市万锦新城与石油新城（二期）地热供暖项目，玉门油田可再生能源制氢示范项目。

【项目前期管理】 2022年，以"项目全生命周期效益最大化"为目标，强化地上地下协同优化，地面总体布局、工艺流程、配套系统、设备选择优化，开展技术创新，推广设备材料国产化。全年审批地面工程项目474项（其中可行性研究268项、初步设计206项），审查率100%，报审投资598.09亿元、审减52.84亿元，审减比例8.835%。其中：一二三类16项，报审投资399.71亿元，审减39.67亿元，审减比例10.1%；四类项目458项，报审投资198.38亿元，审减13.17亿元，审减比例6.64%。

审查批复河套盆地开发建设骨架工程方案、塔里木博孜—大北气田、富满油田400万吨、新疆玛湖原油500万吨、西南泸州页岩气200亿立方米等6项骨架工程可行性研究报告；审查长庆苏里格气田300亿立方米、庆城页岩油300万吨等2项骨架工程可行性研究报告，地面站场减少21%、管道减少18%、投资下降15%。优化地面总体布局，为提前实施骨架管网、快速释放新区产能及确保油气上产后路畅通创造条件，支持勘探开发一体化。

通过引进竞争机制择优选定设计单位完成泸州页岩气200亿米^3/年骨架、

吉林石化—吉林油田二氧化碳输送管道等3项骨架工程平行编制及评审，地面站场减少32%、管道减少17.8%，投资下降15.3%，进一步提高设计质量。

【标准化设计】 2022年，标准化设计工作继续向更深层次、更高水平发展，基础工作进一步完善，模块化建设取得新突破。

2022年，油气田大、中、小型站场标准化设计覆盖率分别为94%、98.9%、99.8%；一体化装置覆盖率60%，推广一体化集成装置1540套，替代中小型站场644座，大型站场预制化率60%。平均缩短建设工期38.6%，节约投资15.85亿元，节省用地4839亩，减少用工4966人。

【数智化建设】 2022年，开展低成本物联网产品研发和技术优选，修订企业标准，并升级为行业标准。

2022年，完成2.1万口井、3200座站场数字化建设，减少一线用工4317人。累计建成数字化井21.45万口、站场2.28万座，井、站数字化覆盖率分别为75%、87%。累计4417座中型站场、1.97万座小型站场完成无人值守改造，中、小型站场无人值守率分别为65%、93%；758座大型站场实现少人集中监控，累计减少用工5.2万人，为上游业务数字化转型、智能化发展奠定坚实基础。

组织西南、长庆、浙江等12家油气田地面工程数字化交付，完成威远—泸州区块页岩气集输干线等22项工程数字化交付，线上工程记录资料41.76万项，可视化资料48.8万项。发布集团公司企业标准《油气田地面工程数字化交付技术规范》（Q/SY 01015—2022）。

【企业标准发布】 2022年，发布《油田地面工程管理规定》等5项管理规定，《含汞天然气脱汞技术与运行管理规定》等6项技术规定，页岩油/致密油、化学驱、稠油SAGD、碳酸盐岩油田、储气库等5类标准化设计定型图，标准化设计规定由2021年的17项增加至28项，定型图由18类增加至23类。

【地面工程科技攻关】 2022年，针对制约油气田地面高质量发展的重大问题，加大先进成熟技术推广力度，开展非常规油气田开发绿色高效地面工程技术攻关，组织装置大型化国产化攻关与应用，并取得显著成果。

攻关研发页岩气地面系列技术，确立工程设计标准化、场站建设模块化、钻采地面一体化、生产管理智能化的页岩气地面模式；与常规技术相比，建设周期缩短40%、设备搬迁复用率30%、钻前道路利用率100%、钻机供电率100%、钻井基础利用率100%、返排液回用率90%，并控减建设投资20%、降低运行成本15%。

研发"两段脱水"和"序批式沉降+两级过滤"采出液处理工艺及"集中

配制、分散注入"的二三元驱高效绿色地面工程技术，推动高含水及特高含水油田二三元驱高效开发。

研发建立覆盖塔里木、新疆、吉林、大庆、青海 5 家油田的一整套汞检测、装置建设、运行维护等技术标准、规定、体系，形成一批专利技术，确保含汞气田安全健康地开发建设与运行外输，2022 年处理含汞天然气 250 亿立方米，减少汞排放 30 吨。

推动设备国产化和装置大型化科研攻关，储气库集注站采气装置单列规模由 750 万米³/日增加到 1800 万米³/日，单列装置节省投资 1500 万元。

深化"不加热集油、油井软件量油、气井井下节流、稳流配水和非金属管道"五项成熟技术推广应用，2022 年节省投资 17.4 亿元、节省成本 7.19 亿元。

【地面建设竣工验收管理】 2022 年，完成 302 个项目竣工验收，其中二类 16 个、三类 25 个、四类 261 个，重点做好西南高磨应急净化厂、长庆第二采气厂 2018 年 27 亿米³/年产能建设、新疆玛河气田增压及深冷提效、冀东德州市武城县城区清洁能源集中供暖项目等 16 个二类项目竣工验收，竣工验收完成率 100%。其间，消除不合规事项，完成 577 个环保、安全、水土保持、土地利用、消防等专项验收，消除违规、违法事项，减少企业外部纠纷和干扰，使企业轻装上阵转入正常生产经营，维护了中国石油的社会声誉。

（班兴安　苗新康）

海洋工程

【概述】 2022 年，辽河、大港、冀东三个海上油田生产石油 198.02 万吨、天然气 4.29 亿立方米。其中，海上自营油田生产石油 97.60 万吨、天然气 4.21 亿立方米（表 8），海上对外合作区块油田生产石油 100.42 万吨、天然气 809 万立方米（表 9）。

截至 2022 年底，中国石油环渤海滩浅海矿区内建人工岛（井场）22 座、固定钢平台 12 座、海底管道 125.6 千米、海底电（光）缆 134.83 千米。

【海上油气上产】 2022 年，按照国家大力提升油气勘探开发力度的要求，中国石油继续加大海上油田勘探开发的工作力度。

第一部分　油气勘探开发生产

表8　2022年海上自营油田石油、天然气产量

时　间	辽河海上		大港海上		冀东海上		合　计	
	石油（万吨）	天然气（亿立方米）	石油（万吨）	天然气（亿立方米）	石油（万吨）	天然气（亿立方米）	石油（万吨）	天然气（亿立方米）
2022年	7.3	0.23	29.40	2.27	60.9	1.72	97.60	4.21
2021年	9.55	0.16	29.45	2.21	67.1	1.46	106.1	3.83
同比增减	2.25	0.07	−0.05	0.06	−6.2	0.26	−8.5	0.38

表9　2022年海上对外合作区块油田石油、天然气产量

时　间	月　东	赵　东		合　计	
	石油（万吨）	石油（万吨）	天然气（万立方米）	石油（万吨）	天然气（万立方米）
2022年	49.72	50.7	809	100.42	809
2021年	49	34.82	685	83.82	685
同比增减	0.72	15.88	124	16.6	124

1. 大港油田

自营区建成并投运中国石油自营首座自主研究、自主设计、自主建造、自主投运的万吨级钢结构直桩式采修一体化平台——埕海一号平台，累计安全工时142万小时，实现质量报验一次合格率97%以上。埕海二号平台前期工作全面开展，完成开发方案的编制、评审和批复，启动工程初步设计。张海5、埕海3-4及埕海3-1外围区块产能建设地面系统配套工程提前完成井口槽主体浇筑。开展埕海油田精细油藏描述研究工作，编制埕海油田"十四五"稳产方案。2022年完钻新井10口，总进尺3.425万米，水平井油层钻遇率100%，新建产能7.25万吨，新增井日产油240吨。利用数值模拟方法优化分层配注方案，实施油井转注、补层分注、调剖、动态调控104井次，实现日增注460立方米，累计增油4200吨。

2022年，赵东对外合作项目完钻新井19口，总进尺5.20万米，新建产能12.8万吨。持续集成应用成熟适用的钻完井技术实现安全高效建井，新井平均建井周期22.63天，C/D平台和C4平台钻井机械钻速分别同比提高27%和22%。2022年实现383.9万人工时无可记录伤害事件和1522天无损失工时事件的双安全里程碑。开展埕海45井勘探评价，是探索二叠系内幕含油气性及实现

规模增储的重要工作。

2. 冀东油田

（1）南堡油田清洁能源替代先导示范项目。

该示范项目分为NP1-1D余热利用、NP2-3LP余热利用、综合能源管理系统建设三部分，年清洁能源替代量折合1.95万吨标准煤，年减排二氧化碳4.28万吨。NP1-1D余热利用：设计热负荷2471千瓦，利用NP1-1D改造3口闲置的余热资源井，供NP1-1D生产和采暖用热。NP2-3LP余热利用：设计热负荷398千瓦，利用NP2-3LP的48℃注水余热作为热源，用于平台采暖供热。

（2）NP1-1D及其辖区节能低碳示范区建设。

该示范区通过开展优化简化、清洁能源替代等项目，对示范区内NP1-3导管架、NP4-1D/NP4-2D两座船舶拉油平台进行密闭集输改造，实现管输上岸处理，市电替代天然气发电，减少平台耗能和油气放空损耗，降低能耗和碳排放。主要包括南堡1-3区Nm-Ed1滚动开发项目、NP4-1D/NP4-2D密闭集输改造、NP3-2LP气举及轻烃处理站改造三部分。

项目建成后每年可减少能耗折合标准煤2.3万吨、减少二氧化碳排放5.45万吨，每年可节约拉油用船舶费用2279万元、卸油费用309万元及平台租赁费用2000万元。实现密闭集输和引入市电后，能够有效提高人工岛生产系统抗风险能力，为稳定原油生产打下坚实基础。

（3）南堡1-29储气库先导试验。

该项目主要功能为季节调峰，建成后有效库容量18.9亿立方米，有效工作气量8.4亿立方米，先导试注规模为130万米^3/日。NP1-2D利用3口老井作为试注试采井，同时新建1口水平井。配套新建注采阀组4套、单井计量橇1座以及井口电加热器。新建过滤分离器2台、利旧双坨子闲置压缩机组1台、租赁压缩机4台、租赁增压机2台。配套新建1具闭式排放罐、新建1具放空筒、利旧1具仪表风储罐。利旧南堡联合站新建外输计量汇管至NP1-1D平台D711天然气管道联络管道和NP1-1D平台至NP1-2D平台D355供水管道联络管道。

（4）其他工程。

人工岛安全隐患治理工程。NP4-2D火炬区塌陷区隐患治理，NP4-2D至NP4-1D连岛路隐患治理，NP1-1D人工岛进海路隐患治理，NP1-2D、NP1-3D管道基础治理，NP3-2转油站管线治理。

2022年冀东油田无泄漏技术研究及示范工程。针对NP1-2D、NP1-3D、NP4-1D及NP4-2D站内压力容器、工艺管线及常压储罐开展RBI风险评价；对NP1-2D、NP1-3D、NP4-1D及NP4-2D站内泵、压缩机等动设备开展RCM

风险评价。对各平台管道和储罐阴极保护系统存在的风险隐患进行治理。

NP1-1D 油气系统改造工程。NP1-2D 段塞流捕集器与 NP1-3D 段塞流捕集器进口连通；NP1-1D 火炬放空系统增设分液罐；进行段塞流捕集器、脱水器和气液分离器清淤。

南堡作业区安全智能监控系统建设。建设一套安眼工程智能化平台以及相关硬件配套设施，实现统一视频服务管理、视频智能分析、业务智能化管理等功能。

3. 辽河油田

自营区风险探井葵探 1 井首次发现中生界、沙河街组高产气流，沙河街组三段折算日产气 15.45 万立方河街米，中生界折日产气 19.94 万立方米，获集团公司油气勘探重大发现奖一等奖。

月东对外合作项目实施 D 岛钻井组织和提高 B 岛投产新井的产能升级，推进海南 20 井区勘探评价。D 岛新钻井 30 口，完钻各类井 11 口，投产油井 8 口，日产油 83 吨，年产油 5723 吨。

4. 北部湾盆地 23/29 合作区

完成中国海油特普承担的"2021 年度福山凹陷 23/29 区块 OBN 三维地震资料处理项目"验收；完成福海 1x 井钻完井作业，并进行钻后地质评价和工程总结，编制完成试油方案；完成"福海 1x 井单井地质评价"项目验收，完成 23/29 合作区福海 1x 井钻井地质分析及潜力评价；完成福海 1x 井 614—615 号层试油测试，未见油气显示。

23/29 合作区勘探期第一阶段合作已到期，经综合研究和评价认为该区块烃源岩、储层、成藏条件较差，地质情况复杂，勘探风险较大，不具备进一步勘探的价值，已正式行文中国海油湛江分公司协商终止合作事宜。

【海上生产设施分级管理】 组织辽河、大港、冀东三个海上油田推进涉海业务自评估，开展专业公司深度评估、协同配合集团公司和应急管理部专项督查。截至 2022 年底，自评估、深度评估发现问题 708 项，全部整改完毕，完成"一台（岛）一策"方案编制，海上油气生产设施（人工岛、钢平台、海管、海缆）总体运行在役状态安全、稳定、可控。

对《滩海人工岛构筑物管理规范》（Q/SY 18003—2017）进行修订，并对人工岛和进海路开展分级管理，路岛设施基本为一、二级状态。辽河、冀东、大港三个海上油田组织以人工岛、进海路等油气生产设施在位稳定状态进行检测和监测，包括沉降位移变形监测等方面。整体趋于稳定，局部存在沉降位移，总体可控，需持续监测。

开展冬季、春季海洋石油安全生产督查，采取远程视频连线方式对企业自查情况进行督导，及时掌握企业海洋石油冬季安全生产工作开展情况。

【海洋石油安全风险监测预警系统建设】 2022年，组织大港油田（4座有人值守平台、3座人工岛）、冀东油田（5座人工岛）完成海洋石油安全风险监测预警系统的建设实施，接入103个关键工艺参数、165个火气探测点位数据，237路工业视频信号和气象灾害预警信息，1422台套专业设备检测信息，形成关键工艺异常波动、油气泄漏、问题隐患整改、高风险作业、人员出海、气象灾害、专业设备检验检测和人员作业违章等八方面风险动态感知，实现集团公司、油田公司、作业区和一线平台系统应用"四级贯通"。

【海底管道完整性管理】 2022年，大港油田对埕海油田新建平台的数智化建设、完整性管理、数字化交付进行初步策划，计划通过推进对标分析、体系完善、方法梳理、技术优选、系统搭建等工作，形成"1个平台（完整性与数字化交付综合平台）+2套体系（完整性和数字化交付体系）+4类专业依托（设计完整性辨识、专家巡检、关键设备监造、基线监测）+18种方法及配套技术（HAZOP、HAZID、SIL、RAM、RCM、RBI、QRA等）"的工程完整性系统化管理，实现设备设施的本质安全化，为设备设施经济可靠运行打下坚实的基础。

2022年，冀东油田组织完成南堡作业区NP1-2D海底混输管道、NP1-3D海底混输管道、NP3-2LP外输油管道内检测，对发现有较严重缺陷管道处，组织开挖验证。大港油田完成埕海一号平台至埕海1-1人工岛混输海底管道内检测，作为该管道试运行一年内的首次检测，为管道完整性管理奠定基础。

【海洋工程标准体系建设】 完善海洋工程标准体系，进行相关标准的制修订与管理。2022年，完成《滩浅海海底管道半定量风险评价技术规范》《滩海人工岛构筑物管理规范》2项集团公司企业标准的制修订；完成《海底钢质管道内检测操作规程》《海底管道工程勘察技术规范》《滩海海底管道保温技术规范》《海上油气生产设施弃置预备方案编制规范》4项企业标准的复审。

参与行业标准《海上固定平台总体规范》《石油天然气工业海洋结构的通用要求》《海底管道干预与维修技术规范》和《海底管道外检测技术规范》的审查讨论。

【专题技术研究】 2022年，规划总院联合冀东油田、大港油田开展海洋平台及人工岛完整性评价与检测技术研究，完成冀东油田、大港油田人工岛（含陆域平台）渗流破坏隐患和荷载调查与分析，研究创建NP1-3D三维原型和数值计算模型；针对赵东ODA/OPA平台2座老龄海洋平台，从静力分析、地震分析、疲劳分析和极限强度分析等四个方面开展主结构的安全风险评估，明确延寿服役五年的评估结论。推进《海洋石油生产设施（人工岛和滩海陆岸）安全风险评估指南》的研究与编制，完成胜利海检、胜利设计院等外部单位意见征集，为滩海油田人工岛构筑物实现完整性管理提供技术支撑。

冀东油田组织开展滩海吹填地基运行期稳定性评价与对策研究，包括NP2-3平台井场地基承载力特性研究、NP2-3平台井场地基液化安全分析、NP2-3平台井场地基渗透特性研究和滩海吹填地基长期服役稳定性评价及控制措施，对滩海吹填地基长期服役稳定性进行综合评价，针对影响场地运行的潜在因素及影响后果，提出系统的治理措施。

【中国石油参加中国海洋经济博览会展示】 2022年11月24—26日，油气新能源公司组织中油国际公司、辽河油田、大港油田、冀东油田、东方物探、宝鸡石油机械、海上应急救援中心等多家涉海单位参加在深圳召开的中国海洋经济博览会，本次展览会中国石油以"创新引领，助力海洋强国建设"为主题，展台通过沙盘、微缩模型、三维技术动画、LED屏、沉浸式体验等多元化方式突出主题，展示近年来中国石油在海洋油气和新能源领域创新技术、核心装备和高质量发展成果，以及中国石油助力海洋强国建设的实力和决心，自然资源部、广东省、深圳市等各级领导对中国石油展台独特的设计呈现和令人身临其境的观看体验给予充分肯定。

（麦 巍）

储 气 库

【概述】 2022年，集团公司储气库业务持续深入贯彻落实国家关于加快天然气产供储销体系建设的一系列工作要求，按照储气库"达容一批、新建一批、评价一批"总体规划部署思路，重点围绕储气库生产与运行、建设与评价、技术攻关、标准体系建设及业务合资合作等五方面工作，完成年度既定工作任务，实现储气库整体工作气量159亿立方米目标（全口径，且含先导试验库），同比新增工作气量20亿立方米，增速14%，高月高日最大采气能力达18500万立方米，同比新增采气量2500万立方米。

【储气库建设】 2022年，实施储气库建设项目26个（在役库扩容达产项目8

个、新库续建设项目 7 个、先导试验项目 11 个），新库启动建设项目 11 个，前期评价项目 6 个。投产注采井 58 口，新投产集注站 4 座，开展扩容达产、新建及先导项目 30 个，钻井 75 口，投产 52 口；投产集注站 4 座，全面完成新增 2500 万米^3/日冲峰能力建设任务。

大庆四站、吉林双坨子、苏东 39-61、板南（白 15 库）建成投运，冬季调峰新增 750 万米^3/日冲峰能力；驴驹河冬季采气调峰新增 100 万米^3/日冲峰能力；苏桥、京 58、呼图壁、双 6 等新井全部按计划完成，冬季调峰新增 1650 万米^3/日冲峰能力。

【储气库注采运行】 2022 年（自然年），15 座在役储气库群注气 136.6 亿立方米，采气 117.7 亿立方米（表 10）。

表 10　2022 年（自然年）中国石油在役储气库注气量与采气量

亿立方米

储气库	注气量	采气量	储气库	注气量	采气量
大港大张坨	16.9	15.8	辽河雷 61	1.3	1.4
华北京 58	4.1	4.4	大庆四站	1.6	0.8
辽河双 6	30.8	22.4	吉林双坨子	3.1	0.2
华北苏桥	12.6	13	大港驴驹河	0.8	0
大港板南	2.9	3.5	华北文 23	1.5	0
新疆呼图壁	29.2	29.1	吐哈温西一	2.2	0
西南相国寺	21.5	22.9	长庆苏东 39-61	5	0.7
长庆陕 224	3.1	3.5	合　计	136.6	117.7

（王连刚）

油气勘探开发科技信息

【概述】 2022 年，深入贯彻党的十九大、十九届历次全会、二十大精神和习近平总书记关于科技创新的重要论述，贯彻落实集团公司科技与信息化创新大会精神，坚持创新战略，坚持业务主导，推进科技改革，构建研究—试验—推广应用大科技体系，初步建立"1+N"科技管理体系，将"两张皮"变为"一张皮"，将"多本账"变为"一本账"，推动从靠投资拉动向更加依靠创新驱动转变。推进物联网建设；优化顶层设计，细化总体框架方案；夯实数据湖和云平台，加强数据治理和信息孤岛治理；逐步优化并建成油气和新能源数字化转型统一场景模板，推进数字化转型有机一体，加强共建共享。推动标准化机构改革，加强国际标准的培育和企业标准体系的构建。

【科技管理】 加强顶层设计，编制2022年科技计划。宣贯集团公司科技与信息化创新大会精神，落实集团公司科技体制改革要求，制定科技改革主要措施。组织2022年科技立项工作，年初组织召开2022年科技立项工作会，制定立项工作指南，明确科技项目整合具体做法。坚持业务主导，加强项目顶层设计，构建"研究—试验—推广应用"大科技体系，加强科研与生产深度融合，将"两张皮"变为"一张皮"。强化整合项目、突出创新，整合原科技项目、生产研究项目和前期决策支撑项目，将"多本账"变为"一本账"，从靠投资拉动向更加依靠创新驱动转变。组织召开3次科技与信息化委员会会议，审议通过2022年科技项目计划和经费预算，建立9个B级项目、26个C级项目为主体的项目群。

统筹组织实施2022年科技项目。统筹组织开题论证，明确重点科技项目开题论证工作流程及有关要求，系统性组织开题论证会议13次。组织签订计划任务书，规范计划任务书编制的要求和做法，完成160个课题在线签订。按要求每月报告各级课题重要研究成果，集团公司采纳8项。统筹组织开展科技项目年度进展检查，加强科技项目实施过程管理。

推进科技改革，初步构建"1+N"科技管理体系。编制印发《油气勘探开发与新能源研发投入管理工作指南（试行）》，统一标准，统一口径，指导全成本预算和核算。编制印发《勘探开发研究院承担勘探与生产分公司科技项目经费预算编制补充指导意见（2022年暂行）》，为适应勘探院科技体制改革，简化经费预算，规范人员费、外协费和间接费的预算。初步建立"1+N"科技管理办法体系，强化"立项—运行—考核"闭环管理，修订科技管理办法，编制科技创新两级管理机构及科技项目立项、实施、考核、经费管理等5个细则（征求意见稿）。

适应形势变化，推进集团公司科技专项立项。落实集团公司对科技专项的最新要求，围绕打造油气资源勘探开发（陆上）原创技术策源地九大工程"十大科技工程""压舱石工程"，聚焦重点领域，组织申报集团公司科技专项，经油气田企业申报、组织专家讨论、征求业务分管领导意见、主要领导审定,向科技管理部提出科技专项立项建议,经集团公司油气和新能源专业技术委员会审核、科技工作领导小组审定,确立由油气新能源公司组织实施的10个集团公司攻关性应用性科技专项。

统筹科研布局,编制2023年框架计划及预算。明确立项定位,2023年科技立项以问题导向、需求导向为主,聚焦增储上产、降本增效、绿色发展,不搞大水漫灌式立项,支撑"压舱石"工程和集团公司打造油气资源勘探开发(陆上)原创技术策源地。编制2023年框架计划,结合业务需求,提出拟新设课题立项建议和专业公司科技专项立项建议,进一步落实2023年科技框架计划。

【标准化管理】 强化油气和新能源业务相关集团公司专标委工作,组织油气田企业开展标准化工作。2022年,组织集团公司勘探与生产专标委、非常规油气专标委、油化剂工作组、海洋石油工程工作组等4个集团公司标准化技术机构工作,组织开展34项集团公司企业标准制修订、73项集团公司企业标准复审、7项标准研究项目,20项集团公司企业标准发布。参与、跟踪国家和行业标准制修订,发布国家标准5项、行业标准26项。组织开展40项国际标准培育项目,发布国际标准1项,2项启动实质流程,8项进入立项前期阶段,协助成立ISO/TC 67/SC10提高采收率分标委。

加强标准宣贯,获得多项标准奖。开展重点标准实施项目6项,1000余人次参加宣贯或培训会议。获得2022年中国标准创新贡献奖三等奖1项(油气领域唯一),全国天然气标委会优秀标准奖特等奖1项、一等奖2项,能源行业页岩气标委会优秀标准特等奖1项,一等奖2项,集团公司优秀标准一等奖2项。

推进标准化体制机制改革。按照2022年集团公司标委会第十四次会议要求"完成勘探业务所属专标委的整合优化"精神,组织形成油气新能源公司专标委设置方案(讨论稿),并组织相关专家进行多次研讨,为改革奠定基础。组织召开新能源标准体系讨论会,就新能源标准体系、CCUS标准体系、地热能标准体系以及专标委、分标委和工作组的设置、工作机制等进行讨论,为新能源标准化工作做好谋划和布局。

【信息化管理】 2022年,认真落实网络安全与信息化工作会议精神和集团公司党组印发的《关于数字化转型、智能化发展的指导意见》的工作要求,遵循"价值导向、战略引领、创新驱动、平台支撑"总体原则,推进数字化转型、智能化发展,加强顶层设计和总体框架方案细化优化;数字化转型标准规范制定;推进油气和新能源业务数字化转型信息基础、网络安全、业务应用等场景建设;

落实集团公司统建及配套项目建设等,促进油气和新能源业务转型升级、提质增效。

根据油气田公司的数字化、信息化建设的现状和基础,形成数字化转型顶层设计及实施方案。将油气田划分为四种类型,并针对每个阶段油气田基础和特点,从6个方面制定未来3年的工作部署,为下一步各油气田制定数字化转型实施方案做好计划安排。

加强信息基础建设,持续夯实数据湖、云平台基础。(1)初步建立连环数据湖体系。主湖和各区域湖采用统一技术架构和数据标准建设,主湖基本搭建完成,区域湖在塔里木落地,10家单位开展区域湖建设;初步构建两级数据治理体系。以数据资源与数据资源目录为核心,支持数据源头采集、分级治理,推动数据资产化服务与全局共享。(2)持续提升梦想云平台技术能力与安全性。升级容器平台与服务,发布新版统一门户与移动接入框架,支持上云App 652个;部署9款安全产品,增强平台、数据及应用三个层面安全防护能力,通过等保三级测评及保密测评。加强服务中台共享能力建设。建立上游共享能力管理流程与服务体系,研发井筒中心、油藏中心等17项共享能力,支持上云应用400多个,搭建可复制、可推广能力基础底座。(3)专业软件共享商务谈判及配套管理制度取得阶段性进展。首批13个专业软件,经过跨领域跨部门的"业财融合"、专业公司与油气田公司的"上下结合",组织20多家单位,100多名领导和专家,历经41轮的谈判,完成商务谈判。完成配套管理制度"专业软件共享管理办法"和"专业软件共享合作备忘录"初稿。(4)建立上游数据湖,实现A1、A2、A5、A8、A11等统建系统全量入湖,打通数据共享通道,为集团公司统建、油气田公司自建百余个上云应用模块提供数据服务。云平台实现通用底台、服务中台升级,完成统一门户,支持八大领域统建应用上云模块177个。实现协同研究2.0框架升级,完成井位部署论证应用升级,新增压裂工程、精细油气藏描述协同研究主题应用,支撑勘探开发在线协同研究。

推进物联网建设,夯实数字化转型基础,开展大庆、辽河、新疆、华北4家老油田物联网建设,全面开展16家油气田中小站无人值守、大型站场集中监控建设。2022年完成2.1万口井、3200座站场数字化建设,减少一线用工4317人。截至2022年底,累计建成数字化井21.45万口、站场2.28万座,井、站数字化覆盖率分别为75%、87%。4417座中型站场、1.97万座小型站场无人值守改造,中型和小型站场无人值守率分别为65%、95%;758座大型站场实现少人集中监控。除大庆、辽河、新疆、华北4家老油田外,长庆、塔里木、西南、吉林、大港、青海、吐哈、冀东、玉门、浙江、煤层气、南方12家油气田实现数字化全覆盖，支撑新型采油采气管理区建设和用工方式转变，为新型"油公司"模式建立，实现精益生产和提质增效提供支撑。

推进安眼工程（智慧工地）试点推广工作。完成冀东等 10 家油气田公司智慧工地试点工程建设方案的审查及批复，指导各油气田公司开展安眼工程建设工作；在大庆油田南 I-1 联合站扩改建等 30 项工程开展安眼工程示范推广，实现管理者对施工现场的全面管控，有效提升施工监管水平；召开安眼工程推进协调会，及时解决推进过程中出现的各类问题。

数字化转型试点稳步推进，进一步扩大试点规模，初步建立统一业务场景模版。2022 年上半年，长庆油田、新疆油田启动试点方案编制工作。塔里木油田、西南油气田实施初见成效，大港油田、大庆油田优化建设实施方案，长庆油田、新疆油田编制建设实施方案。4 月 1 日启动油气和新能源业务数字化转型统一场景设计。遵照油气和新能源业务顶层设计，按照业务主导、信息统筹原则，油气新能源公司通过多次书面征求 6 家试点油气田意见、组织研讨会，建立专班等方式推进，基本建立包含上游油气勘探、油气开发、工程技术、协同研究、油气运销、生产运行、QHSE、新能源八大业务领域的统一场景模板，为通过数字化转型实现业务横向到边、纵向到底建立业务框架；为打破传统信息化存在的专业壁垒、实现数据共享、系统共建共享奠定基础。

加强业务应用建设，支撑业务提质增效。采油与地面工程运行管理系统（A5）2.0 完成采油采气工程和地面工程 18 个模块的升级建设，实现采油采气和地面工程业务完整覆盖，支撑业务全生命周期、精细化管理。A2 系统持续安全稳定运行，及时解决系统运行中出现的问题和需求，应急演练 2 次，应用培训近 500 人次，提高开井率和油气藏开发水平，有效支撑油气产量按计划完成。原油产销过渡系统运行平稳，支持原油结算工作。原油产销新建系统完成全部功能模块开发测试工作，完成与国家管网集团生产运行管理系统、勘探 ERP 等接口对接，实现定时数据采集以及系统应用。勘探开发项目投资管理系统整合现有勘探开发业务信息系统数据，将数据价值要素贯穿勘探开发项目全过程，提升投资效益评估能力和投资项目的管控能力。完成单井数据采集和产能项目经济效益评价功能开发，数据采集上线运行，产能项目经济效益评价具备上线条件。矿权储量模块构建统一的信息与应用共享平台，全面实现矿权登记、矿权年检、地质资料汇交、未动用储量分类评价、储量区块池、储量经济评价、SEC 储量管理七大业务应用，为集团公司的矿权储量业务发展提供高效的协同运行环境。地面工程模块（2021 年度）包含地面生产状况分析、地面对标管理和地面前期智能应用，实现报表数据联动、自动化配置提高报表配置效率 80%

以上。实现辅助决策分析支持各项指标数据视图化、穿透与追溯，支持"钻取式查询"进行逐层细化，辅助管理层决策。构建地面专家知识库及知识图谱库。加强历史项目方案有效再利用，智能辅助审查及设计，提高效率75%以上。网络资产测绘平台项目以"摸清家底、明确归属、集中管理、协同防护、快速处置"为目标，通过多级联动的管控模式，为油气和新能源业务网络安全体系建设提供坚实基础。统一采集模块完成数据录入与接口子系统、数据质量监督子系统、生产运行监视子系统、视频监视子系统等四大子系统建设，建立精准月度计划的下达机制，为业务人员提供实时、精准的生产动态数据，为生产运行调度决策提供支撑，助力产运储销全面协同。

2022年，完成信息系统、网络安全等专项工作，在全年网络安全工作中油气田企业未发生重大安全事件，网络安全总体工作得到集团公司相关部门好评。举办第五期"油气田信息化技术与管理培训班"，各油气田企业、勘探院等18家单位信息管理与技术员共88人参加培训。完成A1、A2、A5、A6等信息系统运维工作。

（方　辉　丁建宇）

第二部分

新 能 源

新 能 源

【概述】 2022年，新能源业务贯彻落实党的二十大精神和集团公司总体工作部署，树立油气与新能源融合发展理念，加大清洁能源替代和控排减碳力度，统筹推进风光发电并网指标获取、地热供暖市场开拓、油气田低碳建设、科研技术攻关、人才队伍培养等重点工作，推进新能源新产业系统化发展进程。

2022年，中国石油将新能源业务与油气业务并列为集团公司主营业务，标志着中国石油新能源元年的开启，全年建成新能源项目80个，新增地热供暖面积1006万平方米，新增清洁电力投运并网118.3万千瓦，其中对内清洁替代风光装机79.7万千瓦，新能源产能当量新增89.8万吨标准煤；截至2022年底，累计建成供暖面积2470.6万平方米，累计建成光伏风电装机规模144万千瓦，累计新能源产能当量155.8万吨标准煤；全年节能38.7万吨标准煤，节水446万立方米，商品量单耗同比下降5.4%，超额完成节能节水指标。

2022年，炼化新材料公司认真贯彻落实集团公司"双碳三新"工作总体部署，成立炼化新材料公司、地区公司两级双碳领导小组、事业部和工作组以及多个工作专班，深化炼油乙烯能效提升、二氧化碳捕集与利用、燃煤清洁替代、氢能、提高电气化率等10个专项研究，编制形成炼化新材料公司碳达峰行动方案，明确2029年实现碳达峰、峰值控制在1.3亿吨的目标。推进碳达峰行动方案落地实施，进一步向炼化企业细化分解指标、传导减碳压力，组织炼化企业制定"一企一策"的碳达峰行动方案，推进炼化能效提标、电能替代、燃煤清洁替代、氢能和生物能等减碳举措并初见成效，全面完成集团公司下达的2022年度减碳任务，全面实现碳达峰行动方案2022年努力目标。

深入贯彻集团公司新能源业务"三步走"战略，落实集团公司"双新""双碳"领导小组工作安排，抓住资源紧平衡契机，推动天然气与新能源融合发展项目和综合能源项目落地实施，推动从传统的天然气销售向天然气+营销模式的转型升级。开展相关规划研究工作，滚动更新天然气销售公司新能源业务发展规划，完成天然气销售公司碳达峰实施方案，提出碳达峰行动路径，并开展天然气发电业务发展规划、综合能源业务研究等工作。

【碳达峰方案编制】 2022年，组织制定油气和新能源业务碳达峰实施方案，在全面梳理测算企业能耗、碳排放现状的基础上，结合未来业务规划，从产业结构优化、节能提效、清洁替代、负碳技术等四个方面实施碳减排措施，确定碳达峰的时间表和路线图，保障油气和新能源业务实现碳达峰目标，助力集团公司绿色低碳转型和高质量发展。按照集团公司规划部署，油气和新能源业务将于2029年实现碳达峰，二氧化碳排放峰值7657万吨。

【地热供暖】 2022年，新增地热供暖面积1006万平方米，建成总供暖面积2470.6万平方米，在运行地热供暖项目20个，储备项目超过2000万平方米，建成多个典型供暖项目，在行业中赢得良好口碑。

地热供暖重点项目进展顺利。曹妃甸新城地热供暖项目是全国单体规模最大的中深层地热供暖项目，供暖总面积598万平方米，年节约标准煤13.8万吨，减排二氧化碳35.8万吨，被河北省评为供热行业"先进单位"，是集团公司第一个规模化、智能化、商业化的地热供暖项目。山东武城地热供暖项目是山东省最大的单体地热供暖项目，供暖面积310万平方米，年节约标准煤7.1万吨，减排二氧化碳18.5万吨，该项目是集团公司首个矿权区外项目，回灌率和回灌量创鲁北地区馆陶组砂岩纪录。

供暖指标获取创新高。冀东、华北、大港等油田与多个地方政府、供暖企业达成合作协议，奠定地热业务规模发展的基础。冀东油田与河南、山东的多个县市达成600多万平方米的供暖合作意向，华北油田与河间、晋州等地政府达成1400多万平方米的供暖意向。

截至2022年底，京津冀示范基地取得新进展，建成2470.6万平方米供暖面积，在建供暖面积207万平方米，待建供暖面积361万平方米，储备项目404万平方米。北京城市副中心0701街区保障房35.3万平方米地热供暖项目开钻，是集团公司在北京首个地热项目，取得5年期探矿权，实现探矿权"零"的突破，也是北京市首例获得政府50%投资补贴的地热开发项目。

【风光发电】 2022年，获取清洁电力并网指标1020万千瓦，新增建成风光发电装机118.3万千瓦。

国家电网系统外首个新能源计量中心落户玉门油田，并获得中国石油首张绿色电力证书。玉门油田建设30万千瓦光伏并网发电项目再现"光速度"，奋战4个多月完成所有地面工程建设。建成后年均发电量约6亿千瓦·时。建成投运20万千瓦光伏电站配套40兆瓦/80兆瓦时电化学储能系统，在储能建设上实现"零"的突破。

2022年11月，中国石油第一座风电机组在吉林油田开始吊装。15万千瓦风光发电项目全面启动，吉林油田成为中国石油首家开展风力发电建设的"先行军"。该项目中7.8万千瓦为风电项目，装机18台；7.1万千瓦为光伏项目，设置场点396处，预计年发电量3.6亿千瓦·时。推进前郭县昂格55万千瓦风电项目，奋力打造吉林绿色协调发展基地。

西部"沙戈荒"新能源基地建设稳步推进。塔里木油田推进新能源发电业务，完工尉犁和且末两个10万千瓦光伏发电项目主体工程，稳抓伽师60万千瓦和叶城50万千瓦光伏发电并网项目；新疆油田建成12万千瓦光伏示范工程，推进克拉玛依石化10万千瓦绿电供应项目，获取5万千瓦保障性外供绿电指标。

【清洁能源替代】 坚持油气与新能源融合、节能瘦身与清洁替代融合发展理念，因地制宜发展油区风能、光能、地热、余热等可再生能源替代生产用能。2022年，对内清洁替代风光发电新增装机79.7万千瓦，余热利用新增装机11.2万千瓦。截至2022年底，累计建成清洁替代项目138个，总装机规模121.6万千瓦，其中光伏风电装机88.3万千瓦、余热装机28.8万千瓦、光热装机3.5万千瓦，清洁能源替代能力65.1万吨标准煤/年。

2022年6月，塔里木油田建成中国首条零碳沙漠公路，436千米公路沿线防护林带98口灌溉井由柴油机改为光伏供电，装机规模0.35万千瓦，年减碳0.33万吨，3800公顷（1公顷=1000平方米）防护林年捕集碳1.4万吨，可中和近9万台次/年车辆碳排放。塔里木油田和田河光伏电站、玛东3井单井光伏、LN39-2井光电加热炉等建成投产。

2022年6月，大庆油田建成中国石油首个自主设计建设水面光伏发电工程，装机规模1.87万千瓦，年发绿电2751万千瓦·时。12月吐哈油田建成集团公司首个"源网荷储"一体化示范项目，装机规模12万千瓦。

【新能源管理体系建设】 2022年，组织编制完成《合同能源管理细则（暂行）》《石油天然气勘探开发建设项目碳排放评价技术指南（试行）》《地热开发管理规定》《油气田企业新能源利用模拟市场交易考核管理办法（试行）》《上游业务碳资产管理办法》等7项管理制度，有效提升管理水平，保证新能源工作的合规开展。

规范年度新能源先进评选。制定印发《新能源先进单位及优秀项目评比标准》，评选出华北油田等6家新能源市场开拓先进单位、玉门油田等5家新能源生产经营先进单位、玉门油田东镇200兆瓦光伏等4个新能源优秀项目。

推行能效领跑者活动。在能效对标的基础上管理升级，启动能效领跑者活动，季度评选油气生产能源利用效率较高、完成节能目标贡献较大的油气田企业。

组织科技攻关。围绕实际生产中的突出问题,设立科技项目"新能源综合开发利用关键技术研究",包括地热、伴生资源、油气田清洁能源利用、清洁电力开发、碳资产开发的关键技术研究和现场试验。

推行新能源模拟碳交易。正式施行油气田企业新能源利用内部模拟交易,冀东、吉林和华北3家油田增加KPI考核利润指标,8家企业扣减KPI考核利润指标。

碳资产开发实现历史性突破。2022年1月,成立"上游业务碳资产开发技术支持中心",交易完成大庆油田萨南深冷回收甲烷项目,出售减排量18万吨,获得收益1130万美元;签约"吉林油田15万千瓦自消纳风光发电"等2个碳减排量协议,减排量26万吨,预计收益1500万美元。

【碳达峰行动方案形成】 2022年,在2021年开展的"炼化业务碳达峰碳中和技术路径"研究的基础上,进一步深化炼油乙烯能效提升、二氧化碳捕集与利用、燃煤清洁替代、氢能、提高电气化率等10个专项研究,结合各企业行动方案,形成炼化新材料公司碳达峰行动方案。组织多轮方案交流审查,规划总院、石化院、经研院、安全环保研究院等科研院所,寰球工程、昆仑工程等工程设计单位主动参与方案研究,广泛吸取各方面意见,炼化新材料公司党委明确2029年实现碳达峰、峰值控制在1.3亿吨的目标。

方案明确提出碳减排"1+4"指标(二氧化碳排放量、万元产值能耗、万元产值排放量、终端电气化率、非化石能源消耗比重)逐年工作目标和努力目标,部署"炼化节能提效、电能替代强化、二氧化碳资源化利用"3项重点工程,"锅炉燃煤清洁替代、绿氢替代天然气制氢"2项强化工程,"减油增化增特、氨能和生物质能、提高商品率、科技示范、低碳示范区建设、智能管控、基础强化"7项关键举措以及340余项减碳项目群。

按照炼化新材料公司碳达峰行动方案总体目标,细化分解各企业"1+4"指标目标,组织各企业编制形成企业碳达峰行动方案和10个专项方案,组织专家对14家重点企业行动方案进行集中审查和对接,落实2023年减碳项目清单。召开"双碳"工作推进会,推动各企业行动方案实施进程。

【二氧化碳捕集、利用】 2022年,按照源汇匹配对接会提出的油田需求,安排周边炼化企业研究实施二氧化碳捕集项目,并优先保障试点油田的二氧化碳供应。大庆石化100万吨/年热电厂烟气二氧化碳捕集项目完成基础设计,百万吨级低浓度二氧化碳低成本捕集技术集成与工程示范稳步推进,完成1.0版工艺包的编制;40万吨/年合成氨装置高浓度二氧化碳捕集项目开工建设;11—12月,采用LNG装置提前对大庆石化高浓度二氧化碳进行液化,通过车运向大庆油田供应二氧化碳 1.2 万吨。吉林石化 35 万吨/年合成氨装置中高浓度二氧化碳捕集项目获批复；庆阳石化 40 万吨/年捕集项目已审查可行性研究。

开展低浓度碳源低成本高效捕集系列技术攻关，在格尔木炼厂进行 PC-1 溶剂万吨级真实低浓度烟气体系工业试验，克服传统胺在含氧烟气下氧化降解与腐蚀失控导致成本上升的难题，产品纯度稳定在 99.7% 以上，溶剂负载能力 0.5 摩尔/摩尔以上，无明显发泡携带损失，剂耗损失与曾应用过的四种溶剂相比下降 50%。二氧化碳化工利用示范项目有序推进，辽阳石化 10 万吨/年碳酸酯二氧化碳资源化利用示范项目已完成工艺包和可行性研究报告初版编制。

【电能替代】 2022 年，组织成立以寰球公司为主的提高电气化率专班，编制提高炼化终端电气化率技术指南；形成吉林石化乙烯、广西石化乙烯等重点转型升级项目以及大庆炼化、四川石化等全厂提高电气化率改造方案。吉林石化乙烯、广西石化乙烯项目电能替代措施进入基础设计阶段。抚顺石化催化剂厂采购 2 台电蒸汽锅炉，已经投用。通过节能和电能替代双向发力，全年炼化新材料公司终端电气化率同比提升 0.3 个百分点。

【氢能】 2022 年，氢气提纯项目有序推进，华北石化建成 2000 米^3/时副产氢提纯装置，完成 2022 年北京冬奥会期间供应任务；四川石化 2000 米^3/时副产氢提纯装置 7 月建成投用，长庆石化开展建设施工。独山子石化基于绿色电力的电解水制氢技术应用示范项目，与深圳新能源研究院合作，将具有中国石油自主知识产权的电解水制氢技术实现工业化示范，以利后续推广应用，已申报 2023 年集团公司科技开发项目。开展乙烷制乙烯副产氢利用方案研究，11 月 25 日，向集团公司董事长戴厚良呈报《关于乙烷制乙烯副产氢气利用的报告》。

【生物航空煤油项目】 2022 年，石油化工研究院和寰球公司北京分公司开展生物航空煤油工艺包编制，力争 2023 年 4 月底前完成四川石化 10 万吨/年生物航空煤油生产装置可行性研究报告的编制。

（杨树林　杨　砾）

【新能源业务发展方向】 2022 年，立足天然气资源、终端网络和股份公司平台优势，放眼全国市场，围绕四大重点业务，全力加快新能源业务布局和项目落地。充分利用城市门站、LNG 工厂等场站中的屋顶、空地等，建设分布式光伏、严查发电等清洁替代项目，提升清洁电力自供应能力，降低碳排放水平，打造"零碳示范场站"。利用终端项目遍及全国的优势，推动与新能源业务融合发展，为用户提供综合能源集成解决方案，开展多能供应及相关能源增值服务，主要服务综合性园区、公共建筑、工业企业和居民用户等四类场景。聚焦战略合作，发挥整体优势，通过合作开发、资本运作等多种方式，克服新能源投标竞配准入门槛等问题，快速进入新能源领域。以天然气资源为抓手，以气电调峰为突破口，开发气电与新能源融合项目；按照集团公司整体工作部署，配合集团内部单位争取新能源指标。

【新能源试点项目前期工作】 2022年，新能源业务取得突破性进展，利用天然气资源优势和所属城市燃气企业与地方良好的合作关系，开发新能源项目，在新疆、河北、江苏等地取得积极进展。与合盛硅业签署合作框架协议，拟控股建设乌鲁木齐米东区200万千瓦光伏项目，取得集团公司发展计划部同意开展可行性研究编制的批复。利用自有场站资源，加快场站光伏项目和综合能源项目前期和建设工作，上海白鹤母站光伏项目和上海新发创运光伏项目建成投产，实现6个场站分布式光伏项目投产运行，全年推动研究布局30多个各类新能源项目，初步形成建设一批、开发一批、储备一批的项目梯队。气电业务方面，实现国家电投揭东热电联产等2个项目投产，累计投产参股气电项目12个，总装机规模为846.7万千瓦。

在综合能源领域继续探索并加快发展步伐，挖掘工业园区和工业用户的蒸汽使用需求，在山东和安徽开展供热业务；针对部分工业用户和自身场站的冷热电使用需要，在山东、贵州、海南建设运营分布式能源项目。与国内先进企业合作开发各自供气区域内的综合能源项目，充分利用天然气和当地可再生能源，满足用户的多种用能需求，帮助用户实现节能减排。

（黄晓光）

【新能源新材料新事业发展】 2022年，中油工程落实集团公司"双碳""三新"部署要求，加速推进新能源新材料新事业发展，组织开展终端能源在电气化、CCUS、氢能及新材料等领域技术攻关，成立中国石油XAI气技术研发中心，成功开发天然气提XAI成套技术工艺包，掌握溶聚丁苯橡胶、特种丁腈橡胶、PC、PA66等35项新材料特色技术。以"市场先行、技术引领、资金支撑"为思路，引导支持成员企业加大"双碳""三新"项目开发力度，新签合同额125.5亿元，占比12.3%。集团公司内部对接"六大基地""五大工程"项目，签约玉门油田绿氢实证基地输氢管道、新疆油田270兆瓦光伏示范工程、塔西南与和田河气田天然气综合利用、大庆POE工业试验、吉林油田150兆瓦风光伏发电、玉门油田光伏二期300兆瓦、吐哈油田120兆瓦光伏、大庆石化40万吨/年高浓度CCUS等一批新能源和战略资源项目。集团公司外部中标EVA、POE、特色聚酯等新材料项目；获得壳牌绿氢制取加注预可行性研究合同，实现国际高端客户新能源市场零的突破。

（邢海峰　吴林林）

【国际贸易新能源业务】　2022年，新能源业务发挥专业优势服务集团公司碳资产管理，形成364万吨全国碳配额储备规模，并以折扣价签署全国核证自愿减排量远期合约75万吨。实现首批生物航空煤油销售至香港机场和欧洲市场。开发纯碱、EVA等新材料产业链相关产品，取得良好开端。

（彭川涵）

第三部分

油气田企业概览

大庆油田有限责任公司
（大庆石油管理局有限公司）

【概况】 大庆油田有限责任公司（大庆石油管理局有限公司）简称大庆油田，是中国石油天然气集团有限公司重要骨干企业。大庆油田1959年发现，1960年投入开发，是迄今国内陆上最大的原油生产基地，也是世界上为数不多的特大型砂岩油田之一。大庆油田位于黑龙江省中西部，松嫩平原北部，由萨尔图、杏树岗、喇嘛甸、朝阳沟、海拉尔等油气田组成。国内勘探范围包括黑龙江松辽盆地北部、依舒等外围盆地，内蒙古海拉尔盆地，新疆塔东区块，川渝矿权流转区块等领域；海外业务进入中东、中亚、亚太、非洲和美洲等区域。业务有上市、未上市两大部分，上市业务包括勘探开发、新能源等；未上市业务包括工程技术、工程建设、装备制造、油田化工、生产保障、多种经营、职业教育培训等。

截至2022年底，累计生产原油24.93亿吨、天然气1517.63亿立方米，上缴税费及各种资金3万亿元，为维护国家石油供给安全、支持国民经济发展做出突出贡献。创新形成领先世界的陆相油田开发技术，主力油田采收率55%以上，先后获国家自然科学奖一等奖1项，国家科学技术进步奖特等奖3项，大庆油田的发现与开发和"两弹一星"等共同载入我国科技发展史册。孕育享誉中外的大庆精神铁人精神，成为中华民族伟大精神的重要组成部分，2021年9月29日第一批纳入中国共产党人精神谱系。打造了过硬的铁人式职工队伍，涌现出以"三代铁人"为代表的一大批先进模范人物，锤炼了一支"三老四严"、永创一流的英雄队伍。

2022年，大庆油田页岩油勘探实现重大战略突破，开启资源接续历史新篇。聚焦"双碳"目标，规划建设千万千瓦级"风光气储氢"一体化基地，建成一批具有示范意义的新能源项目，实现从"零起步"到"快增长"，初步构建"油+气+新能源"业务布局，推动从"一油独大"向"多能互补"的重大转变。统筹上市与未上市整体协调发展，深化改革创新，现代"油公司"模式全面建立，内部市场化机制逐步完善，企业办社会职能剥离移交任务基本完成，"四位一体"综合管理体系建成运行，重大关键核心技术不断创新，油田数字化转型智能化发展取得重大进展，企业焕发出新的生机与活力。

大庆油田主要生产经营指标

指　标	2022年	2021年
原油产量（万吨）	3003	3000.01
天然气产量（亿立方米）	55.40	50.18
新增原油产能（万吨）	262.5	190.04
新增天然气产能（亿立方米）	5.37	2.93
三维地震（平方千米）	2172	762
探井（口）	167	239
开发井（口）	3450	3387
钻井进尺（万米）	545.04	540.13
勘探投资（亿元）	42.15	35.06
开发投资（亿元）	186.22	178.78

注：油田上报集团公司数据。

【资源勘探】 2022年，大庆油田坚持抓勘探、增资源、保稳产，勇于开拓进取，发展接续力量，储量任务全面超额完成，油气勘探喜获新成果。老探区精细勘探焕发新活力，常规油多区多井持续高产，致密油多口水平井获得好效果，夯实原油稳产基础，进一步坚定松辽全盆地、全层系含油信心。页岩油勘探呈现多点突破新局面，古龙页岩油国家级示范区建设扎实推进，肇页1H井、营浅2井等多口井获工业油流，标志着三肇稀油带、川渝页岩油再次获重大突破，拓展页岩油勘探领域，展现资源接替广阔前景。天然气勘探迎来储量增长新高峰，大庆深层火山岩气藏获得新发现，川渝探区探明首个千亿立方米整装大气田，展现规模增储大场面，成为快速上产"新阵地"。

【油气生产】 2022年，大庆油田确立稳油增气目标，克服新冠肺炎疫情封控、塔木察格限运等不利影响，实现了原油高质量稳产、天然气快速上产。

生产组织高效。各系统各单位发挥综合一体化优势，计划、生产、钻井、基建等工作高效协同，3次调整补产计划，优化运行曲线和措施工作量，建立"三会一协调"等长效机制，坚持"日跟踪、旬对比、月总结"，全面开展"抢产夺油"劳动竞赛，把握产量主动权。

开发水平提升。深化水驱精准调整，攻关"双特高"阶段有效开发方式方法，创新推广定层定向挖潜和精准注采调整技术，水驱自然递减，创近年来最好水平；推进三次采油提质提效，完善二类油层化学驱开发模式，规模推广应用高效驱油体系，实施全过程跟踪调控、全要素对标评价、全生命周期精准管理，三次采油年产量同比增长，提前实现年产目标。

效益建产提质。天然气上产步伐进一步加快，创十年来最大增幅。储气库群建设高效推进，实现产供储销协同发展。稳油增气的良好态势，进一步筑牢油田发展"基本盘"。

【提质增效】 2022年，大庆油田牢固树立"过紧日子"思想和"一切成本皆可降"理念，推进提质增效价值创造行动，转观念、勇担当、强管理、创一流，取得良好的经营业绩。强化严谨投资、精准投资、效益投资，优化投资结构，内部收益率同比提升，实现新建产能对效益的正向拉动。发挥预算引领作用，严格成本费用管控，保障稳油增气需求。推进存量资产轻量化，加大"两金"清理力度，用好国家减税降费优惠政策，促进发展质量效益提升。推进亏损企业治理，成立工作专班，建立帮扶机制，采取革命性举措，全级次子企业亏损户数、亏损额大幅下降。坚定不移开拓外部市场，加大"走出去"力度，外部市场收入创出历史最好成绩。

【未上市业务】 2022年，大庆油田坚持市场化方向，推进优化升级，未上市业务同比增长。技术服务方面，钻探工程公司围绕高效勘探、效益开发，钻出一批高产井、发现井，钻井整体提速，完井作业提效，创出多项高指标、新纪录，井身质量、固井质量保持集团公司前列；工程建设公司立足"六化"管理，打造"标准化设计＋工厂化预制＋模块化建站"模式，大中型站场现场作业周期缩短。业务发展方面，装备制造集团聚焦数字制造、绿色制造、高端制造，以精益管理推动技术和产品升级；水务公司推动水务环保协同发展，开辟内涝治理、废液处理、环境监测等新业务领域。服务保障方面，化工有限公司推进新型表活剂、调剖剂、二氧化碳捕集等新产品新项目，发挥油田化学品科研成果转化基地的作用；物资公司拓展"互联网＋采购保供"服务模式，建立包保服务机制，发展仓储经济；昆仑集团突出"专精特新"，持续优化业务结构，推行"产品＋服务"模式，为油气生产提供优质高效保障；昆仑投资运营公司开展油水井作业服务，高效保证口罩生产供应，运维保障能力持续提升。产业升级方面，中油电能公司全面实施电厂节能降碳改造和电网智能化升级，售电市场持续扩大，新能源项目高效落地，全产业链清洁低碳发展加速推进；信息技术公司持续拓展网络安全、软件开发、云数据、智能安防等业务，自主研发智慧工地平台，数字产业化进程不断加快；矿区服务单位探索发展路径，强化市场拓展，服务品质持续提升；铁人学院、文化集团、工程项目管理公司等单位，做专特色业务，推进产业协同，发展潜力进一步释放。

【低碳发展】 2022年，大庆油田聚焦"双碳"目标，紧跟发展大势，以"像抓油气业务一样抓新能源"的坚定决心，加速布局新能源业务，绿色低碳发展步入"快车道"。组建成立新能源事业部，规划建设千万千瓦级"风光气储氢"一体化示范基地，编制实施"建设规划""行动方案"，加速推进重点项目实施。新能源项目在建在研，建成中国石油首个水面光伏示范项目和首个风光储一体化开发项目。示范区建设升级，推进喇嘛甸油田低碳示范区和采油八厂零碳示范区建设，打造油田绿色低碳生产示范样板，开创绿色转型发展新路径。加强负荷调控、燃气调峰、智能微电网、储能等关键技术研究，抓好燃气调峰机组改造和绿电制氢两个重点项目论证与实施，进一步提升电网消纳能力。启动百万吨级CCUS（二氧化碳捕集、利用与封存技术）全产业链示范工程，加快产业化发展步伐。拓展广西风电市场，自主运营与合资合作项目齐头并进，构筑外部新能源业务前沿阵地。

【市场拓展】 2022年，大庆油田抓住市场复苏的有利时机，加大"走出去"力度，国内外市场收入创历史最好水平。

国内市场。在华南市场，承揽热电供气管道、商储库运维等一系列项目，拓宽建设运维一体化服务领域；在华北市场，钻井服务、大修压裂、装备产品在煤层气市场取得领域和规模"双突破"；在西南市场，实现川渝页岩气市场的规模化拓展；在西北市场，钻井总包、装备产品、电力运维等市场份额进一步扩大。

国外市场。海外油气开发面对前所未有的困难挑战，推动蒙古国塔木察格项目复产复运，加强生产组织运行，创新原油全封闭运输模式，加大超期值守人员回国轮换力度，高效运营伊拉克哈法亚项目。海外油服业务，相继中标乌干达翠鸟油田管道、东非原油管道等一批重点建设项目，战略性进入撒哈拉以南非洲高端市场；在巩固伊拉克鲁迈拉、哈法亚等传统市场的基础上，陆续签约伊拉克B9区块修井、锡巴气田采气管线、米桑油田潜油电泵服务等一系列标志性项目，中东地区非中国石油市场规模持续扩大；二氧化碳吞吐、提高采收率技术，进入印度尼西亚等新市场新领域。

【科技创新】 2022年，大庆油田坚持事业发展科技先行，加大重点领域攻关，创新发展陆相页岩油原位成藏、老油田提高采收率等重大理论与配套技术，获省部级以上科技奖励27项、国家发明专利授权134件。大庆油田申请成立国际标准化组织提高采收率分委会，正式获ISO和国家市场监督管理总局批准，实现中国首次在勘探开发核心领域承担国际标准化技术组织工作，提升国际话语权和影响力。完善科技管理体系，实施"揭榜挂帅"等攻关组织新模式，2022

年7月21日成立院士工作站，申建陆相页岩油全国重点实验室，推动创新资源集聚、科技攻关提速。高效推进数字化智能化建设，成为集团公司首批数智化转型试点示范单位，井场和站场数字化覆盖，改造力度和速度均创历史新高。

【企业改革】 2022年，大庆油田围绕打造现代"油公司"模式，一体推进业务重组、体制重塑、机制重建，改革三年行动计划72项任务提前完成，取得一系列重大突破。坚持调结构、抓归核，推进相关业务专业化重组，推动业务结构由"小而全"向"专而精"转变，构建更加高效的油气产业链、服务保障链。坚持控规模、提效率，横向减机构、纵向压层级，提升管理效率和运行质量。坚持重市场、增活力，完善内部市场化运行管理办法，加大简政放权力度，深化三项制度改革，完善工资总额决定机制，推行领导人员任期制和契约化管理，释放内生活力。推进厂办大集体改革，通过移交改制、关闭注销等方式，有效解决一批历史遗留问题。

【基础管理】 2022年，大庆油田突出保安全、强管理、防风险，全面加强基础管理工作。安全环保可控。强化"四全"管理和"四查"问责，严格落实"安全生产十五条硬措施"，集中开展5个专项整治行动，创新数字化监督新模式，全年亿工时死亡率为零，生产安全事故起数同比下降，强化环境综合整治和风险管控，污染物达标排放率100%。管理体系升级。推进体系融合向基层延伸，全面执行新版岗位责任制，"两册"建设覆盖率100%。聚焦"战略执行＋精益管理"，开展第108次新时代岗检，构建"1+4+8+N"岗检体系，创新优化经营管理领域岗检要素，推广生产操作领域"项目制"等新方法，治理体系和治理能力现代化水平迈上新台阶。依法合规治企。编制实施《大庆油田"十四五"法治工作规划》，将法律工作有效融入生产经营全过程，修订完善规章制度，对现行制度进行专项审计，开展全级次全领域全方位风险排查整治，连续4年新发被诉案件数量和标的金额实现"双下降"。新冠肺炎疫情防控有力。坚持科学精准防控，应对突发疫情，党员领导干部冲锋在前，基层一线员工无私奉献，7万多名干部员工在岗长期坚守、奋战在现场，1.5万名"石油红"化身"志愿白"投身社区志愿服务，确保关键时期工作场所零感染、生产运行平稳有序。

【民生建设】 2022年，大庆油田常态化开展"我为员工群众办实事"活动，改善一线生产生活条件，强化重大疾病医疗保障，升级女职工劳动保护，提高员工体检费用标准，切实加强职业病防治，广泛开展线上线下全民健身和群众性文体活动，增进员工福祉。帮扶、慰问2.7万人次，惠及特殊群体1.1万人次。加大投入完善东部交通路网，有序推进庆虹桥新建工程，马鞍山、老虎山碳中和生态观光园建成开园，矿区绿化覆盖率49%，油田生态环境持续改善。全面加强信访维稳工作，妥善处理不同群体利益诉求，巩固安定团结的发展大局。大庆地区石油石化企业战略合作更加紧密，各级地方党委政府和公安机关为油田开发建设提供强有力支持，推动地区经济社会和谐稳定发展。

【企业党建工作】 2022年，大庆油田树牢"石油工人心向党"的坚定信念，开展喜迎党的二十大系列活动，制定实施75项重点举措，坚持以党的二十大精神为指引研究谋划战略部署，推动党中央重大决策在油田落实落地。严格落实"第一议题"制度，常态化开展党史学习教育，深刻领悟"两个确立"的决定性意义，不断增强"四个意识"、坚定"四个自信"、做到"两个维护"。完善党委会前置决策程序，建立领导工作例会、党群工作例会制度，实行重大项目（工作）专班推进，加强党对意识形态工作的领导，党委把方向、管大局、保落实的领导作用充分发挥。严把选人用人关，调整中层领导人员10批次435人次，推动领导班子和干部队伍结构进一步优化。召开中国共产党大庆油田第八次党员代表大会和政治工作会议，牵头成立中国石油党建工作东北协作区，创新推广党建协作区模式，深化党建"三基本"建设和"三基"工作有机融合，组织千名新党员集体入党宣誓，加强党建带团建，党建工作在集团公司考核中位居前列。

（李　冬　姜艳波　邢　诚）

中国石油天然气股份有限公司辽河油田分公司（辽河石油勘探局有限公司）

【概况】 中国石油天然气股份有限公司辽河油田分公司（辽河石油勘探局有限公司）简称辽河油田，是全国大型稠油、高凝油生产基地，前身为1967年3月成立的大庆六七三厂，1970年4月组建辽河石油勘探指挥部，同年9月更名为三二二油田，1973年5月更名为辽河石油勘探局。经过1999年重组改制、分开分立和2008年上市业务和未上市业务重组整合，至2022年底，逐步形成油气主营业务突出，未上市辅助生产业务和多元经济协调发展的格局。业务范围涵盖油气开采、储气库业务、工程技术、工程建设、燃气利用等领域。总部设在辽宁省盘锦市兴隆台区。

辽河油田主要生产经营指标

指　　标	2022年	2021年
原油产量（万吨）	933.2	1008.01
天然气产量（亿立方米）	8.41	7.9
新增探明石油地质储量（万吨）	2702	4131
新增探明天然气地质储量（亿立方米）[①]	20.44	—
二维地震（千米）	—	500
三维地震（平方千米）	270	470
探评井（口）	83	72
油气开发井（口）	836	691
钻井进尺（万米）	186.3	135.67
勘探投资（亿元）[②]	14.51	13.49
开发投资（亿元）	65.28	45.61
资产总额（亿元）[③]	614.16	544.36
收入（亿元）	549.51	441.56
净利润（亿元）	33.37	10.08
税费（亿元）	100.22	46.67

注：① 2021年，股份公司未下达探明天然气任务指标。

②本卷年鉴勘探投资额包括申报三级储量的预探和评价投资总和。上卷年鉴2021年勘探投资额专指石油预探投资。

③本卷年鉴2022年"资产总额""收入"两项指标采用国际财务报告准则披露；2021年该两项指标按照中国企业会计准则披露。

辽河油田在1955年开展前期地质普查的基础上，于1970年投入大规模勘探开发建设，1980年原油产量跨越500万吨，1986年突破1000万吨，1995年达到1552万吨历史最高峰，到2022年底连续37年保持千万吨规模稳产。辽河油田矿权区包括辽宁省、内蒙古自治区、陕西省、甘肃省、山西省等地区，勘探开发领域包括辽河坳陷探区、辽河外围开鲁探区、辽河外围宜庆探区，总探矿权面积2.82万平方千米，共有油气田41个。其中，辽河坳陷探区是勘探开发主战场，勘探开发建设50多年以来，先后发现兴隆台、曙光、欢喜岭等油气田41个，投入开发38个，年产量占总产量的90%以上，形成9种主要开发方式及配套技术，涵盖陆上石油的全部开发方式，全面建成国家能源稠（重）油开采研发中心，蒸汽驱、SAGD、火驱等特色技术保持行业领先水平。截至2022年底，设机关职能部门15个、直属机构5个、附属机构2个，所属二级单位50个。在册员工6.27万人。资产总额614.16亿元，净资产198.77亿元。累计探明石油地质储量25.7亿吨，天然气地质储量1140亿立方米。累计生产原油5.05亿吨、天然气903.89亿立方米。有东北地区最大的储气中心——辽河储气库群，被纳入国家"十四五"发展规划工程，担负着中俄、秦沈、大沈三条国家级天然气管线调峰任务，具有国家战略储备、季节调峰、应急调峰三大功能，调峰保供区域为东北及京津冀地区。

2022年，辽河油田新增探明石油储量2702万吨、控制储量3257万吨、预测储量4074万吨；SEC新增证实储量682万吨；新增探明天然气储量20.44亿立方米，SEC新增证实储量6.33亿立方米，勘探综合发现成本6.73美元/桶。生产油气产量当量1000.18万吨，原油商品量921.42万吨、天然气商品量1.94亿立方米。整体实现收入549.51亿元，考核利润54.77亿元（还原消化历史潜亏、补提弃置费用等事项影响），对比集团公司总部考核指标超交3.27亿元，上市业务和未上市业务继续保持"双盈利"，创近8年最好水平，经营业绩在集团公司16家油气田企业中稳居第六位。上缴税费100.22亿元，同比增加53.55亿元，位居全省纳税企业前列。经济增加值（EVA）30.76亿元，同比增加21.09亿元，全员劳动生产率44.52万元/人，同比提高13.16万元/人，"两利四率"均超额完成集团公司下达指标。储气库群日注气能力提升至3000万立方米，跃居全国第一，采气能力再创新高，调峰能力近两年翻一番。

【油气勘探】 2022年，辽河油田突出高效勘探，全面推进本部与外围、常规与非常规、滩海与陆上油气勘探工作，发现正宁长7页岩油1个亿吨级、大民屯西部陡坡带等7个千万吨级石油增储区带，形成滩海东部构造带、宜庆古生界等2个百亿立方米级天然气增储区带，油气资源基础得到持续巩固。以发现经济可采储量为目标，实施各类探评井83口，获工业油气流井56口，进尺22.78万米，探评井成功率72%，超额完成三级储量任务。重点领域风险勘探成果突出。围绕深层潜山、深层天然气等领域实施风险探井2口，葵探1井在东三段、沙河街组及中生界试气分别获14.86万立方米、15.45万立方米、19.94万立方米高产工业气流，时隔6年再获集团公司油气勘探重大发现一等奖。富油气坳陷精细勘探再获发现。强化大民屯潜山内幕及陡坡带平面扩边、纵向拓深，部署探评井 8 口、获工业油流井 4 口，其中沈 288-2CH 井中途测试日产油 193 吨、沈 281-H101 井导试油 3 层均获工业油流；西部凹陷曙 110 区新增预测储量 2229 万吨。外围地区规模勘探取得重大进展，宜庆地区中生界长 2 井、长 6 井、长 7 井等 4 口评价井均获 10 吨以上高产，宜庆 11 井、宜庆 13 井等 7 口井获工业油气流，新增探明石油地质储量 1793 万吨、探明天然气地质储量 13.97 亿立方米；开鲁地区 8 口井获工业油气流，陆东凹陷新增控制石油地质储量 3257 万吨，奈曼凹陷新增预测石油地质储量 1775 万吨、探明石油地质储量 585 万吨。评价勘探取得积极成效，在乐 83、杜 124 等 6 个区块新增探明石油地质储量 2702 万吨，全部为稀油、高凝油等优质储量。

【开发生产】 2022 年，辽河油田锚定加油增气工作目标，统筹实施新井高效建产、老井持续稳产、长停井治理提产、稀油高凝油上产，原油产量上半年连上 7 个百吨台阶，灾后复产实现万吨跨越，全年保持逆势上扬态势，原油产量超额完成集团公司调整指标，天然气产量创近 14 年新高，油气产量保持千万吨规模硬稳。加强"储量池、项目池、井位池"建设，全面优运行、提效率，调结构、稳规模，油气开发生产指标整体改善，新区产能同比提升 16.5 万吨、创近 10 年新高。新井建产更加高效。推行产建一体化承包，以台长制组织雷 72、河 21 等 12 个大平台建设，实施新井 809 口，年产油 46.2 万吨，产能贡献率 42.2%。深挖天然气上产潜力，宜庆地区日产气能力突破 20 万立方米，油田整体年产气 8.41 亿立方米。老井稳产更加巩固。优化实施方式转换，曙一区超稠油规模推广，锦 16 聚表二元驱成效显著，全年新转井组 35 个，总体规模达 679 个，年产油 207.6 万吨。强化精细多元调控，完成注水工作量 4236 井次，注水 3092 万立方米，注水油田年产油连续 6 年稳定增加，剔除洪灾影响，自然递减率降至 12.1%，注水油田自然递减率同比下降 0.3%；实施"压舱石"工程，静安堡、海外河油田被集团公司评为高效开发油田。坚持"多介质、多井型、多方式"复合吞吐，完成优化注汽工作量 1738 井次，推广实施超临界注汽，释放千万吨级深层低渗透油藏动用潜力，稠油吞吐油汽比稳定在 0.30 以上。措施增产更加有力。通过风险合作、费用包干等方式，专项治理套损井 437 口，恢复产能 24.8 万吨，增油 11.5 万吨；优选两批 492 口低效井复产，日产油增加 368 吨，油井开井率同比提升 0.6%，15 项钻采工程重点指标持续向好。推进采油作业效益联包，整体维护性作业工作量同比下降 5.6%。

【抗洪复产】 2022 年 6—8 月，流经辽河油区的 5 条河流汛情齐发，辽河油田主力生产区域连续遭受三轮洪水冲击，特别是绕阳河、辽河分别出现 1951 年和1995年以来最大洪峰，3400余口油井、170余台注汽锅炉、5座大型联合站（输油站）关停，最高影响日产油10527吨，造成辽河油田开发建设以来最为严重的一次自然灾害损失，部分油田矿区员工家属生命财产安全面临严峻威胁。

抗洪抢险。灾情发生后，习近平总书记考察辽宁时高度关注辽宁省及辽河油田受灾情况，做出重要指示要求。辽宁省委省政府主要领导连夜赶赴现场，指挥油田和地方政府联合抗洪。集团公司党组书记、董事长戴厚良第一时间做出批示，总经理侯启军、副总经理焦方正代表集团公司党组到一线查看水情灾情。辽河油田及时启动Ⅱ级应急响应，设立防汛前线指挥部，成立11个现场保障支持小组，9次召开防汛抗洪工作会议，落实总书记指示要求及省委省政府和集团公司工作要求，按阶段推进抢险处置。辽河油田公司领导坚持两河作战、靠前指挥，干部员工闻令而动、向险而行，油地双方携手同行、共克时艰，兄弟单位火速驰援、并肩作战，调动人员上万人次，调集物料数十万吨、应急物资26万件、抢险车辆上万台次，组织50多支党员突击队、抢险队和2000多名党员冲锋在第一线，守围堤、护国堤、筑临堤，组织关键抢险12次，紧急处置管涌险情100余处、抢修堤防60余千米，全力阻击洪水侵袭。特别是顶住安全风险昼夜奋战，将3.5千米回形堤抬高40厘米，按照5.2米高程加高2千米国堤，筑起曙13支4.2千米第三道防线，守住了曙光矿区和群众生命财产安全，为灾后快速复产创造有利条件。中国安能建设集团有限公司受国家防汛抗旱总指挥部办公室和应急管理部调派，紧急调集254名指战员、64台套大型装备、2架直升机，千里支援盘锦绕阳河溃口封堵和后续抽排水工作。

组织复产。23支队伍持续奋战20余天，超预期完成排涝任务，累计排水近1.3亿立方米，相当于抽干3座红旗水库。在抗洪抢险之际，辽河油田咬定全年生产油气当量1000万吨目标不动摇，同步研究制订复产方案，按照地下与地面、防汛与复产、注汽与采油、复产与措施"四同步"原则，分区域、分时段、分方式、分阶段组织好复产上产工作。辽河油田6800余名员工、承包商2800余人持续奋战在曙光油区，领导常驻前线、统筹协调，两级机关部门停止休假、全力保障。采取超常规举措快速推进"一站三线"核心工程恢复，千方百计解决水电路、采注输、井站线各路复产作业等一系列"卡脖子"现场难题，15天完成7座变电站全部抢修任务，5天内恢复4座联合站和1座首站主体功能，11天完成8条跨坝管线改造，用40天的持续奋战提前5天完成全部井站复产。

灾后上产。第一时间启动"凝心聚力再奋战、安全日增一万吨"上产劳动竞赛，掀起夺油上产热潮。受灾区域单位昼夜奋战，尽全力抢修设备设施、恢复地面工艺流程、第一时间开启井站,争分夺秒抢复产;非受灾单位主动加压,增加实施新井300口、措施822井次、低效井恢复500口,千方百计快上产。勘探开发研究院、钻采工艺研究院、辽河油田设计院等技术力量驻扎前线,研究制定复产上产对策,倒排工作运行、按日跟踪分析、每周通报部署、专项督导落实。9月15日,曙光和特油地区受灾关停井站全部实现复产,油气井全部恢复开井,比集团公司要求时间提前5天。9月24日,曙光和特油地区132台注汽锅炉复产任务提前一天完成,为辽河油田稠油复产上产奠定基础。12月8日,辽河油田原油日产量从最低17528吨增加到27514吨,恢复原油千万吨生产能力,标志辽河油田全面走出洪灾影响,迈上稳产上产新台阶。历经4个月的拼搏奋战,日产油连上10个"千吨台阶",守住了千万吨稳产生命线。

【生产组织协调】 2022年,辽河油田紧盯年度生产目标,加强生产运行协调衔接,着力解决制约生产建设的重点问题,形成大运行、大联动格局。围绕提质提速提产提效"四提"工作,落实勘探开发、生产经营投资成本、地质工程、科研生产"五个一体化",践行钻前不等征地、钻机不等钻前、压裂不等钻井、地面不等压裂、销售不等地面的"五不等"建产机制,统筹队伍调派、主辅配合,加强油地协调、钻机等设备协调、外购气协调、炼化单位协调,优化产运储供销平衡,保障生产平稳有序。两次组织劳动竞赛,成立专班开展"督导+技术服务",推动产量任务完成。超前组织冬防保温、防洪防汛、电网检修等工作,强化物资采购、工程技术、工程建设、车辆等服务支持,形成上产整体合力,重点工作运行到位率、符合率分别提高100%、94%,产能新井单井生产时率提升至233.6天。成立新冠肺炎疫情应对专班,全天候双岗值守、对接协调,解决原油拉运、钻机运行等受阻事件,最大限度保证生产平稳。抓好应急处置,组织沈阳采油厂与电力分公司合力抗击13级强风袭击,用36小时连续奋战完成451口油井复产、13条线路抢修。第一时间组织排涝复产,抢修水毁道路105千米,仅用15天完成所有变电站修护、19天恢复5座联合站主体功能、11天完成跨坝管线改造,提前5天完成158座采油站、3461口油井复产。

【储气库建设运营】 2022年,辽河油田统筹推进储气库建设和运营管理,坚持科学注采、优化运行、超前检修,完成北京冬奥会、冬残奥会、全国"两会"等天然气调峰保供任务,调峰能力实现新提升。组建国产压缩机组投运专班,储气库国产首套电驱高压离心式压缩机组投产,库群日注气能力从1400万立方米提升至3000万立方米。新建库双51区块、双31区块投产,双6-H2316井等3口大尺寸井相继投产,第九轮注气32亿立方米、同比增加12.3亿立方米,注气量占中国石油储气库1/5,刷新库存气量历史最高、高强度注气天数最多、注气量全国最大等纪录。马19储气库先导试验工程于5月开工建设，龙气5储气库地质与气藏工程可行性研究方案通过审查。组建冬季天然气保供专班，开启第七轮采气，阶段采气11亿立方米，有效彰显在东北及京津冀地区调峰保供作用。

【绿色低碳发展】 2022年，辽河油田聚力新能源发展与节能减排，加快绿色转型发展步伐。聚焦"双碳"目标，牵头中国石油驻辽企业制订碳达峰行动方案，优化完善"绿色低碳613工程"，编制辽河油田碳达峰行动方案和低碳生产建设方案，加快推进绿色低碳示范基地建设，形成新能源新业务协同发展新格局。加强重点项目建设及运行管理，高升采油厂、金海采油厂等4家单位21兆瓦光伏发电工程投产，建成5.19兆瓦新井产能光伏和沈茨锦18.19兆瓦光伏发电项目，推进盘锦、沈阳、锦州地区76.8兆瓦光伏发电工程建设，自发绿电3266万千瓦·时。组建辽宁省、盘锦市两级指标获取工作专班，加强与省市人民政府沟通对接，辽阳20万千瓦、凌海35万千瓦风电项目完成开发合作协议签订及备案；欢三联地热利用示范项目运行平稳，签订对外地热供暖协议130万平方米。降耗减碳成果显著，坚持把节能作为第一能源，开展举升能耗对标管理，实施热注锅炉提效、密闭集油改造、油气冷输等6方面20个项目，节约降耗天然气2221万立方米、节电3259万千瓦·时；油田能耗总量同比下降29.14万吨标准煤、降幅11.6%；碳排放总量568万吨、同比减少31万吨，碳排放强度0.57。CCUS（二氧化碳捕集、利用和封存）工程纳入集团公司"四大六小"示范区创建，开展欢喜岭采油厂、特种油开发公司2座捕集站建设。股份公司CCUS示范工程双229块先导试验第一批14口井完钻，在齐131、沈257等11个油藏26个井组开展二氧化碳注入试验，注碳5.6万吨，产油2万吨。发挥碳源优势，与驻辽炼化企业研究建立上下游协同全产业链模式。

【经营管理】 2022年，辽河油田聚焦全面盈利刚性目标，深化提质增效，经营质量与经济效益同步提升，经营业绩创近8年来最好水平。落实集团公司"四精"工作要求和低成本战略，持续控投资、降成本、提效益、治亏损，推进10个方面49项提质增效工程，固化形成投资优化管理、油气营销创效、设备调剂挖潜等一批有效措施，挖潜增效23.34亿元、优化投资7.63亿元；"两金"压降综合完成率120%；注销法人5家。坚持过"紧日子"思想，强化预算刚性执行和成本倒逼机制，桶油基本运行费、操作成本、完全成本同汇率对比集团公司总部指标分别下降0.02美元、0.6美元、1.25美元。

投资质量持续改善。修订投资管理办法，实施"六大提升工程"，严格项目效益评价和排队优选，优化压缩投资7.63亿元，勘探开发、新能源、储气库等主营业务投资占比稳定在95%以上；百万吨产能投资控制在46亿元以内，投资完成率95%以上。项目化管理抓投资管控，成立5个油田公司级、6个厂处级项目组，年度评选5个重点项目进行专项奖励，持续提升投资管理效能。

成本管控不断优化。落实集团公司成本管控措施，优化调整投资成本支持抗洪复产；电费、燃料费、运输费等主要成本指标分别下降7.18%、4.83%、7.46%。剔除洪灾影响，桶油基本运行费18.22美元、操作成本30.37美元、完全成本55.71美元。

挖潜增效成果显著。落实集团公司市场营销工作部署要求，深化原油分质分销、市场化销售，增效9029万元。突出天然气提产扩销，回收零散气0.58亿立方米，创效2418万元。实施资产轻量化、设备再制造、税收筹划优化，挖潜2.54亿元。压降"两金"（应收款项和存贷）规模，综合完成率112.5%。开展亏损企业治理，深化"四维"帮扶体系，纳入集团公司总部治理范围33户全级次子企业有31户实现盈利，同比减亏1.01亿元。

市场化进程加速推进。修订工程及服务内部市场管理办法、承包（服务）商管理办法，构建"3+1"内部市场交易平台，市场机制更加公平有序。利用人才、技术、品牌优势开拓外部市场，激励4500多名员工走出辽河、创造价值。中标西气东输四线、长庆气井增产服务等项目833个，签订合同额110.9亿元，实现收入60亿元，利润3.1亿元、同比增利3000万元。城市燃气市场不断拓展，输销天然气23.05亿立方米、创效0.74亿元。

【企业改革】 2022年，辽河油田持续深化企业改革，推进治理体系和治理能力现代化，国企改革三年行动收官，生产管理、经营管理等4大类量化指标全面改善，全员劳动生产率同比提升13.2万元/人，投资资本回报率、市场化率等关键指标分别同比提升0.9%、23%。深化三项制度改革和"油公司"模式改革，进一步推进业务归核化发展，对原油外输、技术服务等6项业务实施专业化重组，整合大连分公司与销售公司，设立荣兴油气开发公司，优化安全环保巡查管理体制，调整外围区业务及机构设置，有序退出市话通信、机械加工等长期亏损业务。加快新型采油气管理区作业区建设，建成辽兴、庆阳、荣兴3个新型采油气管理区，在曙光采油厂、兴隆台采油厂等10家二级单位建成43个新型采油气作业区。深化矿区服务业务改革，推进"事务部—区域分中心"机构改革。推进外围采油厂工业采暖、供水等后勤服务业务专业化管理，实现文体场馆、食堂餐饮资源共享，完成1916名民用物业劳务人员划转及剩余5家未上市后勤服务业务整合。优化辽河油田公司机关职能配置，分板块、差异化完成二级单位"三定"工作，压减二级机2个、三级机构111个、基层领导人员职数534人，机构编制、领导人员职数等超额完成集团公司"四个10%"压减目标。全面推进岗位管理，辽河油田"三支队伍"实现首次由身份管理向岗位管理转变的历史性突破。加大员工分流措施力度，组建人力资源调剂中心，搭建人力资源调剂实体平台，盘活调剂2033人，措施减员370人，新增分流2154人。出台工效挂钩办法及配套制度，规范专项奖励管理，分层级深化全员绩效考核，调动全员创效积极性。

【依法合规治企】 2022年，辽河油田被集团公司确定为第一批法制建设示范企业，贯彻落实国务院国资委和集团公司"合规管理强化年"部署要求，落实加快建设世界一流法治企业实施意见，全面开展法治建设示范企业创建工作，新发案件数量同比下降25%，避免和挽回经济损失4080万元。建立授权管理体系，配套制度加强市场、招标、合同、承包商"四位一体"管理，法律风险防控体系完善，实施管理提升年行动，开展对标管理专项工作，制定"建设一流法治企业""强化合规、提升管理""综合治理专项行动"3项工作方案，组织各专业部门编制17项具体专项任务方案、47家二级单位编制本单位提升方案，分层督导制定细化措施，油田公司层面17个专项68项任务、二级单位1129项任务完成。开展依法纳税、债务风险、虚假贸易等专项治理，提升重大风险管控能力，在集团公司领导干部会议上交流法治建设经验，内控管理在集团公司层面年度排名位列第一。

【科技创新】 2022年，辽河油田深化科技体制改革，强化创新驱动引领，全力攻关破解各类瓶颈矛盾，形成深层天然气成藏、平台井体积压裂等10项标志性成果。在集团公司率先出台《着力高水平科技自立自强、强化科技创新实施意见》，精准解决创新整体效能低、研发体系职责定位不明确、激励政策不够精准到位等实际问题。出台支持创新攻关、成果转化等一系列制度，研发支出10.53亿元，在集团公司油气田企业排名第四，首次实施突出贡献奖、青年科技奖和技能人才奖等评选，全方位激发创新活力。13个重大专项、8个"揭榜挂帅"项目取得有效进展，深层天然气成藏认识拓深辽河坳陷天然气成藏下限至5700米；宜庆非常规"甜点"评价技术指导发现古生界百亿立方米级天然气增储区；储气库大尺寸水平井及国产大排量压缩机支撑注采气能力达到全国最大；水平井低成本体积压裂技术实现单段费用下降28.3%，簇间距、加砂强度等指标达到集团公司先进水平；电缆传输快速修井技术现场试验18井次，作业周期平均效率提高40%、单井平均成本下降30%。获省部级以上科技成果8项，授权国家发明专利103件。数字化建设加快推进，完成高升采油厂、辽兴油气开发公司、金海采油厂、茨榆坨采油厂、欢喜岭采油厂等单位4639口井、319座站物联网建设，井、站数字化覆盖率分别提升至 53%、57%，分别同比提高 18 个百分点、20 个百分点。建成勘探开发一体化协同研究环境（RDMS），部署六大功能模块 125 个具体功能，在锦 16、杜 84、宜庆 3 个示范区落地应用；生产指挥、智慧安眼等 8 个数字化平台加快建设，生产运营指挥中心加快升级，为抗洪复产远程决策提供重要技术支持。

【**质量安全环保**】 2022 年，辽河油田贯彻国家安全生产"十五条硬措施"，落实集团公司"四全四查""四坚持四提升"工作要求，细化"五个用心抓"举措，优化 QHSE 体系建设，开展安全生产大检查，全员安全责任进一步压实，质量健康安全环保形势趋稳向好。实行重大项目公司领导包保，投入 3.47 亿元治理安全环保隐患，一般 C 级事故下降 75%，未发生环境污染事件。抗洪复产建立点对点、区域化、清单制、网格化升级监管措施，取得"五个一"成效。建立新冠肺炎疫情防控与安全生产"双升级"制度，因时因势优化防控措施，保障员工身体健康和生产经营秩序平稳。

安全管理进一步加强。有序推进安全生产大检查，组织开展"大反思、大讨论、大排查、大整治"活动，检查覆盖全系统、辐射全领域，累计发现问题隐患 1 万余项。完成安全生产专项整治三年行动收官任务，精准开展井控、储气库、危化品等领域风险防控，治理高风险站场、油气管道等重点隐患 29 处。QHSE 体系运行连续 5 年保持良好 B1 级，获集团公司 QHSE 先进企业。

环保管理进一步深入。实施绿色发展行动计划，规范固废管理，含油污泥实现源头减量 1.26 万吨。深化开展挥发性有机污染物治理攻坚三年行动，完成 174 台注汽锅炉改造和 11 座油管厂治理，氮氧化物排放量同比下降 5%。实施压裂液、钻井液重复利用，绿色作业、无害化处理等环保技术推广率 100%。被集团公司评为绿色企业。

质量管理进一步从严。落实质量管理"三个一批"行动，开展油气水井质量、地面建设工程项目质量三年整治，清除承包商 13 家、供应商 27 家；井身质量、固井质量合格率分别达到 99.38% 和 95.07%，工程项目质量三检制执行率 100%，查处不合格产品 67 批次、追责 426 人次。

健康管理进一步精准。深化健康辽河 2030 行动，投入资金改善一线食堂、用水等生产生活条件。完善员工健康档案、推行"按需"体检，实施中、高风险人群健康干预，2 家单位作为国家健康企业建设优秀案例进行推广。落实"两保""四清""四早"要求，与地方政府、油区成员单位联防联控，科学有效应对茨榆坨采油厂矿区等周边突发疫情 13 轮次；组织疫苗接种 6.8 万余人次，接种率 97.94%。

【企业党建工作】 2022年，辽河油田公司党委坚持全面从严治党，锚定一流抓发展，突出融合促提升，传承精神聚合力，着力发挥党委"把方向、管大局、保落实"的作用。

加强党的政治建设。出台喜迎党的二十大25项措施，辽河油田领导带头宣讲党的二十大精神，深化落实党的二十大精神，组建宣讲团分片宣讲80余场次，形成学习宣传贯彻的有效抓手和浓厚氛围。开展主题活动、组织专题培训、建立落实机制，全面推进习近平总书记重要指示批示精神再学习再落实再提升。严格执行"第一议题"制度，辽河油田党委学习研讨36次，悟思想、找方法、解难题、促发展取得明显成效。完成辽河油田党委和纪委换届，修订落实主体责任、"三重一大"决策、请示报告等制度，党委发挥领导作用的体制机制日益完善。

加强思想教育工作。推进党史学习教育常态化长效化，组织开展"转观念、勇担当、强管理、创一流"主题教育活动。加强文化引领工作，开展石油精神和大庆精神铁人精神再学习再教育再实践再传播，形成新时期辽河精神。多维展示新时代十年辽河油田发展成果，宣传天然气保供、抗洪复产等工作，影响力和美誉度持续提升。全面压实国家安全人民防线建设、意识形态领域管理、统战工作责任，有力提升发展正能量。

加强党建业务融合。以"党建联盟""党建+"等载体为牵动，构建形成具有辽河特色的"五个融合"新机制，基层党建"三基本"建设与"三基"工作有机融合展现新成效。开展"喜迎二十大、奋进新征程"岗位实践活动，实施共产党员工程1600余项，解决问题2800余个。深化"党建带群建"，党员先锋队、创新工作室、青年突击队成为抗洪抢险、岗位创效等工作的重要力量。

加强人才队伍建设。推进人才强企工程，推行任期制和契约化管理，优化调整部分二级单位领导体制，开展总会计师岗位公开竞聘，注重在急难险重任务中考察识别干部，提拔、交流中层领导人员194人。扩大"双序列"改革，选聘企业首席技术专家6人、企业技术专家11人、一级工程师11人，建立"项目+人才"的技术攻关和人才培养体系，实施轮岗交流、挂职锻炼、导师带徒等举措。出台高技能人才管理等办法，选聘技师以上高技能人才315人，获省部级以上技能大赛团体奖项7个、个人奖牌24枚。

加强党风廉政建设。强化对二级机构"一把手"和领导班子监督，以清单化管理规范"关键少数"履职行权。"纪审联动"加强重大工程合规监督，深化提质增效、天然气保供等工作跟踪监督，大监督格局持续完善。高质量完成第二次巡察全覆盖任务，同步开展整改提升专项巡察，揭示整改突出问题783个。

保持高压态势一体推进"三不腐",受理信访举报95件,纪律处分115人。修订贯彻落实中央八项规定精神实施细则,坚决纠"四风"、转作风、树新风,两级机关服务基层效能明显提升。

【和谐企业建设】 2022年,辽河油田践行以人民为中心的发展思想,保障员工利益,履行社会责任,维护和谐稳定局面,企业发展与员工成长相得益彰。坚持发展成果共享,打造"四心"民生工程升级版,两级党委立项实施重点民生改善工程507项,通过全面完成业绩指标,员工人均收入同步增长。深化实践"我为员工群众办实事",推动职工代表提案落实,推进职工食堂、文体场馆等资源共享,提升员工群众生活品质。打破单位隶属关系,组建兴隆台地区5个、外围矿区6个区域分中心,面向辖区提供社保、离退休等一站式服务,开辟老人子女"少跑路""办成事"绿色通道。全面落实五项帮扶和四季恒温送温暖服务机制,实施各类帮扶4324人次。针对抗洪复产、外闯市场等群体出台系列服务保障举措,投入4000余万元解决员工"急难愁盼"问题。坚持健康企业共建,把健康作为幸福生活重要指标,强化健康环境管控,挂牌治理职业病危害因素超标场所,员工职业健康权益得到保障。加强全员健康意识培育和知识普及,强化健康干预,完善风险人群分级管理机制,员工健康素养持续提升,中高风险人群比例、非生产亡人数量分别同比下降25.6%、11.9%。促进和谐环境共创,组织石油开放日活动,举办石油石化企业座谈会,深化同中国石油驻辽企业、战略合作单位沟通协作。加强与地方党委政府高水平合作,与盘锦市合力创建全国油地"和谐典范",企业发展外部环境持续向好。支持选派的18名驻村干部工作,投入720余万元助力乡村振兴,展现负责任的国企担当。持续巩固企业发展稳定局面,宣传贯彻《信访工作条例》,建立信访联席会议机制,开展"万件化访"信访案件清零攻坚,信访总量同比下降33%、创近10年最低。升级管控重点时段稳定工作,完成党的二十大等系列安保维稳任务,获评集团公司"平安企业"称号。开展打击盗窃天然气、清理非法占压等专项行动,依托普法教育预防违法犯罪,员工犯罪率同比下降25%,油区生产办公秩序稳定向好。

【葵探1井勘探成果获集团公司一等奖】 2022年,辽河油田渤海湾盆地辽河滩海葵花岛构造带葵探1井油气勘探获得集团公司勘探重大发现一等奖。是辽河油田自"大洼—海外河断裂带精细勘探技术与成效"项目以来,时隔6年再获一等奖。风险探井葵探1井从2020年起步研究到2021年通过股份公司审批,再到2022年钻探成功,在中生界、沙三中下段、东三下段地层测试均获高产工业气流。作为辽河油田截至2022年底最深的天然气井,该井中生界含气层系的发现使辽河坳陷碎屑岩出油气底界深度下移近800米，突破辽河坳陷油气层勘探的下限，打破对辽河坳陷中生界、对滩海勘探的固有认知，为辽河油田滩海深层天然气勘探带来"曙光"。同时该地区储量主要以稀油和天然气为主，具有良好经济效益，对辽河油田后续产能结构调整具有重大意义。

（石　坚）

中国石油天然气股份有限公司长庆油田分公司
（长庆石油勘探局有限公司）

【概况】 中国石油天然气股份有限公司长庆油田分公司（长庆石油勘探局有限公司）简称长庆油田，1970年成立，是我国产量规模最大的油气田企业，主要在中国第二大含油气盆地——鄂尔多斯盆地开展油气勘探开发及新能源等业务。长庆油田总部位于陕西省西安市，工作区域横跨陕、甘、宁、内蒙古4省（自治区）。50余年来，长庆油田先后发现并成功开发34个油田、13个气田，累计生产原油4.4亿吨、天然气5648亿立方米，实现油气产量当量8.9亿吨，为保障国家能源安全和优化能源消费结构做出突出贡献。近年来，长庆油田持续加大油气勘探开发力度，每年新增油气探明地质储量占全国新增探明储量的三分之一以上，油、气年产量分别占全国八分之一和四分之一，油气当量年均增长近300万吨。2020年跨越6000万吨，创造了我国油气田产量当量最高纪录，2022年实现油气产量当量6501.7万吨，创造了低渗透油气田高效开发的世界奇迹。

2022年底，有采油单位14个、采气单位10个、输油单位3个及其他科研、生产辅助单位，用工总量6.5万人。长庆油田营业收入1959.24亿元、利润总额549.31亿元、上缴税费448.77亿元，经营指标创近年来同口径最好水平，保持集团公司上游企业首位。

2022年，长庆油田获国家科学技术进步奖一等奖2项，获全国"母亲河奖"绿色贡献奖，获集团公司质量健康安全环保节能先进企业和"绿色企业"称号，被评为"全国爱国主义教育示范基地"和"延安精神示范教育基地"。以高质量党建引领高质量发展，长庆油田公司党委被评为"全国先进基层党组织"，有84人次获全国劳动模范、全国五一劳动奖章，47个集体获"全国工人先锋号"称号。

长庆油田主要生产经营指标

指　　标	2022年	2021年
原油产量（万吨）	2570.08	2536.01
天然气产量（亿立方米）	493.42	465.43
新增原油产能（万吨）	219.6	225.53
新增天然气产能（亿立方米）	91.6	111.33
三维地震（平方千米）	4030	3092
探井（口）	267	337
评价井（口）	265	265
开发井（口）	4987	4087
钻井进尺（万米）	1562.83	1343.44
勘探投资（亿元）	47.09	49.23
评价投资（亿元）	18.97	19.41
开发投资（亿元）	433.18	405.65
资产总额（亿元）	3895.67	3735.50
收入（亿元）	1959.24	1404.50
利润（亿元）	549.31	281.91
税费（亿元）	448.77	225.84

【油气勘探】 2022年，长庆油田以勘探为龙头，优化"风险、规模、效益"勘探布局，加快资源转化节奏，实现油气勘探"多点开花"。新增油气探明地质储量保持国内占比最高。油气效益勘探实现高效储量，当年分别建产79万吨、30亿立方米。发现长庆第10个千亿立方米储量规模的横山气田，超额完成油气三级储量任务，获集团公司重大发现奖4项。乌拉力克组海相页岩油气、深层煤

系致密气取得发现，形成两个万亿立方米勘探新领域。

【油田开发】 2022年，长庆油田生产原油2570万吨，同比增长34万吨。抓实方案优化和质量管控，新井单井日产同比增加0.2吨。推进页岩油技术政策固化和管理模式革新，页岩油年产量221万吨，稳居国内第一。加强油水井大调查、精细注水等基础工作，第4代数字式分注应用规模提升12个百分点，万口油井、老井侧钻等5个专项恢复产量39.6万吨，自然递减率、含水上升率分别控制在11.5%和1.3%。提采试验区覆盖产量规模首次超百万吨，建成姬塬长4+5微球调驱零递减示范区，元284转方式增产5倍以上。

2022年，长庆油田页岩油规模效益开发（杨婕 提供）

【气田开发】 2022年，长庆油田公司生产天然气506.8亿立方米，同比增加35.8亿立方米，建成国内首个500亿立方米战略大气区，入选2022年全国油气勘探开发十大标志性成果，创造中国天然气工业新纪录。系统优化规划方案，强化老区井网完善和新区试采评价，苏里格气田年产天然气突破300亿立方米，庆阳、青石峁气田建成3.4亿立方米试采区。突出排水采气转型升级和千口气井综合治理，增气30亿立方米，综合递减率控制在20%。超前部署、专班推进冬季保供，内蒙古首座储气库投运，苏中处理站等重点工程按期投产，新增日应急调峰能力1000万立方米。

【新能源业务】 2022年，长庆油田新能源业务全面提速，全面建成姬塬、苏里格先导示范区，年减排二氧化碳16.3万吨。分布式光伏建设与油气开发协同推进，开工项目18.91万千瓦，年发电量2520万千瓦·时，节约电费900余万元。编制千万吨级CCUS（二氧化碳捕集、封存与利用）中长期发展规划，姬塬黄3等区块年注入二氧化碳14.1万吨。配套完成4省（自治区）发展规划，宁夏盐池8.5万千瓦和陕西绥德1.5万千瓦集中式光伏项目获批，甘肃庆阳50

万千瓦风光一体化项目纳入国家规划，内蒙古300万千瓦风光气储氢一体化示范项目上报，油田首个中深层公用地热项目开工建设。

2022年，长庆油田新能源业务为低碳发展注入"绿色动能"，平台分布式光伏年发电量2520万千瓦·时，节约电费900余万元（长庆油田提供）

【科技创新】 2022年，长庆油田加快科技攻关、改革攻坚，完善总体布局，推进"揭榜挂帅""赛马制"，参与制定9项国家标准，实施92项成果转化。加强深水细粒沉积研究，突破长73烃源岩认识瓶颈，页岩油新类型成为重要增储领域。建立致密灰岩气成藏理论，助力千亿立方米规模储量提交。古地貌成藏理论推动浅层评价"上山下河"，连续3年落实高效储量1亿吨以上。深化致密气体积开发理论认识，构建多井型整体开发模式，储量动用程度提高5%。完善黄土塬三维地震、低饱和度测录评价技术，重点领域解释符合率提升至83%。优化页岩油压裂、采油等关键参数，庆城油田日产突破5000吨。自主研发提XAI新工艺2项，一体化集成装置缩短设计建设周期60%以上。上线"安眼工程"、页岩油物联网云平台，全面推广功图3.0系统，智能气井规模应用7000余口，生产时效显著提高。

【安全环保】 2022年，长庆油田狠抓全员责任归位和升级管理，全年重大风险平稳受控，未发生一般B级及以上事故事件，创近年来最好水平，获集团公司质量健康安全环保节能先进企业。首次发布《长庆油田安全文化手册》，安全生产专项整治三年行动收官。开展黄河流域生态环境保护，钻井液、压裂返排液循环利用率70%，通过中央、陕西省环保督察。油泥源头减量5.8万吨，首次实现油泥尾渣资源化利用，污染土壤历史存量全面清零。严守井筒质量"七条红线"，井身、固井质量合格率同比提高4%和6%。"一库一中心"平台应用5.9万人次，建成健康食堂823座，配备AED装置349台，非生产亡人数量同比下降12%，健康企业创建达标。

【经营管理】 2022年，长庆油田围绕"两增一控三提高"目标，坚持高油价下提质增效不动摇，增效187亿元。突出项目方案论证和效益排队，规范闭环管理流程，控降投资18.8亿元。开展月度成本对标和季度效益分析，强化全要素成本差异化管理，降控成本9.5亿元。强化产销衔接，全年超产增利6.7亿元。主动适应天然气销售政策变化，试点直销40亿立方米，增利73亿元。加大原油及液烃市场化销售力度，竞价销售166万吨，增利9.4亿元。加强税收筹划，依法减免、增补68.4亿元。突出资产轻量化运营和分级管理，资产报废54亿元、盘活49亿元，应收账款余额和存货余额分别同比压减9%和4%。开展亏损企业、降杠杆减负债专项治理，资产负债率保持平稳，全级次企业净利润保持为正。

【企业改革】 2022年，长庆油田聚焦重点问题，靶向发力、稳准推进，完成国企改革三年行动。坚持归核化、专业化发展，组建成立新能源事业部、数字和智能化事业部，成立3个储气库作业区，撤销宁夏石油公安局，重组整合西安、庆阳工业服务处。同欣科技公司挂牌开业，成为集团上游企业首个以增资扩股形式完成厂办大集体改革的成功案例。深化机关"大部制"改革，整合信访维稳、治安保卫机构，调整经济评价组织体系，规范工程设计管理职能。优化公司级项目组7个，苏里格、页岩油两个区域产建项目组实现实体化运营。页岩油、长北、苏南3家单位取消作业区管理层级，试点建设"四办四中心"新型采油气管理区。123个新型采油气作业区完成调整，采油六厂、采气二厂开展场站运行等7类业务用工转型，劳动效率进一步提升。

【企业党建工作】 2022年，长庆油田把党的领导融入公司治理各环节，运用系统思维谋党建、强党建，完善大党建格局，党建工作连获集团公司"A+"。严格落实"第一议题"制度，发挥党委把方向、管大局、保落实领导作用，召开40次党委会研究改革、发展、民生等重大事项193项。参与民主政治建设，产生9名省级及以上"两代表一委员"，其中党的二十大代表1人、全国人大代表1人，甘肃省、宁夏回族自治区党代表各2人，甘肃省、陕西省人大代表各1人、省政协委员各1人。开展基层党建"对标夯基年"活动，牵头创建华中华东党建工作协作区，深化党支部达标晋级管理，晋级示范党支部11个、红旗党支部42个、标准化党支部106个，选树先进党委10个、党支部34个。坚持党建带群建，选树国家级荣誉2项、省部级先进42项，获"国赛省赛"奖项31个，4人入选集团公司"石油名匠"培养对象。

【队伍建设】 2022年，长庆油田干部队伍建设坚强有力。选优配强各级班子，梯次配备各年龄段干部，公开遴选所属单位总会计师、同欣科技公司二级副职，新提任中层干部八成以上来自基层及科研单位，"80后"占比近1/3。首次开展三级管理人员挂职锻炼124人，平均年龄29岁，实施"青马工程"，储备一批岗位骨干和后备力量。全面落实"人才强企推进年"工作部署，系统推进人才强企十大工程，建立专家联系帮扶机制，探索技能专家、科研院所融合发展，首次在中国石油系统内公开招聘专业技术人员14名，引进高校毕业生428人，硕士研究生以上学历71.8%，人才队伍素质持续提升。搭建员工成长平台，新增魏诚、张华两个集团公司级技能专家工作室，杨义兴等4人被确定为"石油名匠"重点培养对象，段明霞获评"三秦工匠"。参加国家、集团公司和省区多项高级别赛事，获8金8银10铜，成绩历年最好。

【党风廉政建设】 2022年，长庆油田从严治党向纵深推进，专题召开"以案促改"民主生活会和警示教育大会，完善"一把手"和领导班子监督实施办法，出台"八个一律从严""十不准"，深化"三个专项治理""四个专项检查"和"反围猎"行动，严肃查处一批"靠企吃企"典型案件和涉及人员，通报5期85个典型案例，精准有效运用"四种形态"批评教育和处理478人次，其中第一种、第二种形态占86.2%。创新组织方式，有序推进常规巡察，有针对性地开展专项巡察和"回头看"，完成党委巡察5年全覆盖。

【惠民工程】 2022年，长庆油田持续改善生产生活条件，新增民生工程53项1.2亿元，公租房交付使用430套，西峰三期主体封顶、湖滨三期立项批复，老旧多层电梯加装102部，兴隆园职工食堂启动扩建。依托宝石花平台协助员工子女就业，争取政策为特定工亡职工遗属发放生活补助，协调无学籍员工子女高考报名，全面推行中心站及以下站点免费就餐，大幅提高内部出差伙食补助标准，首次发放女职工卫生费。完善一户一策精准帮扶机制，全年入户帮扶2200次，发放帮扶金1500万元。出台社保便民十条，协助员工激活电子医保卡、办理社会保障卡，推行住房公积金高频事项跨省通办，足额发放利率优惠的公积金贷款，竭诚提供更加便捷贴心的服务。

【庆阳革命老区建成千万吨油气生产基地】 2022年3月2日下午，甘肃省委宣传部、庆阳市委市政府和中国石油长庆油田公司在甘肃兰州联合举行庆阳革命老区建成千万吨油气生产基地新闻发布会，向全国发布庆阳革命老区建成千万吨油气生产基地以及企地共建共享创和谐典范的经验做法和成果意义。长庆油田执行董事、党委书记何江川，长庆油田总经理、党委副书记石道涵，庆阳市委副书记、市长周继军等企地双方领导参加发布会。发布会由甘肃省政府新闻办公室新闻发布处处长刘晓文主持。截至2021年底，中国石油长庆油田在甘肃开发区域年产油气当量1009万吨，标志着庆阳革命老区千万吨油气生产基地全面建成，对保障国家能源安全、优化区域能源结构、促进地方经济快速发展具有重要意义。

【长庆油田建成首个500亿立方米战略大气区】 多年来，长庆油田持续加快天然气业务发展，落实苏里格、鄂尔多斯盆地东部、下古生界碳酸盐岩等3个万亿立方米级大气区，连续14年保持国内第一大产气区。2022年，长庆油田推进新层系、新领域勘探，新增天然气探明储量2600亿立方米，加快致密气开发，抓好老油田稳产压舱石，努力打造低渗透及非常规气勘探开发原创技术策源地和科技创新高地，天然气增储上产基础进一步稳固。苏里格气田作为全国陆上最大整装气田，2022年产量突破300亿立方米，助力长庆油田天然气产量达507亿立方米，占全国天然气产量的近1/4，全面建成国内首个年产500亿立方米战略大气区，入选2022年全国油气勘探开发十大标志性成果。

（卢晓东）

中国石油天然气股份有限公司
塔里木油田分公司

【概况】 中国石油天然气股份有限公司塔里木油田分公司（简称塔里木油田）前身是1989年4月成立的塔里木石油勘探开发指挥部，主营业务包括油气勘探、开发、集输、销售等。总部位于新疆维吾尔自治区巴音郭楞蒙古自治州库尔勒市，作业区域遍及塔里木盆地周边20多个县市，探矿权面积11.52万平方千米、采矿权面积1.6万平方千米。截至2022年底，累计探明油气地质储量当量35.1万吨，累计生产石油1.55亿吨、天然气3976亿立方米。

塔里木油田主要生产经营指标

指　标	2022年	2021年
原油产量（万吨）	736	638
天然气产量（亿立方米）	323	319
新增原油产能（万吨）	119	92

续表

指　标	2022年	2021年
新增天然气产能（亿立方米）	27	32
二维地震（千米）	1056	1195
三维地震（平方千米）	2562	3194
作业探井（口）	41	39
开发井（口）	110	121
钻井进尺（万米）	93	93
资产总额（亿元）	1225	1122
工业总产值（亿元）	603	478
收入（亿元）	631.58	511
税费（亿元）	124.28	75

2022年底，塔里木油田设置机关职能处室15个，直属机构4个，附属机构2个，二级单位27个，员工总数9638人。

2022年，塔里木油田紧扣高效能组织、高水平运行、高标准管理、高质量发展的工作主题，一手抓油气增储上产，一手抓新能源快发展，超额完成各项生产经营任务。全年生产石油736万吨、天然气323亿立方米，油气产量当量3310万吨，同比增加128万吨；收入631.58亿元，上缴税费124.28亿元。2020年12月21日，塔里木油田油气产量当量3003.12万吨，全面建成3000万吨大油气田和300亿立方米大气区。

【油气勘探】 2022年，塔里木油田新一轮找矿突破战略行动旗开得胜。获得3个重大突破、6个预探发现，超额完成三级储量任务。新地区、新领域、新层系、新类型"四新"领域勘探全面突破，部署8口风险探井、创历史新高。新领域富东1井跳出主干断裂，探索奥陶系高能滩获得成功，开辟一个万亿立方米规模增储区。新层系克探1井近源勘探白垩系亚格列木组获高产，证实克拉苏立体成藏，实现"克拉之下找克拉"的梦想。新类型迪北5井在侏罗系致密气藏采用常规钻井首次获得稳产，提振实现北部构造带战略接替的信心。新地区昆探1井、恰探1井见到良好油气显示，有望打开塔西南勘探新局面。富油气区勘探成果丰硕。集中勘探富满油田，新发现4条富油气断裂。精细勘探博孜—大北，博孜1、大北12气藏规模扩大，形成两个千亿立方米气藏。实施矿权保卫专项行动，开展分级分类评价，严格审查到期退减方案，积极参与招拍挂。塔里木盆地富东1井奥陶系断控高能滩勘探取得重大突破获集团公司重大发现特等奖，塔里木盆地玉科富满地区奥陶系深层新发现3条油气富集带、塔里木盆地库车坳陷博孜1、大北12气藏外围勘探取得重要进展分获一等奖和二等奖。

【油气开发】 2022年，塔里木油田开发生产坚持抢先抓早，提升油气生产能力，5月完成当年新井上钻，8月完成常规措施作业，10月完成装置检修，天然气负荷因子降至1.0。8月，成立降低新冠肺炎疫情影响工作专班，构建大外协工作格局，想方设法克服封控熔断、千方百计保障生产运行，排除万难组织冬季保供，协调3万余车次、90万吨重点物资通行，实现重点工程踩点踏步、油气产销超线运行，生产石油液体736万吨、天然气323亿立方米，油气产量当量跨上3300万吨新台阶。实施油气生产能力提升、重点项目（工程）建设年行动，油气日生产能力分别达到2.16万吨、1亿立方米，油气产量继续保持百万吨以上增长。新区产能建设突出富满油田、博孜—大北集中规模建产，超前准备开发方案，严格井位三级审查，高效组织钻完试投，新建产能原油118.6万吨、天然气26.8亿立方米。启动老油气田稳产"压舱石工程"，深化二次综合治理，实施措施作业240井次，增产原油26.3万吨、天然气11.6亿立方米。建成投产克深气田100亿立方米稳产工程，实施排水采气，加快配套地面系统，控水排水效果明显，优质产能得到有效保护。围绕增储量、建产能、拿产量统筹推进重点工程，创新实行工序目标节点控制法，7大类455个工程项目有序有效推进，当年计划完成率94.6%。坚持地面地下一体化，库车山前地面管线和装置实现互联互通。生产组织有序有效。靠实从紧制定新井实施、装置检修、产量运行等计划，严格过程节点管控，全年始终保持产销平衡、生产主动。

【绿色低碳转型】 2022年，塔里木油田一手抓内部绿色低碳转型、一手抓沙戈荒新能源基地建设，制定专项规划、健全管理体系，推动新能源新业务快速发展。内部绿色低碳转型成效显著。实施全过程清洁低碳行动，一体推进节能降耗、分布式光伏、再电气化、低碳建产、CCUS-EOR（二氧化碳捕集、利用与封存—提高原油采收率）、碳汇林业等工作，能耗、碳排放强度均下降5%，全国首条零碳沙漠公路入选"央企十大超级工程"。推进地面系统"关停并转优"，开展机采、集输、处理、注水4大系统节能降耗，因地制宜建设6类示范项目和标杆工程，能耗总量控制在259万吨标准煤、强度控制在81千克标准煤/吨。沙戈荒新能源基地建设快速布局。构建指标专班争取、设计联合攻关、油电战略联盟、企地战略合作等机制，多方联动争指标、抢市场，多措并举找合作、建项目，统筹风光资源、电网架构、传输余量、市场消纳，跑马圈地争取绿电指标，快马加鞭推进项目落地，竞获130万千瓦绿电指标，与巴州、阿克苏、喀什等政府签订战略合作框架协议，巴州20万千瓦项目具备并网条件，喀什110万千瓦项目有序推进，形成新能源良性发展格局。伴生资源开发初见成效，如期建成塔西南天然气综合利用工程。

【科技与信息化】 2022年，塔里木油田成立中国石油超深层复杂油气藏勘探开发技术研发中心，推行"揭榜挂帅""赛马制"，面向全球张榜7个项目，牵头承担集团公司科技项目3个，专业分公司项目15个；联合承担集团战略合作专项1个；参与承担国家项目3个、集团公司项目24个、专业分公司科技项目16个；实施油田公司科技项目47个。获省部级以上科技奖8项、专利授权66件，发布国家及行业标准5项，油田创新创业成果参展"全国双创周"。高精度地震成像技术、超深层钻井提速技术分别获集团公司、新疆维吾尔自治区科学技术进步奖一等奖。推进技术标准化、成果有形化，发布《超深层工程技术手册和井控管理体系手册》。制定基础研究十年规划，搭建"十横十纵"盆地格架线，编制基础成果图件156幅，明确18个风险勘探重点领域。成立10个勘探专班和5个开发专班，分领域深化地质认识，突出抓好圈闭井位落实，探井成功率60.9%，开发井成功率98.1%、高效井比例68.8%。推进成熟物探技术集成总装，富满油田碳酸盐岩储层钻遇率97%，库车山前资料一二级品率由75%提升到84%。围绕打快打好打省，持续攻关超深层钻完井技术，钻井提速实行挂图作战、倒排工期，整体提速5.6%；储层改造强化精细评估、设计优化，平均提产5.2倍；井筒提质加强靶向攻关、过程管控，井身质量、固井质量合格率分别为96.6%、91.5%。245兆帕超高压射孔技术现场试验成功，钻井整体提速5.6%，改造平均提产5.2倍，打成34口8000米超深井。高质量完成智能化建设顶层设计，提升计算存储、通信网络、数据生态等基础支撑能力，迪那、东河数智化新型采油气管理区初见成效，智能运营、DROC（钻完井远程管控中心）安眼工程、水电调控、储运调控五大平台建成投运，协同研究、业财融合有效应用，全探区生产运行实现可视、可监、可控，科研生产、经营管理、办公生活更加高效便捷。特别是新冠肺炎疫情期间，电子巡检、远程操控、线上办公等组织模式发挥作用，有力保障生产经营各项业务高效运转。

【企业改革】 2022年，塔里木油田油改革稳准推进。聚焦治理体系和治理能力现代化，深化企业改革，强化管理提升，细化合规管理。油公司体制持续完善，推行大部制改革和扁平化管理，压减管理层级，管理层级由三级精简为两级，核减三级机构88个、三级职数56人。探索引入内部市场化机制，对13家单位实行模拟法人治理，试点推进新型采油气管理区建设，激发基层动力活力，独立作战能力明显增强。后勤辅助单位持续开展同质同类业务整合，专业化管理、一体化统筹，实行新能源、数字化、运销业务管办一体，重组成立公用事业部。平稳完成南疆天然气销售业务移交。国企改革三年行动收官。落实"合规管理强化年"和"严肃财经纪律、依法合规经营"综合治理专项行动部署，建立6大类500余项合规清单，对标对表开展重点业务领域专项检查，发现整改问题70项，建立健全制度流程49个。专题研究基层基础管理提升工作，发布服务型甲方、诚信型乙方和培育高质量战略合作伙伴指导意见，制定合规管理清单，形成依法合规治企和管理提升长效机制。全面推广对标管理，塔里木油田被评为集团公司对标提升标杆企业。提质增效实施6个专项行动，被列为特类企业。基层涌现出一批典型做法：勘探开发和工程技术领域深入推进地质工程一体化，控减投资2亿元；设备物资领域建立集中采购物资仓储物流制度流程、库区规划、信息平台、财务核算、作业标准"五统一"机制，节约采购资金5亿元；油气营销领域探索LNG工业原料气线上交易，增加销售收入1亿元。

【安全环保】 2022年，塔里木油田安全生产形势稳定向好。深化体系改进提升和有效运行，建立重点领域风险分级管控清单，推行视频监督、安眼工程，各类风险稳定受控。落实"四全""四查"要求，深化隐患排查整改"四全"管理子体系建设和运行，建立健全"鼓励发现问题、奖励整改隐患、从严处理事故"工作机制，排查整改隐患33.6万项，全年未发生一般及以上生产安全事故。从严承包商资质资格核查，常态化开展对标核查、考核排序、优胜劣汰，停工整顿11家、末位淘汰37家，未发生承包商事故。健全井控管理体系，开展全员警示教育，改进井控培训，从严现场管理，井控本质安全水平稳步提升。深化绿色企业创建，建立全过程定额管控机制，磺化、油基固体废弃物产生强度分别同比下降28.7%、36.9%，有序推进磺化固废整改，含油污泥治理任务全部完成，通过第二轮中央环保督察和绿色企业复审。实施火炬熄灭工程，放空气回收率93.7%，实现环境保护和效益提升。开展基层站队QHSE标准化建设，哈一联被评为集团公司标准化示范站队，评选出7个油田级示范站队、13个油田级优秀站队。质量健康管理基础不断夯实。召开质量提升推进会，发现突出问题235项，处理质量问题单位107家次，处理人员78人，自产产品合格率保持100%，工程质量、服务质量稳步提升。推进身体健康、心理健康、团队健康、文化健康，组织全民健身、健康诊疗、公共场所禁烟等活动，全面开展差异化体检，对高风险人群一对一指导，健康管理体系持续完善。全覆盖建设健康小屋，完善健康保障体系，成功创建健康企业。科学精准开展新冠肺炎疫情防控，重要生产施工现场守住零疫情底线，塔里木油田社区提前实现低风险目标，最大限度保护员工群众生命安全和身体健康。

【队伍建设】 2022年，塔里木油田坚持老中青结合，加大不同年龄段干部选拔使用力度，加快优秀年轻干部培养，注重在抗击疫情、重点工程、急难险重任务中识别考察干部，提拔中层干部46人次、进一步使用37人次。优化专业技术序列管理，强化人才能力素质提升，李亚林、刘洪涛分别获孙越崎能源科学技术奖、中国青年科技奖，塔里木油田在第四届全国石油石化专业职业技能竞赛暨集团公司首届技术技能大赛油藏动态分析竞赛中，获2枚个人金牌、2枚个人银牌以及4枚个人铜牌；两个代表队分别获团队金奖、银奖；油田公司获团体一等奖、优秀组织奖，1人获优秀裁判员，2人获竞赛优秀组织个人。

【企业党建工作】 2022年，塔里木油田专题推进习近平总书记重要指示批示精神再学习再落实，举办思想学习成果交流会、庆祝建团100周年等系列活动，组织全员收看党的二十大开幕会，利用电视、网络、讲座等多种形式开展学习研讨、集中宣讲，推进大会精神进一线、进班组、进岗位。成立塔里木油田党校，全覆盖开展党员干部轮训，开展"转观念、勇担当、强管理、创一流"主题教育，推进基层党建"三基本"与"三基"工作有机融合，涌现出"四微一示范""五好管家"等一批典型案例。开展"我为油田献一策""建新疆大庆、扬石油精神"等活动。开展"五种干部""二十种人"排查整改，营造真抓实干的浓厚氛围。构建大监督格局，加强重点领域审计监督，完成党工委巡察全覆盖，开展违规吃喝、反围猎专项整治，聚焦新冠肺炎疫情防控、冬季保供等强化监督执纪问责。

【企业文化建设】 2022年，塔里木油田创建新时代文明实践基地，制订文化引领专项工作方案，加大精神激励、总结表彰力度，寻找好员工、讲述好故事，设置专属彩铃和荣誉墙，激发全员爱企兴企的热情。征集评选48条塔里木特色石油名言名句，编写34个塔里木品牌故事，剪辑34首油田歌曲MV，填词创作10首经典歌曲。推进民生工程，如期建成研发中心和新小区，建立"我为基层办实事"常态化机制，办理大小民生事项9465件。疫情期间全面摸排6类特殊人群，用心用情用力协调解决员工家属物资供应、紧急就医、子女返校等问题，做到电话、问候、生活物资保障、特殊药品供应"四个不断"。做好尼勒克县、定点帮扶村乡村振兴和"访惠聚"驻村工作，向南疆五地州供气56.3亿立方米、捐赠150余万件防疫物资。

【富满油田连获重大发现】 2022年3月17日，塔里木油田部署在塔里木盆地北部坳陷阿满过渡带富满油田FⅠ19断裂带上的满深72井在奥陶系一间房组—鹰山组井段7683—8088.67米裸眼常规测试，日产油252立方米、天然气5.97万立方米，无硫化氢；5月30日，塔里木油田部署在塔里木盆地北部坳陷阿满过渡带果勒东Ⅰ区的满深71井对奥陶系一间房组—鹰山组7722—8492.2米井段裸眼常规测试，日产油725立方米、天然气63.25万立方米，两口井获高产，证实FⅠ19断裂带整体富含油气。4月26日，塔里木油田部署在塔里木盆地北部坳陷阿满过渡带富满油田FⅠ20断裂带上的满深8井在奥陶系一间房组—鹰山组井段8117.5—8726.8米裸眼常规测试，折日产油45.36立方米、天然气19.79万立方米，证实FⅠ20断裂带整体富含油气。4月26日，塔里木油田部署在塔里木盆地北部坳陷阿满过渡带富满油田FⅠ17断裂带上的满深5井对奥陶系一间房组—鹰山组7575.8—8330米酸压＋注水扩容测试，日产油41.6立方米，日产气2.0万立方米。

【富东1井探索新领域获重大突破】 2022年9月20日，塔里木油田部署在北部坳陷富满油田东部的预探井富东1井在奥陶系一间房组—鹰山组7925—8359.05米裸眼常规测试，折日产油21.4立方米、天然气40.5万立方米，测试结论为凝析气层。富东1井在富满油田主力产层之下的新类型、新层系获战略性突破，为富满油田发现新的接替领域迈出第一步。

【克探1井探索新层系获成功】 2022年12月4日，塔里木油田部署在库车坳陷克拉苏构造带的风险探井克探1井在白垩系亚格列木组5096—5109米、5151—5220米井段加砂压裂测试，折日产天然气30.04万立方米。克探1井跳出白垩系主力目的层，探索深层获得油气勘探突破，证实克拉苏构造带立体成藏模式，实现"克拉之下找克拉"的构想，有望形成新的天然气战略接替领域。

【迪北5井获工业油气流】 2022年5月20日，塔里木油田部署在库车坳陷北部构造带迪北斜坡带的预探井迪北5井对侏罗系阿合组5883.5—5925.5米井段进行加砂压裂测试，折日产油5.69立方米、天然气11.3万立方米。该井是迪北地区常规钻井、压裂改造稳产的第一口井，也是迪北斜坡带在"致密砂岩气先致密后成藏"认识指导下获得的重大突破，证实迪北斜坡带侏罗系阿合组致密砂岩气大面积连片分布，明确侏罗系阿合组致密砂岩气成藏模式与主控因素。

【玉科7井在奥陶系一间房组裸眼常规测试获高产油气流】 2022年1月17日，塔里木油田部署在北部坳陷阿满过渡带的预探井——玉科7井在奥陶系一间房组7654—7974米井段放喷求产，日产油83.2立方米、天然气18.09万立方米。玉科7井为富满油田最东部出油井，进一步证实富满油田东部勘探区潜力巨大。

【塔里木油田建成沙漠公路零碳示范工程】 2022年6月2日，塔里木油田建成沙漠公路零碳示范工程。工程1月9日开工建设，总投资6035.9万元，采用光伏阵列发电、蓄电池储电方式，新建光伏发电站及配套设施86座，满足"光伏发电＋储能7小时"技术要求，为塔克拉玛干沙漠公路沿线86座水源井提供电源。工程总装机规模3540千瓦，年发电量362万千瓦·时，年节省柴油1030吨、减少二氧化碳排放3330吨，38平方千米防护林年捕集碳1.4万吨，可中和近9万台次/年沙漠公路过往车辆的二氧化碳排放，实现沙漠公路沿线水源井灌溉零碳排放、过往车辆尾气排放"碳中和"。

【中国石油超深层复杂油气藏勘探开发技术研发中心启动运行】 2021年12月，集团公司批准成立超深层复杂油气藏勘探开发技术研发中心，依托塔里木油田，联合中国石油勘探开发研究院、中国石油工程技术研究院和中国石油大学（华东）共同建设。塔里木油田高度重视技术研发中心建设工作，联合相关共建单位，针对技术研发中心组织运行管理，多次组织召开高层次研讨会，推动技术研发中心运行机制落实落地。借助集团公司超深层复杂油气藏勘探开发技术研发中心，塔里木油田推动建立完全开放的科技创新管理体制，组建中心领导机构，成立10个由首席技术专家等领衔的专家委员会。2022年12月18日，中国石油超深层复杂油气藏勘探开发技术研发中心第一届技术委员会召开第一次会议，听取中心成立以来组织运行管理、科技攻关规划计划以及取得的阶段进展情况汇报，研究分析面临形势和问题，讨论制订下一步工作计划。中国工程院院士、技术委员会主任孙龙德主持会议并讲话；集团公司科技管理部总经理、技术委员会副主任江同文宣读中国石油超深层复杂油气藏勘探开发技术研发中心技术委员会批复文件。塔里木油田总经理、党工委副书记，技术委员会副主任王清华作工作报告。中国科学院院士贾承造、郝芳，中国工程院院士孙金声、李宁、张来斌等技术委员会委员，塔里木油田领导杨海军参加会议。

【塔西南天然气综合利用工程建成投产】 2022年12月30日，塔里木油田塔西南天然气综合利用工程核心工艺装置在喀什地区疏附县建成投产，生产出合格产品。该工程是新疆维吾尔自治区和集团公司2022年重大建设项目，也是我国天然气高价值综合利用战略工程。工程采用"天然气副产品＋液化天然气"联产建设方案，新建1座天然气处理厂，日处理天然气120万立方米，配套建设1座1万立方米的液化天然气储罐。工程2022年5月开工。第一阶段天然气综合利用工程核心工艺装置建成投产后，通过提取阿克莫木、和田河气田天然气中高价值产品，实现天然气资源的深度加工和综合利用，提高天然气附加值2倍以上。该工程是国内已建流程最长、工艺最复杂、温度最低的天然气综合利用工程。工程关键核心设备全部为自主设计、自主制造、自主建设，具有完全独立自主知识产权，技术工艺指标达到国际先进水平，打破国外技术封锁和垄断，有力促进我国天然气综合利用业务快速发展及相关技术进步。

【塔里木油田大北 201 集气站至大北处理站集输管线工程建成投产】 2022 年 6 月 21 日，塔里木油田冬季天然气保供重点项目大北 201 集气站至大北处理站集输管线工程建成投产。工程 5 月 10 日开工建设，6 月 17 日完工并通过交工验收，6 月 21 日一次投产成功。该工程主要新建 1 条直径 250 毫米长 5 千米的集输管线，配套建设 1 套乙二醇注入橇及大北 201 集气站、克深 5 阀室改造。大北 201 区块两口单井日产 30 万立方米的天然气通过集输管线输送至克深处理站处理后外输，实现大北 201 区块与克深处理厂互连互通，释放博孜—大北区块天然气产能 30 万米^3/日。

【塔里木油田哈一联气系统扩建工程建成投产】 2022 年 5 月 29 日，塔里木油田哈一联气系统扩建工程建成投产。该工程是塔里木油田 2022 年重点工程项目，2021 年 8 月 26 日项目主体开工建设，新建 100 万米^3/日天然气处理装置 1 套、天然气压缩机厂房 1 座、脱硫泵房 1 座。工程提高天然气处理能力 100 万米^3/日、碳酸盐岩原油处理能力 105 万吨/年，实现对富满油田玉科、满深、富源等区块天然气集中处理。

【塔里木油田累计向西气东输供气突破 3000 亿立方米】 截至 2022 年 3 月 14 日，塔里木油田通过西气东输工程累计向我国中东部地区供气突破 3000 亿立方米，相当于全国 2021 年天然气总产量的 1.5 倍。特别是在冬供期间，塔里木油田天然气日产量保持在 1 亿立方米高位运行，为沿线群众践行"暖冬"承诺。2004 年 10 月 1 日，西气东输工程全线建成投产，推动我国全面进入"天然气时代"。西气东输工程投产以来，塔里木油田始终把保障国家能源安全和平稳供气作为首要政治任务，将天然气作为成长性、战略性工程谋划推进，挑战超深、超高温、超高压等世界级勘探开发难题，全力提升天然气保供能力，在地下 8000 米超深层找到丰富的油气资源，落实克拉—克深、博孜—大北两个万亿立方米大气区，成功开发我国陆上最深的克深 9 气田、中国陆上压力最高的克深 13 气田等 19 座大中型气田，成为我国三大主力气区之一。塔里木油田生产输送的 3000 亿立方米天然气，相当于替代标准煤 4 亿吨，减排二氧化碳 4.26 亿吨，惠及北京、上海等 15 个省（自治区、直辖市）、120 多个大中型城市的约 4 亿居民，促进我国东部特别是长三角地区能源和产业结构优化调整，创造巨大的社会、经济和生态环保效益。

【集团公司首台井口光电一体化加热炉在塔里木油田成功投运】 2022 年 7 月 29 日，集团公司首台井口光电一体化加热炉在塔里木油田轮南 39-2 井一次试运成功。井口光电一体化加热炉将直流母排微电网技术与油气加热结合，利用塔里木盆地优质光照资源，光电贡献率100%，年均可减少碳排放113吨，相当于在沙漠地带种植6200棵树。借助沙漠戈壁充足的日照条件，塔里木油田加快推进光电利用等新能源项目，发挥其作为集团公司加热技术研发中心成员单位的优势，积极与厂家对接，共同设计制造出光电一体化加热炉。该设备解决传统燃气加热炉巡检点位多、检测工作量大、维护修理工作量大的问题，大幅降低污染物排放，同时减少燃料气系统，消灭井场明火，规避燃气泄漏着火的风险。

【塔里木油田公司开展集团公司首次慢直播活动】 2022年4月29日9时至5月3日15时，塔里木油田公司在博孜34井开展连续5天不间断的"入地八千米——油宝寻宝记"石油人劳动节慢直播活动。活动由集团公司党组宣传部组织、由塔里木油田党工委具体实施、渤海钻探支持配合，以塔里木油田博孜34井钻井作业为重点，面向全国开展。直播同步穿插"石油梦想专题片""石油科普视频""塔里木油田宣传片""塔里木深地科技创新宣传片"，宣传展示中国石油铸就深地科技"国之重器"找油找气的新担当，讲述新时代塔里木石油人的感人故事，让更多网友认知中国石油、感知塔里木。直播在新华网、国资小新视频号和中国石油微信视频号、中国石油抖音号、宝石花直播平台同步推出，浏览量突破千万人次。

【塔里木油田超深层勘探开发媒体聚焦】 2022年，塔里木油田在中央主流媒体推出超深层宣传主题11个、报道225条，塔里木超深层与载人航天、探月探火等一起作为国家重大战略引发主流媒体关注。10月9日，我国最大超深油田富满油田累计产量突破千万吨在央视单日滚动播放24条（次）。9月29日，轮探1井作为深地油气唯一报道入选国务院国资委"坐标中国"报道，被全网报道。10月15日，党的二十大召开前一周，中央主流媒体集中报道塔里木超深油气勘探情况，新华社党的二十大特别报道专题聚焦塔里木油田超深层勘探开发，并在党的二十大召开期间在人民大会堂滚动播放，累计观看量突破2亿人次。

【塔里木油田定点帮扶村通过国家巩固脱贫攻坚成果同乡村振兴有效衔接实地考核评估】 2022年1月4日，塔里木油田定点帮扶村喀什地区叶城县柯克亚乡果萨斯村通过国家2021年度巩固脱贫攻坚成果同乡村振兴有效衔接实地考核评估。考核评估组通过入户核查、查阅档案和当面访谈方式进行三大类30余个方面实地核查，对塔里木油田巩固脱贫攻坚成果同乡村振兴工作表示充分肯定，并表示油田驻村帮扶工作扎实稳固，各项内容达到标准要求。塔里木油田认真履行央企政治、经济和社会责任，突出资源惠民和油地共建，常态化开展项目帮扶、消费帮扶、技能帮扶、就业帮扶。制定发布油田公司助力乡村振兴实施意见,明确帮扶工作规划,成立帮扶领导小组,强化组织领导、沟通协调、队伍建设,巩固拓展南疆四地州12个帮扶村脱贫攻坚成果,坚决守住不发生规模性返贫底线,推动实现乡村振兴。截至2021年底,塔里木油田累计选派33名政治觉悟高、工作作风实、综合能力强、身体素质好的中青年干部专职支撑帮扶工作,助力各帮扶村执政能力和"两委"干部政治素质、管理水平、带富能力、群众威信提升。2021年新建油地共用公路40千米,油地共用公路总里程2618千米,极大改善当地通行条件。建成总长度4701千米的南疆天然气利民管网,向南疆五地州供应天然气51.83亿立方米,全力保障南疆民生用气。实施消费帮扶,2021年定向采购尼勒克县、拜城县、12个定点帮扶村和原"三区三州"深度贫困区价值2100余万元的蔬菜、牛羊肉、瓜果等农副产品,促进帮扶地产业持续发展。2021年投入帮扶资金570万元,实施帮扶项目14个,带动帮扶地产业持续优化;投入专项培训资金80万元,开展各类培训150余次、培训3500余人次,实现转移就业465人,带动帮扶地富余劳动力特别是妇女劳动力就地就近稳定就业。

【塔里木油田深入推进健康企业建设】 2022年,塔里木油田贯彻落实集团公司"健康中国2030"规划方案,践行"一切为了大发展、一切为了老百姓"理念,规范改进体检项目,强化健康风险评估和超前干预,塑造阳光心态、推动全民健身、倡导健康生活。发布推进健康企业建设十项措施,部署安排健康筛查与主动干预、提升健康保障能力、开展全民健身活动等23项重点工作;覆盖全员开展"1小时健步走"、工间操、"健康作息"等健身活动,在生活基地和生产一线建成36座运动场馆及活动室、21.5千米健身步道、配置健身器材1811套,建成38个健康小屋、配备59台除颤仪;在两级机关开展"无烟单位"创建评比,对55家创建单位进行授牌公示;增加完善癌症筛查、颈椎CT、腰椎CT等体检项目,并建立健康数据分析筛查模型,开展健康筛查和风险分级评估;常态化邀请国内心理学专家对一线员工开展心理辅导,帮助员工更好实现情绪自我管理,搭建覆盖一线和后勤、工作和生活区域的健康监测网络,切实保障员工身心健康。

【塔里木油田刘洪涛获中国青年科技奖特别奖】 2022年11月12日,塔里木油田油气工程研究院院长刘洪涛获由中共中央组织部、人力资源和社会保障部、中国科协共同设立并组织评选的"中国青年科技奖特别奖",成为新疆维吾尔自治区、塔里木油田首个获此奖项的科研人员。刘洪涛牵头组建塔里木油田首个"跨学科、跨专业"国家示范性创新工作室,代领团队创新完善深地油气工程技术体系。创新提出全井筒系统提速理念，攻关形成超深复杂井安全快速钻井技术，助力库车山前超深井平均钻井周期缩短 300 天。创新提出全生命周期井完整性理念，攻关形成高温高压井完整性技术体系，牵头编制我国首套高温高压井完整性技术规范，使塔里木高温高压井井完好率由 65% 提高至 87%，保障西气东输安全平稳供气。创新提出地质工程一体化提产理念，揭示高应力差下仍然可以形成复杂缝网的机理，形成超深裂缝性致密储层缝网改造技术，单井产量提高 4 倍以上。

（滑晓燕）

中国石油天然气股份有限公司新疆油田分公司（新疆石油管理局有限公司）

【概况】 中国石油天然气股份有限公司新疆油田分公司（新疆石油管理局有限公司）简称新疆油田，前身是 1950 年成立的中苏石油股份公司，总部位于新疆维吾尔自治区克拉玛依市，主要业务包括科学技术研究、油气预探与油藏评价、油气开发与生产、油气储运与销售、新能源 5 类核心业务和 13 项辅助业务。截至 2022 年底，开发建设油气田 33 个（其中油田 29 个、气田 4 个），累计生产原油 4.3 亿吨、天然气 834.7 亿立方米。建成输油管道 51 条，总长 2445 千米，年输送能力 3100 万吨；建成输气管道 60 条，总长 2067 千米，年输送能力 180 亿立方米。有员工 30993 人，其中管理和专业技术人员 13128 人（其中高级职称人数 2779 人）、技师及以上高技能人才 1755 人（其中高级技师 466 人）。资产规模 1331.7 亿元。

2022 年，新疆油田以迎接宣传贯彻党的二十大为主线，实施"五大战略"（资源掌控战略、绿色低碳战略、创新驱动战略、低成本发展战略、市场化运营战略），系统推进"五项工程"（党的建设工程、人才强企工程、管理提升工程、QHSE 工程、和谐稳定工程），超额完成全年各项生产经营任务，创造近十年最好业绩。全年生产原油 1441.3 万吨、天然气 38.5 亿立方米，产量当量 1748 万吨，首次突破 1700 万吨，创历史新高；实现清洁替代 27.24 万吨标准煤，碳排放强度同比下降 6%；实现总收入 805.69 亿元，利润 128.93 亿元，缴纳税费 183.97 亿元。

新疆油田主要生产经营指标

指标	2022 年	2021 年
原油产量（万吨）	1441.3	1370.0
天然气产量（亿立方米）	38.5	34.9
新增原油产能（万吨）	210.9	317.0
新增天然气产能（亿立方米）	3.10	1.15
二维地震（千米）	1388	899
三维地震（平方千米）	799	2403
探井（口）	121	153
开发井（口）	498	695
钻井进尺（万米）	212.1	280.1
勘探投资（亿元）	37.67	50.04
开发投资（亿元）	153.06	130.46
资产总额（亿元）	1331.7	1386.1
收入（亿元）	805.69	552.51
利润（亿元）	128.93	36.54
税费（亿元）	183.97	65.38

【油气勘探】 2022 年，新疆油田全面落实新一轮战略找矿行动，按照"风险、甩开、集中、精细"四个层次，推进高效勘探工程，取得 5 项重大突破和发现，其中 3 项成果获中国石油天然气集团有限公司油气勘探重大发现奖。准噶尔盆地南缘东湾构造带天湾 1 井在白垩系清水河组获重大战略突破，地层压力、试气最高井口流压刷新纪录，获集团公司勘探重大成果特等奖；呼图壁背斜带呼 101 井、呼 102 井钻遇清水河组、喀拉扎组厚砂层，显示良好，高效储量进一步落实。富烃凹陷玛页 1H 井持续稳产，玛 51X 井获得高产，玛 54X 井等钻

遇厚油层，玛北风城组整体形成亿吨级大场面，获集团公司勘探重大成果一等奖。风险探井夏云 1 井在二叠系夏子街组获高产突破，开辟夏子街组热液云质岩新领域，获集团公司勘探重大成果三等奖。中浅层效益增储成果丰硕，探明夏 77、艾湖 12、车 455 等一批效益储量区。SEC 接替率保持大于 1。加强矿权管理，新增采矿权 8 个、面积 251 平方千米，采矿权总面积突破 8000 万平方千米。

【油气开发】 2022 年，新疆油田公司推进新区效益建产，新建油气产能分别为 210.9 万吨、3.10 亿立方米。组建玛湖勘探开发项目部，强化吉木萨尔页岩油项目经理部运营管理，全面推广"一全六化"产建模式，玛湖、吉木萨尔页岩油油气产量当量 448.9 万吨。实施老区长效稳产，高质量组织春季百日劳动竞赛和冬季稳产劳动竞赛，推广油藏"片区长"、措施"项目池"，开展油水井、计量等基础大调查，抓实注水提质、油汽比提升、老区压舱石等系统工程，全油田老区综合递减率下降至 8.5%，含水率上升率控制在 1.4%，稠油油汽比稳定在 0.105，原油日产首次踏上年产 1500 万吨运行水平，突破性消除冬季产量"凹兜"，全年生产原油 1441.3 万吨、天然气 38.5 亿立方米，连续 8 年实现油气双超。加快推进呼图壁储气库调整工程，全年注采气量 58.3 亿立方米，最大日调峰能力 3600 万立方米。加强地面工程建设和运行管理，建成投产金龙 2 转油站外输管线等重点工程 11 个，全油田集输密闭率、原油稳定率分别提高 24 个百分点、23 个百分点。

【新能源发展】 2022 年，新疆油田坚决贯彻碳达峰碳中和重大战略，成立"双碳双新"领导小组，构建新能源"事业部＋项目部＋研究所"三位一体组织体系，制定完善"1+5"业务发展规划、碳达峰实施方案等顶层设计，与地方政府、头部企业、炼化单位等签订战略合作协议 12 项，为业务发展提供有力支撑。发挥产业链"链长"企业作用，牵头编制进新疆绿色能源产业化发展示范基地方案，组织 32 个重点项目推进，落实并网指标 97 万千瓦，开工建设 27 万千瓦，推动新能源业务在起步之年迈出实质性步伐。开展能耗大调查，加大"电代油"实施力度，燃煤流化床锅炉生物质掺烧、边探井"智能间抽＋离网式光伏发电"等现场试验取得成功，实现清洁替代 27.24 万吨标准煤，碳排放强度同比下降 6%。规划建设准噶尔盆地二氧化碳环网，加速推进 8 个先导试验区，注碳 12.55 万吨，CCUS（二氧化碳捕集、利用和封存）产业规模化发展按下"快进键"。

【经营管理】 2022 年，新疆油田坚持效益中心、市场导向，将"四精"理念贯穿经营管理全过程，强化全面预算和投资成本"一本账"管理，健全以价值创造为导向的业绩考核体系，一体推进低成本发展、提质增效战略举措，"两利四率"明显改善（"两利"即净利润、利润总额，"四率"即营业收入利润率、资产负债率、研发投入强度、全员劳动生产率），控投降本35.4亿元。组建管理局发展事业部，编制未上市业务发展规划、深化改革方案，推进亏损企业治理、未上市解困扭亏，全级次子企业全部盈利。建立内部模拟市场，试点以三级单位为基本核算单元的"阿米巴"经营模式，开放有序、运行顺畅的内部模拟市场化格局逐步建立。加大油气市场营销开源创效，增收创效2.58亿元。巩固拓展国内外市场，塔里木、中亚、非洲等合作项目实现量效双增。

【改革创新】 2022年，新疆油田坚持以改革、创新"双轮驱动"高质量发展，加快推进公司治理体系和治理能力建设，健全完善党建、结构、业务、组织、制度、运营、考核和监督八大体系，按时按质完成国企改革三年行动任务；构建"1+N"对标体系，组建12个对标专业委员会，开展公司、业务领域、基层单位三个层级全覆盖对标分析，营造全员对标追标良好氛围，推动"一利五率"（利润总额，资产负债率、净资产收益率、研发经费投入强度、全员劳动生产率、营业现金比率）等关键指标持续改善，如期完成对标一流管理提升行动任务。推进集团公司法治示范企业创建，落实"八五"普法规划，开展"合规管理强化年"，深化靠企吃企等25项专项整治，加强风险管理，开展2022年度重大风险识别评估和季度跟踪监测，针对排名第一的内控与风险管理风险，印发加强新疆油田内控与风险管理工作的指导意见，调整完善新疆油田内控与风险管理委员会并设立12个专业委员会，启动流程大调查、内控大测试，梳理优化流程框架27份，通过加强内控与风险管理，推动"强内控、防风险、促合规"的管控目标实现，合规管理根基更加稳固，连续4年获评集团公司法治建设A类企业。健全科技创新体系，分领域建立专业技术委员会，优化"三级"科技条件平台布局，牵头举办油气田勘探与开发国际会议，积极参建怀柔国家实验室新疆基地、陆相页岩油全国重点实验室，强化深层勘探、非常规油藏开发等关键核心技术攻关，着力打造石油行业技术"策源地"。推行"揭榜挂帅"等新模式，部署实施四级科技项目140个，发布行业标准3项，获省部级奖21项、专利228件，其中"吸附油和游离油含量连续表征的页岩油分析方法及装置"获第二十三届中国专利奖银奖。完成物联网后评价，建成工业企业网络安全综合防护平台，数据中心入选国家绿色数据中心名录。加强科研人才队伍建设，1人获集团公司首届科技突出贡献奖，6人入选天山英才。

【安全环保】 2022年，新疆油田严格落实"安全生产十五条硬措施"，成立两级QHSE专业委员会，压实"三管三必须"，推进"三化"审核，集团公司

QHSE 体系审核定档 B1 级；推进 9 个重点领域集中整治，加大监督检查曝光力度，推行安全生产"挣奖金"机制，查找隐患同比增长 205%，完成安全生产专项整治三年行动。推进绿色企业建设，开展零散气回收、污水回用、油泥减量，强化污染物和温室气体协同管控；对 3309 亩人工林开展更新补植，取得新疆油田首个碳中和林认证；推进白碱滩光伏示范工程等绿色低碳项目实施，终端用能电气化率同比提高 5.2%，实现减污降碳增产增效。推进健康企业建设，落实医疗、饮食、心理、理念、运动、环境"六位一体"工作机制，健全员工健康档案，"一对一"关爱重点人员，设置 15 个健康小屋、配置 167 台 AED 急救设备，及时救治突发疾病人员 55 名，12 家单位健康企业创建达标。

【社会责任】 2022 年，新疆油田支持地方经济社会高质量发展，全面落实集团公司与新疆维吾尔自治区战略合作协议，深化油地联席会商、干部双向挂职等长效机制，完成投资 202.9 亿元，缴纳税费 183.97 亿元，助力地方稳增长、调结构、惠民生。投入 1.48 亿元，巩固提升"访惠聚"驻村、定点帮扶、对外援助、示范村建设成果，惠及群众超 10 万人；建立中小微企业和个体工商户支付绿色通道，减免 672 家小微企业和个体工商户房租 4247 万元。参加克拉玛依市妇联"春蕾计划"、慈善总会"中华慈善日"、红十字会"线上众筹"等公益活动，捐款近 60 万元。

【驻疆企业协调】 2022 年，新疆油田发挥驻疆企业协调组组长单位作用，健全企地兵、甲乙方协同新冠肺炎疫情防控联动机制，精准实施三级网格化管理，召开驻新企业疫情防控和维稳安保经验交流会，协调新疆维吾尔自治区推动解决驻疆企业 52 个重点项目复工复产问题，向地方政府和高校捐助防疫生活物资 5000 余万元，携手并肩打赢抗疫保产稳链"人民战争"。全面升级立体防控、去极端化等措施，健全完善企地企警企企协作机制，开展油区"反内盗"、信访"百日攻坚"等专项行动，常态化推进"结对认亲"活动，以平安稳定实绩护航党的二十大胜利召开，取得稳定与发展双胜利。

【油气副产品市场化竞拍销售实现突破】 2022 年，新疆油田推进油气副产品市场化营销，1 月 13 日、2 月 11 日、3 月 24 日，先后 3 次在大连石油交易所完成 2.4 万吨的轻烃竞拍销售，分别提价 643 元 / 吨、1102 元 / 吨、1707 元 / 吨，累计增收创效 2428 万元，标志着油气副产品优质优价营销改革成功迈出第一步。

【中国石油数据中心（克拉玛依）入选国家绿色数据中心名单】 2022 年 3 月，中国石油数据中心（克拉玛依）入选国家工信部、发改委、商务部、能源局等六部委联合公布的 2021 年度国家绿色数据中心名单，为能源领域唯一入选的绿色数据中心。

【东湾构造带天湾 1 井获高产工业油气流】 2022 年 6 月，新疆油田风险探井天湾 1 井在白垩系清水河组未压裂射孔后试获高产工业油气流，求产期间井口油压、射孔关井折算地层压力、试气最高井口流动压力均为当时国内最高压力。

【燃煤注汽锅炉掺烧生物质试验在集团公司首获成功】 2022 年 5 月，新疆油田超稠油生产燃煤循环流化床注汽锅炉生物质掺烧试验首获成功，历时 25 天，消耗生物质燃料 2020 吨、减排二氧化碳 2686 吨。

【玛湖油田累计生产原油突破 1000 万吨】 2022 年 5 月，准噶尔盆地玛湖油田累计生产原油 1003.5 万吨，突破 1000 万吨，成为玛湖砾岩致密油勘探开发建设新的里程碑。

【国内首例平台井"双压裂"试验取得成功】 2022 年 5 月，新疆油田在玛湖油区风南 4 井区 FNHW4063 四井平台完成国内首例"双压裂"施工试验，填补了国内平台井"双压裂"技术空白。

【吉 7 井区光伏电站项目建成投运】 2022 年 5 月，新疆油田首个光伏发电项目——吉 7 井区光伏电站项目建成投运，装机容量 3.5 兆瓦，预计年可供应电力 600 万千瓦·时，节约标准煤约 1500 吨，减排二氧化碳 4000 余吨。

【红浅火驱工业化试验累计产油突破 50 万吨】 2022 年 8 月，新疆油田红浅火驱工业化试验区累计产油突破 50 万吨，区块采出程度从 32.5% 提高至 42%，标志着新疆陆相浅层砂砾岩稠油油藏注蒸汽开采后期转火驱提高采收率技术取得阶段性成果。

【玛湖凹陷夏云 1 井再获突破】 2022 年 8 月，新疆油田风险探井夏云 1 井在二叠系风城组三段页岩油试获工业油流，打开了凹陷区深层高压轻质页岩油新领域，进一步拓展玛北风城组储量。

【新疆维吾尔自治区人民政府领导专题研究解决驻疆企业重点项目突出问题】 2022 年 10 月 17 日，新疆维吾尔自治区党委常委、副主席玉苏甫江·麦麦提在乌鲁木齐主持召开专题视频会议，听取驻疆企业协调组组长杨立强关于中国石油在疆业务受新冠肺炎疫情影响的情况汇报，并就各地（州、市）、各部门做好下一步工作提出具体工作要求。

【开发片区长责任制实施成效显著】 2022 年，新疆油田聚焦加强老油田开发精细化管理，突出"让专业的人干专业的事"，建立开发片区长责任制。11 位片区长累计审批射孔、措施等设计、方案 734 项 1836 井，以管理创新推动效益开发，推动老区开发指标实现"三升两降三稳"，全方位提升油气藏开发效能。

【吉木萨尔页岩油年产量突破 50 万吨】 2022 年，新疆油田提速吉木萨尔页岩油效益开发进程，全年新建产能 38.5 万吨，年产油 50.9 万吨，创历史新高。

【玛湖地区年累计产油突破300万吨】 2022年，新疆油田以效益建产、精益生产"双管齐下"推动玛湖地区效益开发水平稳步提升，全年新建产能92.55万吨，全区日产油水平8757吨、同比增加1501吨，年累计产油319.6万吨，首次突破300万吨。

【呼图壁储气库调峰保供能力达3600万立方米】 2022年，新疆油田呼图壁储气库最大日调峰能力达3600万立方米，同比增加600万立方米、提高20%。

（徐　鹏）

中国石油天然气股份有限公司西南油气田分公司（四川石油管理局有限公司）

【概况】 中国石油天然气股份有限公司西南油气田分公司（四川石油管理局有限公司）简称西南油气田，为中国石油所属地区公司。1999年由原四川石油管理局（1958年成立）改制重组后成立。西南油气田位于四川盆地，横跨四川省、重庆市，主要负责四川盆地的油气勘探开发、天然气输配和终端销售，以及中国石油阿姆河项目天然气采输及净化生产作业，具有天然气上中下游一体化完整业务链的鲜明特色，为西南地区最大的天然气生产供应企业，也是中国重要的天然气工业基地。西南油气田在勘探上统筹"海陆并举、常非并重、油气兼顾"，形成蓬莱气区、深层页岩气、陆相致密气及盆地二叠系—三叠系4个万亿级增储新阵地；开发上坚持"新区上产、老区稳产"并重，形成川中古隆起、川南页岩气、盆地致密气、老区气田四大上产工程。累计探明天然气地质储量43324亿立方米（含页岩气）。有川中、重庆、蜀南、川西北、川东北5个油气主力产区，投入开发的油气田119个，有生产井3492口，全年开井2353口。截至2022年底，累计生产天然气5752亿立方米、石油695万吨。有油气田内部集气、输气和燃气管道近7万千米，年综合输配能力440亿立方米以上。建有西南首座应急日采气能力3100万立方米的储气库，区域管网通过中（卫）

贵（阳）线和忠（县）武（汉）线与中亚、中缅、西气东输等骨干管道连接，是中国能源战略通道的西南枢纽。天然气用户遍及川渝地区，有千余家大中型工业用户、1万余家公用事业用户及2500余万家居民用户，在川渝地区市场占有率77%。

西南油气田主要生产指标

指　　标	2022年	2021年
原油产量（万吨）	6.96	6.22
天然气产量（亿立方米）	383.35	354.18
新增天然气产能（亿立方米）	104.70	66.72
新增探明天然气地质储量（亿立方米）	2725.00	1883.45
二维地震（千米）	1356.00	1679.00
三维地震（平方千米）	7137.00	3505.00
探井（口）	56.00	53.00
开发井（口）	143.00	201.00
钻井进尺（万米）	142.96	74.97
勘探投资（亿元）	71.68	60.54
开发投资（亿元）	221.30	148.62
资产总额（亿元）	1458.15	1109.88
营业收入（亿元）	663.38	580.50
利润总额（亿元）	134.73	119.47
税费（亿元）	69.93	45.42

注：表中"营业收入、利润总额、税费"2021年度不含未上市业务；"新增探明天然气地质储量"含页岩气储量。

2022年底，西南油气田设置机关职能处室16个、机关附属机构2个、直属机构11个、二级单位44个；资产总额1458.15亿元（上市和未上市）。2022年，实现营业收入663.38亿元，上缴税费69.93亿元，其中上市业务实现营业收入649.38亿元，上缴税费55.73亿元。在四川盆地及周缘有10.33万平方米的勘探开采矿权（不含流转区块）。

2022年，天然气工业产量383.35亿立方米，石油液体产量6.96万吨，油气产量当量3061.8万吨，成为集团公司第四个跨入3000万吨油气产量当量行列的大油气田。在川渝地区天然气销售量305.9亿立方米，市场占有率始终保持在75%以上。6项成果获集团公司油气勘探重大发现成果奖，其中"四川盆地大页1H井吴家坪组页岩气勘探取得重大突破"获集团公司油气勘探特等奖、"四川盆地川中古隆起北斜坡东坝1井天然气勘探取得重要发现"获集团公司油气勘探一等奖。

【油气勘探】 2022年，西南油气田油气勘探打开新局面，在页岩气、蓬莱气区、致密气、盆地二叠系等领域取得系列新成果。"四川盆地大页1-H井吴家坪组页岩气勘探取得重大发现""四川盆地川中古隆起北斜坡东坝1井天然气勘探取得重要发现"等6项成果获集团公司油气勘探重大发现成果奖。新增天然气三级储量1.2万亿立方米、探明天然气地质储量2725亿立方米、SEC储量763亿立方米，均居集团公司之首。页岩气领域取得重大突破。大页1H井吴家坪组钻遇优质页岩气储层13米，测试获日产气32.1万立方米，估算有利区资源量超万亿立方米，开辟页岩气勘探新领域，获集团公司油气勘探重大发现成果特等奖；推进深层页岩气集中评价，自201井区新增探明天然气地质储量671亿立方米，获集团公司油气勘探重大发现成果二等奖。蓬莱气区立体勘探取得重要成果。蓬探1井区灯二段实现规模效益增储，新增探明天然气地质储量1284亿立方米；东坝1井区灯四段、龙王庙组首获工业气流，新增天然气控制储量2386亿立方米，获集团公司油气勘探重大发现成果一等奖；蓬莱气区震旦系—下古生界已获探明天然气地质储量7964亿立方米，万亿立方米储量基础进一步夯实。致密气勘探开发一体化取得成效。天府气区沙溪庙组实现规模增储，新增探明天然气地质储量770亿立方米，用两年时间高效探明千亿立方米大气田；须家河组获重要新发现，永浅1井测试获日产气31.3万立方米。天府气区致密气勘探获集团公司油气勘探重大发现成果三等奖。盆地二叠系勘探取得重要进展。川中茅口组新获工业气井3口，多口井钻遇气层，落实龙女寺—南充、角探1井区两大千亿立方米级规模增储区；宣探1井钻遇礁滩白云岩气层188米，有望取得新发现。川中雷口坡组勘探取得重要发现。充探1井雷口坡组泥灰岩测试获日产气10.9万立方米、凝析油47立方米，揭示海相非常规勘探新领域，获集团公司油气勘探重大发现成果二等奖。

【天然气开发】 2022年，西南油气田在川中古隆起、川南页岩气、致密气和老区气田的开发生产取得新进展，产量规模实现新突破，新建天然气年产能104.7亿立方米，年产量383.35亿立方米，增量占集团公司增量的38%，连续8年产量保持年均超30亿立方米高速增长，油气产量当量3061.8万吨，成为集团公司第四个跨入3000万吨油气产量当量行列的大油气田。川中古隆起评价上产。

组织磨溪龙王庙组气藏整体治水，精细灯四气藏台缘带生产管理，年产能力连续2年保持在150亿立方米以上。多层系未开发区评价取得多点突破，4套层系获高产工业气井8口，磨溪145井获无阻流量281.8万米³/日。蓬莱气田实施勘探开发一体化，蓬探1井区灯二气藏3口试采井以日产量69.5万立方米稳定生产，开发早期评价取得良好效果。川南页岩气上产。抓中深层页岩气老井产能维护和外围拓展，综合递减率控制在20%以内，长宁、威远区块外围区井均最终可采储量（EUR）同比提高15%。加强深层页岩气技术攻关，渝西区块薄储层、正应力态区域井均最终可采储量同比提高10%以上，泸州区块套变、压窜防治技术攻关成效显现，产能建设有序推进，获批方案年产规模85.5亿立方米，建成第二个百亿立方米页岩气田的信心坚定。天府气田致密气一体化评价加速推进。配套完善四大开发主体技术序列，在金秋区块培育39口无阻流量超百万立方米气井，用17亿立方米开发工作量建成23亿立方米年产能力，实现年产量翻两番。简阳区块须家河组、梓潼区块沙一段多口井获高产工业气流，增储上产前景广阔。老区气田精细开发。加强老气田措施挖潜和滚动扩边，全面实施40亿立方米稳产工程，综合递减率控制在7.2%。全面推进川东北高含硫稳产上产，罗家寨气田补充井罗家24井测试日产量206.7万立方米，铁山坡气田和渡口河—七里北开发建设稳步推进。川西二叠系—三叠系试采效果良好，全面建成20亿立方米年产能。

【天然气销售】 2022年，西南油气田把握产运储销一体化优势，动态优化资源组织，科学平衡资源配置，实现产业链、供应链平稳高效运行。在川渝地区天然气销量305.9亿立方米，最高日销量1.04亿立方米，市场占有率始终保持在75%以上，持续巩固西南地区最大天然气生产和供应企业领跑地位。面对高温、限电、新冠肺炎疫情、地震等不利影响，实时调整生产节奏，通过降管存、增销量、控代输、提上载等措施，实现产量超计划完成，日产量最高1.18亿立方米。按期投运威远—泸县、威远—乐山等重点气田采输管道和地面工程，新增川南页岩气集输能力100亿米³/年，保障产能高效发挥。研判供需形势，实施"压非保民、价价联动"等营销策略，最大程度发挥可中断客户"削峰填谷"作用，保障需求侧稳定可靠。配合地方人民政府招商引资，在四川泸县、都江堰、古蔺等新区整合终端燃气市场，新增市场规模50亿米³/年，持续扩大市场后路。高效组织资源，发挥相国寺储气库调峰保供作用，精细优化注采运行，实现能注尽注、应采尽采，全年注气27.4亿立方米，采气23.8亿立方米，均创历史新高。按照"确保上载、兼顾西南"原则，向国家管网上载天然气94.6亿立方米，同比增加30.7亿立方米，在保障川渝民生用气基础上，支持集团公司天然气供应链平稳运行。在川渝地区电力最紧缺的时期，以"让气于电"助力"让电于民"，向川投、两江燃气电厂供气1.7亿立方米，同比增长240%，获川渝地区政府特别表彰。

【新能源业务】 2022年，西南油气田加快绿色产业布局，统筹谋划绿色转型顶层设计，明确"天然气+五大业务链"绿色发展西南模式，推进新能源指标获取和项目落地。风光指标获取。加强与地方人民政府和企业的沟通、联系，到"三州一市"（四川省阿坝州、甘孜州、凉山州、攀枝花市）及重庆、云南、宁夏等地获取风光指标，在攀枝花锁定10万千瓦光伏指标。与中国东方电气股份有限公司、中国电建集团成都勘测设计研究院有限公司等12家企业签订战略协议，组建资源竞争联合体，为项目落地奠定基础。新能源项目落地见效。加快推进天然气余压发电、分布式光伏等7个清洁电力项目落地，率先实施中国石油首个规模化天然气余压发电示范工程，开工装置14台套，建成4套，装机规模0.8万千瓦；利用龙王庙组气藏磨溪X210井采出水伴生地热资源，开展中低温地热发电先导试验，建成投运国内首个气田水地热有机朗肯循环（ORC）发电装置，装机规模80千瓦。气田水有价元素提取，继龙王庙气田水产出首批成品碳酸锂之后，在磨152井成功投运国内首套气田水提锂中试装置，年产碳酸锂规模50吨。

【安全环保管控】 2022年，西南油气田严格落实安全生产十五条硬措施，突出隐患集中整治，抓实环保污染防治，持续巩固安全环保稳定态势，连续4年获集团公司QHSE先进企业称号。安全管控能力增强。狠抓基层安全环保执行力建设，实施4类36项行动措施，对标新安全生产法厘清各方责任，突出岗位执行落实与考核问责，将"三管三必须"（管行业必须管安全、管业务必须管安全、管生产经营必须管安全）要求压实到各管理层级。深化安全监管数字化转型，深度集成视频监督和智能分析功能，率先建成"安眼工程"，违章上报和处置跃升至分钟级。突出重点领域安全风险集中整治，统筹推进安全生产大检查、城镇燃气等9个国家专项行动及油气井井控、集输管道等5个集团公司整治任务，投入资金5.4亿元，实施隐患治理项目123个，本质安全水平持续提升。强化应急处置保障能力建设，启动区域应急抢维修队伍整合，健全消防救援体系，夯实两小时保供圈井控应急资源，应急处置能力全面升级。污染防治力度持续加大。按"一站一策"分级分类整治废水风险，完成111个钻井液池、39口固化填埋池治理。实施工业废气达标升级改造，完成宣汉、忠县等7个净化厂尾气达标整改，提前实现净化厂尾气排放全面达标，二氧化硫年减排1150吨。整治噪声超标，完成牧马山配气站降噪工艺调整，中央环保督察问题按期整改销项，有序推进 84 座超标站场排查问题整改。推动绿色矿山建设，46 个矿权具备绿色矿山创建条件，完成 24 个矿权，12 个矿权进入国家绿色矿山名录，占川渝地区国家绿色矿山 30%，12 个矿权进入四川省绿色矿山名录，占四川省级绿色矿山 46%。

【科技创新与信息化建设】 2022 年，西南油气田坚持把科技创新与信息化建设作为强企支撑，开展攻关研究、成果培育、数字化转型，着力科技自立自强，科技创新成果丰硕。加快构建天然气全产业链技术谱系，攻关深层页岩气有效开采关键技术等重大科技项目，实施协同创新，全年组织科研项目 880 余项，新开项目"三新"占比 82.8%，投入研发费用 8.67 亿元，全面完成集团公司 1.67% 的研发投入强度指标。加大科技成果培育力度，申请国家专利 378 件，授权 129 件；申请国外专利 6 件，授权 5 件。

制（修）定国际标准 1 项、国家标准 5 项、行业标准 7 项、集团公司企业标准 1 项，获中国标准创新贡献奖提名；获省部级科技奖励 25 项，其中一等奖 7 项、二等奖 10 项，获奖数量创历史新高，被认定为集团公司创新型企业。参加集团公司第二届创新大赛，获一等奖 6 项、二等奖 6 项、三等奖 2 项，其中勘探开发专业获奖数量居集团公司榜首，展现强大的创新实力。

数字化转型协同推进。聚焦数据共享和应用集成，统筹线上一体化协同建设，构建"勘探开发、生产过程、产运储销"三个一体化顶层设计，制定"管理＋技术＋操作"全业务链数字化实施路径，系统推进企业数字化转型。试点二级单位为主体的"两化融合"管理体系贯标评定，推动 34 个数字化转型试点项目建设，开展 13 类数据专项治理，建成西南算力中心，打造数据从采集、传输、存储到分析应用的管理架构和治理体系，实现数据统一集中化管理。以组织机构精简、生产管理变革为核心，重点推进站场物联网无人值守改造、新型采气管理区作业区数字化转型等工程，持续提升生产现场安全联锁控制水平，逐步实现大型站场少人值守、中小站场无人值守。

【经营管理】 2022 年，西南油气田改革三年行动收官，风险管控力度加大，治理能力水平提高，经营管理取得新成效，实现营业收入 663.38 亿元，利润总额、经济附加值和全员劳动生产率等经营指标创历年最好水平。强化管理提升，开展"转观念、勇担当、强管理、创一流"主题教育活动，改革任务走深走实，企业治理能力和水平提升。全面重构投资控制体系，优化投资结构，试行页岩气钻井"日费制"，抓实钻井地面造价管理，加大集约化招标和集中采购力度，实现控制投资 15.8 亿元，投资回报率保持在 12% 以上。持续完善成本管控体系，加大可控成本费用压减力度，推进生产组织精细管理，关停高能耗、低负荷净化厂,外包业务有保有压,"五项费用"降幅超三成,油气操作成本下降1.7%。开展销售推价和客户用气结构核查,加强需求侧精细管理,促进资源向高端、高效市场流动,川渝市场销售均价较门站价提高29%,实现增收137.3亿元。深化改革取得实质进展,统筹推进"油公司"模式、三项制度改革和对标世界一流管理提升等重点工作,完成改革三年行动任务74项,形成对标世界一流管理提升行动成果43项。深化西南油气田机关机构改革,优化调整组织人事劳资、矿区管理、离退休管理、资本运营等职能;开展二级单位"三定"工作,整合生产单位地质勘探、开发、井工程、管道管理、科技信息、维稳信访、矿区服务、离退休等管理机构;精简优化三级单位,持续整合业务相近、体量偏小、边际效益差的生产经营单位,以及生产保障、生产辅助与后勤服务业务管理机构,专业化管理造价、抢险维修、信息化运维、QHSE监督、人力资源服务等业务,实行区域共建共享运行模式,超额完成集团公司提出的机构数量、领导职数、两级机关编制定员各压减10%的指标任务。强化法人企业治理结构规范运行,开展国有产权管理问题专项治理,推进合规管理体系建设,在5个单位试点配备总法律顾问,抓实重大法律论证及纠纷案件受控处理,有效防范经营与法律风险。

【西南油气田油气产量当量突破3000万吨】 2022年,西南油气田克服高温、限电、新冠肺炎疫情、地震等多重困难,加快勘探开发节奏和进度,常规气、页岩气、致密气"三驾马车"齐发力,当年开钻井和投产井均在300口以上,新建年产能超过100亿立方米。截至12月26日,西南油气田生产天然气376亿立方米,生产原油6.8万吨,按热量值1255立方米天然气相当于1吨原油计算,油气产量当量突破3000万吨,创历史新高,成为集团公司第四个跨入3000万吨油气产量当量行列的大油气田。截至12月31日,生产天然气383.35亿立方米,同比增长8.2%;石油液体6.96万吨,完成率116%。油气产量当量3061.8万吨,建成国内第五大油气田。

【中国陆上最深天然气水平井】 2022年6月23日13时10分,双鱼001-H6井钻至井深9010米完钻,完钻层位栖霞组,成为中国石油第一口超9000米的水平井,创中国陆上钻探最深天然气井纪录。双鱼001-H6井位于广元市剑阁县,是西南油气田部署在双鱼石区块田坝里构造的超井深、超高温、超高压的开发水平井,由川庆钻探工程公司90011队承钻。西南油气田履行甲方职责,发挥生产指挥中心的技术支撑和联合项目部靠前指挥的优势,实施地质工程一体化,优化井身结构,优选提速工具,落实钻井参数及措施,攻克超深、超高温、超高压、纵向多压力系统、安全密度窗口窄、地层非均质性极强等难题,创区块机械钻速最快、直径184.15毫米悬挂套管段最长、直径241.3毫米井眼裸眼段及直径149.2毫米小井眼水平段最长等多项纪录，为中国石油超深井优快钻井积累了技术和经验，也为四川盆地深层油气勘探开发奠定基础。据钻井日志记载，双鱼001-H6井井温超过180℃，地层压力超过130兆帕，硫化氢含量每立方米6克。该井历时471.88天，实际钻井周期294.22天，生产时效94.7%、纯钻时间2667.18小时、机械钻速3.61米/时。2022年12月1日，双鱼001-H6井栖霞组测试获日产气106.66万立方米、日无阻流量209.17万立方米。

【重点风险探井红星1井】 2022年6月4日，红星1井钻至井深7779米完钻，国内首口"八开八完"井完成下114.3毫米尾管固井施工，标志中国首口"八开八完"井身结构井正式完钻。红星1井位于四川省江油市二郎庙镇，是股份公司部署在四川盆地川西北部龙门山山前带红星潜伏构造的第一口重点风险探井，主探二叠系下统栖霞组、兼探泥盆系观雾山组，设计钻探垂深7740米。红星1井由川庆钻探工程公司90005钻井队承钻，2019年7月24日开钻。2019年8月10日，红星1井609毫米套管采用内插管法完成固井施工作业，是中国石油川渝地区首次使用609毫米套管固井，创中国石油川渝地区固井套管最大尺寸新纪录。该井钻进期间创多项钻完井纪录：川渝地区762毫米、558.8毫米、431.8毫米钻头钻深纪录，609毫米、473.08毫米套管下深纪录，国内139.7毫米井眼定向井取心深度纪录。

【榕山输气站天然气余压发电】 榕山输气站天然气余压发电项目是西南油气田首个外供清洁能源项目，安装1台220千瓦、2台250千瓦双转子膨胀机发电机机组，利用输气处合江输气作业区榕山输气站供气余压发电，总装机容量720千瓦，满负荷条件下年发电量576万千瓦·时。为保障该项目早日并网运行，2021年10月28日西南油气田成立新能源项目专项小组，统筹前期方案审查、项目实施、运行维护等阶段工作，全过程对立项备案、设备安装、系统调试、并网验收、签订并网供电合同等项目关键环节把关，与天华公司、国家电网泸州公司及地方人民政府对接协调，保障项目落地。同年11月9日，土建项目施工；2022年1月相继完成管道安装、电气仪表安装调试、土建恢复、完工验收等工作。在机组运行期间，西南油气田结合管网运行情况，合理调配管网资源，克服天然气压力波动大、高温天气等影响，确保项目发电机平稳运行。同时，归纳总结项目建设和运维过程中的技术难点、手续办理流程，分析价款组成和相关制度政策，编制《天然气余压发电新能源项目实施操作手册》，实现"做法成标准、示范变规范"，为后续同类项目实施提供支撑。该项目发电产生的冷能，每年可提供123万吨冷却水供天华公司和天华富邦公司循环冷却水降温使用，节约标准煤 1660 吨，减排二氧化碳 4600 吨。2022 年 9 月 13 日，榕山输气站天然气余压发电项目正式并入国家电网系统运行。

【吴家坪组页岩气勘探取得重大突破】 为寻找页岩气战略接替新层系、新领域，西南油气田在川东地区大天池构造带龙门潜伏构造部署大页 1H 井，探索开江—梁平海槽内吴家坪组海相页岩储层质量及含气性。2022 年 7 月 6 日，大页 1H 井钻达井深 6037 米完钻，水平段长 1500 米；10 月 27 日，开井见气；11 月 30 日，获测试日产气 32.06 万立方米。实钻证实，大页 1H 井获高产的层系页岩储层横向连续稳定分布、质量优、含气性好。截至 2022 年 11 月底，初步落实二叠系吴家坪组海相页岩 5000 米以浅勘探开发有利区面积 2885 平方千米。12 月 7 日，该井投入生产，5 毫米油嘴日产气 7 万立方米，套压 40.3 兆帕。大页 1H 井获高产工业气流，在川东地区吴家坪组实现新突破，发现具备工业开采价值的页岩气新层系，进一步拓展四川盆地海相页岩气勘探领域。

【气田水提锂中试装置投运】 2022 年 6 月底 7 月初，西南油气田公司联合西南石油大学，采取"气田水预处理＋高效锂离子筛吸附剂提锂"技术路线，从气田水中成功提取 40 升高浓度氯化锂溶液，并制得氢氧化锂 100 克、碳酸锂 400 克。此举为国内油气田行业首次从气田水提取锂元素，实现气田提锂技术"零突破"。同年 9 月，西南油气田采用"气田水各类杂质深度脱除＋低浓度锂高选择性吸附剂＋组合膜分离浓缩＋锂沉淀"技术路线，独立在龙王庙组气藏气田水中提制出工业级纯度的碳酸锂。12 月 30 日，西南油气田公司联合中国石油工程建设西南分公司、华东理工大学，在龙王庙组气藏的磨 152 井成功投运国内首套 500 米^3/日气田水提锂中试装置，年产碳酸锂规模 50 吨，气田水提锂工艺由预处理系统、锂吸附脱附系统、富锂液净化浓缩、碳酸锂结晶系统、深度处理系统 5 部分组成。

【国内首个气田伴生资源地热发电项目建成投产】 磨溪龙王庙组气藏中部平均温度 141℃，属深层、中温地热资源。磨溪 X210 井是西南油气田部署在龙王庙组气藏主要水侵通道上的增压气举主动排水井，该井产水最多、温度最高、热能最丰富，日均产气田水 600 立方米，井底温度 140℃，井口温度 103℃。西南油气田公司与成都理工大学、东方电气集团联合组成气田水伴生地热资源利用研究团队，根据气藏水体特征，结合遂宁市人民政府打造低碳农业示范区的规划目标，制定地热发电、稻谷烘干、温室种植、水产养殖的地热梯级利用方案，实施磨溪 X210 井采出水地热利用先导试验工程。该工程 2022 年 7 月 4 日启动，采用地热有机朗肯循环（ORC）发电工艺技术，装机规模 80 千瓦，年发电量

46万千瓦·时。12月20日，完成工程现场施工及设备调试。12月30日，国内首个气田水伴生地热有机朗肯循环（ORC）发电装置投运并网发电，西南油气田新能源业务发展取得新突破。磨溪X210井采出水地热利用先导试验工程作为川渝首个中低温地热发电综合利用示范项目，是四川省地热产业发展专题会议中明确提出的"2+X"示范项目（先行先试重点工程和典型的"天然气+"项目），也是西南油气田"天然气+伴生资源"的绿色能源西南模式的重要探索，投运后全年可减少外购电40万千瓦·时，年节约标准煤122吨，减少二氧化碳排放343吨。

（孔令兴　闵　军）

中国石油天然气股份有限公司吉林油田分公司（吉林石油集团有限责任公司）

【概况】中国石油天然气股份有限公司吉林油田分公司（吉林石油集团有限责任公司）简称吉林油田，为中国石油下属的地区公司，总部位于吉林省松原市。1959年9月29日吉林油田发现，1961年1月17日建矿并正式投入开发建设。截至2022年底，有机关职能处室13个、直属机构7个，所属二级单位40个。用工总量31557人，其中合同化员工25717人。2022年，吉林油田在转观念、谋转型、提质量、增效益上精准用力，生产经营业绩创8年来最好水平，油气产量当量503万吨，其中同比增加8.1万吨；风光发电量突破2600万千瓦·时。获"集团公司QHSE先进企业"称号。

【油气勘探】2022年，完钻探井51口（其中勘探23口、评价28口），完成三维地震300平方千米，提交石油预测地质储量3089万吨，提交石油控制储量3106万吨，提交天然气预测地质储量2855.3亿立方米，提交探明石油地质储量2101.37万吨。

乾安地区为落实老区外围潜力，乾203井区完钻4口评价井，均见较好油气显示，乾 195-37 井试油获 14.8 立方米高产油流，落实含油面积 36.6 平方千米，提交探明储量 1144.51 万吨，经济可采储量 160.97 万吨。庙西—新北地区，落实含油面积 18.63 平方千米，提交探明储量 956.86 万吨，经济可采储量 84.63 万吨。加快页岩油一体化，积极推进效益动用，2022 年提交控制储量 3106 万吨。

吉林油田主要生产经营指标

指　　标	2022 年	2021 年
原油产量（万吨）	417	407
天然气产量（亿立方米）	11	11
二维地震（千米）	259	209
三维地震（平方千米）	300	706
探井完成井（口）	51	48
开发井完成井（口）	608	570
钻井进尺（万米）	138.3415	103.4486
勘探投资（亿元）	10.1686	10.3758
开发投资（亿元）	47.4434	43.5337
油田公司资产总额（亿元）	347	342
石油集团资产总额（亿元）	47.9	40.72
油田公司收入（亿元）	191	132
石油集团收入（亿元）	52.59	46.73
油田公司利润（亿元）	8	−21
石油集团利润（亿元）	0.04	−1.78
油田公司应交税费（亿元）	47	17
石油集团应交税费（亿元）	1.44	1.15

坚持常非并重，川南立体勘探取得重要突破，以二叠—三叠系为主要目的层，探索不同构造含气性，6 口井钻遇良好显示，试气 2 口井在向斜及背斜均获得突破，揭示栖霞组、茅口组内幕、茅口组风化壳 3 套气藏。加快评价页岩气取得良好进展，实施 5 口评价井测试日产气均超 20 万立方米，联合西南油

气田，在自205井区落实含气面积304.89平方千米，提交预测储量2855.3亿立方米，整体部署井位209口，规模20亿立方米，在自215井区准备预测储量3250亿立方米。

【油田开发生产】 截至2022年底，吉林油区探明油田24个，探明石油面积3141.47平方千米，探明石油地质储量16.98亿吨，技术可采储量3.50亿吨，已探明油田中的长春油田和莫里青油田位于伊舒地堑，套保油田位于松辽盆地西部斜坡区，四五家子油田位于松辽盆地东南隆起区，其余油田均位于松辽盆地中央凹陷区。开发油田23个（永平油田未投入开发），动用石油地质储量11.89亿吨，探明储量动用率70.0%，动用石油可采储量2.54亿吨，标定采收率21.36%。

截至2022年底，累计生产原油18685万吨，累计产液量101187万吨，累计注水量149344万立方米，累计注采比1.23。地质储量采出程度15.72%，综合含水率89.64%。储采比16.1。有采油井27401口，采油井开井18375口，注水井9091口，注水井开井6628口，生产原油417万吨，地质储量年产油速度0.36%，全油田年产液量4113万吨，注水量5896万立方米，年注采比1.22，年平均单井日产油0.6吨。

2022年，吉林油田新建产能42.9万吨，新井当年产油21.9万吨。其中自营区新建产能30万吨，新井产量14.14万吨；合资合作区新建产能12.9万吨，新井产量6.3万吨。8年来首次实现扭亏为盈。自然递减率下降到10.8%，综合递减率下降到5.0%，老井含水上升率控降到0.5%。

【天然气开发生产】 截至2022年底，吉林油田投入开发气田7个，全油区投产气井402口，开井223口，2021年底配套能力10.55亿立方米，2022年老井年产气10.39亿立方米，负荷因子0.99。气层气井口年产气11.192亿立方米，井口累计产气222.95亿立方米，已开发气层气可采储量510.43亿立方米，采出程度43.67%，已开发气层气剩余可采储量287.48亿立方米，采气速度3.89%，储采比25.68。

2022年，股份公司下达吉林油田公司年度天然气产量计划11.0亿立方米，商品量8.0亿立方米，由于新冠肺炎疫情影响实际完成天然气产量10.8亿立方米，完成商品量8.33亿立方米。股份公司下达年度产能建设计划钻井11口，进尺5.95万米，建产能2.1亿立方米，投资5.6461亿元。根据股份公司加快川南页岩气评价建产要求，产能建设工作量及投资全部安排在川南页岩气，全年完钻井4口、正钻井4口，完成进尺3.8万米。为缓解松南本部天然气保供压力，结合井位落实程度和效益评价情况，开展松南天然气产能建设和气藏评价工作，完成开发井 6 口、评价井 1 口，进尺 2.88 万米，建产能 0.74 亿立方米。

【新能源建设】 2022 年，集团公司首个陆上风力发电项目——吉林油田 15 万千瓦自发自用风光发电项目建投取得重大进展。2022 年 12 月 26 日，中国石油第一台、北湖风电场 C2 风机正式并网发电，实现中国石油从传统油气开发新能源领域的实质跨越突破。55 万千瓦市场化风电项目和 130 万千瓦风光电项目稳步推进。2022 年，获取风光发电指标 130 万千瓦，新能源替代能力 26.1 万吨标准煤，节能量 1.34 万吨标准煤，节水量 10.23 万立方米，全部完成考核指标。获油气新能源公司"2022 年新能源市场开拓先进单位"和"2022 年新能源生产经营先进单位"称号。

【改革创新】 2022 年，吉林油田从加快转型发展层面优化体制机制，成立川南和新能源两个事业部，高标准建成 1 个采油管理区和 26 个作业区，压减二三级机构 83 个，提前完成国企改革三年行动 80 项任务。从业务主导层面加大作业区改革与"两化"转型一体化整合力度，精益管理基础持续夯实。着力推进创新驱动，松南低成本采油采气、特色增产措施、CCUS（二氧化碳捕集、封存和利用）技术产业化、地面工程橇装智能化等技术在发展中迭代升级，川南页岩气铂金钯体钻遇率提高，水平井钻井周期最短降至 100 天以内，刷新区块多项纪录，优化体积压裂 2.0 工艺提产效果明显；新能源与油气业务提质增效融合发展的"转型技术组合"基本成型，松南"两化"转型和川南智能化发展稳步推进。从提升公司治理效能层面加强合规治企和对标管理，全面推行油气单位管理能力对标提标，推进"合规管理强化年"方案落地，招标节资率、采购节约率、设备管理创效、概预算和审计审减率等指标超额完成，管理水平稳步提升。

【生产经营】 2022 年，吉林油田以产能建设方案优化为核心，抓住新增资产价值创造主线，建立多专业、多层次、多维度整体优化部署的投资管控机制，推动由零散建产向气驱、二次挖潜、大平台集约化开发"三个转变"，压减 1/3，平均单井日产油高于设计 31%，初步扭转产能建设不达标形象，增强投资信心。以提质增效为导向，建立健全业财融合体制机制，锚定基本运行费大项，抓住存量资产提质提效根本，实施峰值电量压减、动管柱作业压减、自用油气压减、外委外雇压减、群众创新创效、外部市场开拓等 6 项工程，全年提质增效 17 亿元，油气完全成本同比下降 7%，其中耗电量 6 年来首次实现负增长。主营业务聚精会神谋创效、辅助业务凝心聚力抓创收氛围逐步形成，生动诠释"毛巾远没有拧干"的持续提质增效空间。

【安全环保】 2022 年，吉林油田未发生质量事故（事件），未发生生产安全责任事故，未发生火灾爆炸事故，未发生井喷失控事故，未发生一般 A 级及以上环保事件，未发生新增职业病。质量健康安全环保管控指标控制在集团公司要求范围内，推进安全生产专项整治三年行动，深化QHSE管理体系和基层标准化建设，推行"负面问题清单"根治问题111类，实施高风险作业旁站监督95项，加大川南驻守监督力度，实现油泥油土动态清零，14个矿权进入省级绿色矿山名录。获集团公司"2022年度质量安全环保节能先进企业"称号。同时获集团公司和吉林省"健康企业"称号。

【企业党建工作】 2022年，吉林油田公司把学习迎接贯彻党的二十大精神作为首要政治任务，在学懂弄通做实上下功夫。严格落实"第一议题"制度，抓实理论学习中心组学习研讨，学习贯彻习近平总书记重要讲话和重要指示批示精神，牢牢守住意识形态阵地，"两个维护"更加坚定自觉。全面落实"两个一以贯之"，党委讨论决定"三重一大"事项107个，新提拔中层领导人员40岁以下占比翻一番，实现党委书记抓党建述职评议2轮全覆盖，出台作业区党总支工作规则和党员发挥先锋模范作用10条措施，推进基层党建"三基本"建设与"三基"工作有机融合，党建工作保持集团公司A档水平。聚焦党委决策落实深化政治监督，开展7个党委常规巡察和7个领域专项巡察，推进"以案促改"制度化常态，政治生态得到进一步净化。开展"转观念、勇担当、强管理、创一流"主题教育活动，宣传作品两次登陆央视新闻，展现吉林油田绿色低碳转型发展新作为。

【和谐企业建设】 2022年，吉林油田面对新冠肺炎疫情区域性频发形势，统筹疫情防控、生产经营和安全环保，高效组织、科学管控，外输劳务人员和油区8000余名干部员工长时间连续驻岗奋战，展现出吉林石油人顾全大局、能打硬仗、甘于奉献的良好精神风貌。坚持"上访变下访"，多次得到集团公司党组通报嘉勉。严厉打击涉油盗公，挽回直接经济损失698万元。坚持关心关爱员工，帮扶慰问困难家庭7670户次，为外输劳务人员提供异地就医便利，高标准修缮大学生公寓，增加心脑肺等体检项目，建成健康小屋10个，推进公积金贷款结清和缩期节约利息4084万元。注重发展成果惠及员工，"双扭亏"绩效有力支撑，人均收入历史性增长。

（李冬梅）

中国石油天然气股份有限公司大港油田分公司（大港油田集团有限责任公司）

【概况】 中国石油天然气股份有限公司大港油田分公司（大港油田集团有限责任公司）简称大港油田，始建于1964年，是集团公司所属的以油气勘探开发、新能源开发利用、储气库为主营业务，集管道运营、井下作业、物资供销、生产电力等业务为一体的地区公司，总部位于天津市滨海新区。截至2022年底，大港油田累计探明石油地质储量131394.49万吨、天然气地质储量766.91亿立方米，累计生产原油2.12亿吨，天然气275亿立方米。有矿权面积1.48万平方千米，地跨天津、河北、山东3省（直辖市）的25个区、市、县。员工总数19267人，设机关部门16个、直属单位5个、所属单位34个，资产总额551.46亿元。

大港油田主要生产经营指标

指　标	2022年	2021年
原油产量（万吨）	400.02	394.02
天然气产量（亿立方米）	6.36	6.4
新增原油产能（万吨）	65.04	63.04
新增天然气产能（亿立方米）	0.5	0.53
新增探明石油地质储量（万吨）	1087.09	2739.29
钻井（口）	273	322
钻井进尺（万米）	72.29	79.43
勘探投资（亿元）	13.46	12.58
开发投资（亿元）	39.68	41.73
资产总额（亿元）	551.46	567.38
收入（亿元）	802.41	246.52
利润（亿元）	6.75	1.28
税费（亿元）	92.83	18.59

2022年，大港油田面对新冠肺炎疫情严重冲击和产量大幅波动等不利因素影响，推进"稳油、增气、提效"三项工程，完成上级下达的各项业绩指标，2022年生产原油400.02万吨，生产天然气6.36亿立方米、超产1.16亿立方米；被评为2022年度集团公司先进集体。

【油气勘探】 2022年，大港油田聚焦寻找整装规模储量，强化重点领域高效勘探。庄海潜山甩开预探实现新突破，埕海45井首次在二叠系上石盒子组发现67.6米厚油层，日产油63.6立方米，形成海上千万吨级效益增储区。歧口页岩油勘探取得新进展，歧页11-1-1井高产稳产。滨海斜坡集中勘探获新成效，在唐东地区钻获多口高产高效井，唐东9X5井初期日产油105立方米、气2.8万立方米。千米桥潜山风险勘探再现新苗头，钻获日产百吨以上高产高效井——板深16-21井，整体形成一个百亿立方米天然气规模储量区。全年新增原油三级储量5337万吨、SEC储量286万吨，新增储量区当年贡献原油产量28.1万吨。

【油气生产】 2022年，大港油田推进"为油而战、夺油上产"专项行动。建成中国石油自营区首座海上采修一体化埕海一号平台并当年产油9.5万吨，打造形成唐东9X2、港东东营等6个日产百吨高效区块，赵东油田钻获D24-67H井等4口日产百吨高产井，整体新建原油产能65万吨、内部收益率8.1%。老区综合治理见到明显成效，实施老井侧钻、储层改造、二氧化碳吞吐等措施作业770井次、增油24.8万吨，油田自然递减降至15%以内、创近10年最低。

页岩油效益开发取得实质性进展，沧东5口先导试验井创大港油田页岩油单井水平段最长（2091米）、含油指标最优（11.6毫克/克）、压裂段数最多（39段）等多项纪录，官页5-1-3H井、5-3-6H井2毫米油嘴自喷日产均在30吨以上，进一步坚定页岩油规模效益开发的信心。驴驹河储气库建成投产，储气库整体工作气量26.1亿立方米，天然气保供两度登上中央电视台《新闻联播》。全面启动油田48兆瓦光伏发电项目，建成埕隆1601井区光热利用示范项目，争取清洁电力指标34.8万千瓦，开拓地热供暖市场354万平方米，节能2.1万吨标准煤，能耗总量同比下降5.9%，清洁能源利用率9.36%、超上级考核指标2.86个百分点。

【提质增效】 2022年，大港油田落实集团公司"四精"工作要求，坚持从严管理出效益、精细管理出大效益、精益管理出更大效益，着力深挖全业务链提质增效潜力。通过优化投资配置与管控、狠抓项目可行性研究和设计优化、精益完全成本对标压降、加强集约用地等，节约投资成本7.6亿元；通过规范两级物资采购、抓实设备对标管理、争取税收优惠政策、推进内部项目自建等，减少费用支出6.9亿元；通过深化原油市场化与适价销售、强化天然气增产增销、盘活闲置土地房屋资源等，增收创效 5.5 亿元。深耕拓展南方石油勘探开发有限责任公司、中石油煤层气有限责任公司，以及尼日尔、乍得等国内国际市场，创收 4.78 亿元、边际效益 2.1 亿元。2022 年账面利润 5.6 亿元、同比增利 4.3 亿元；整体经营效益创"十三五"以来最好水平，被评为集团公司生产经营先进单位。

【改革创新】 2022 年，大港油田突出重点领域、聚焦发展难点，全面深化改革创新，提升发展含金量、含新量、含智量。国企改革三年行动收官，"油公司"模式改革、三项制度改革稳步推进，新能源、矿区服务、学前教育、离退休等业务优化调整平稳实施，建成新型采油管理区、作业区 22 个，精简二级、三级机构 41 个，压减中基层领导人员职数 44 个，控减员工总量 1185 人，控员因素促进全员劳动生产率提升 5.4%。股份公司三期重大科技专项各课题通过验收并获评"优秀"，大港油田首批 7 个"揭榜挂帅"项目取得 18 项标志性成果，天津市级"三次采油与油田化学"企业重点实验室挂牌成立，引进推广新技术、新工艺 8 项。数智云平台、安眼工程等配套工程建设加速推进，1.0 版数智油田建成，为老油田高质量发展注入动力。

【安全环保】 2022 年，大港油田建立健全安全环保月度例会、安全总监季度述职机制，推进全员安全生产记分管理，加强基层安全文化建设，各级领导干部带头讲授安全课 105 场次、"四不两直"开展安全检查 2184 次，全员安全环保责任进一步压实。投入 7700 余万元，实施隐患治理项目 175 个；筹措 2300 余万元，整治城镇燃气隐患 285 个；弃置封井重大风险长停井 237 口，管道失效率同比下降 35%；根治 173 户危陋自建房历史难题，清理海景大道南延工程两侧违建 3.4 万平方米。抓好大气污染防治、固体废物管理、环境优化美化等工作，更新改造储罐、锅炉、压力容器等 99 具（台），清理各类垃圾 1.1 万余吨、种植绿植 6 万余株，通过全国绿色矿山企业"回头看"复核验收，并获评"中国石油绿色企业"。创建健康企业，做好职业病危害防治和职工健康查体，启动职工心血管疾病风险专项筛查，加大重点场所除颤仪（AED）、血压仪等医疗设备配备力度，建成"心灵驿站"129 个，新增职业病为零，非生产亡人事件同比下降 32.4%，在新冠肺炎疫情全面管控期间守住不发生聚集性疫情底线。全年未发生一般 B 级以上生产安全事故，连续两年被评为"集团公司 QHSE 先进企业"，并被确立为上游业务唯一一家绿色企业 ESG 治理（环境、社会和公司治理）提升试点单位。

【合规治企】 2022 年，大港油田落实中央企业"合规管理强化年"总体部署要求，制定出台一流法治企业建设实施方案，研究确立建设行业法治示范企业的总体目标,并在年中领导干部会上专题部署。推进"严肃财经纪律、依法合规经营"综合治理等专项行动,全面开展"国有产权管理、会计信息质量"等重点领域排查整治,及时查改各类问题26个,事后合同比例0.4%、远低于集团公司4%的考核标准,项目招标实现应招尽招,清理不合格供方124家,依法合规经营水平提升。创新法务管理新模式,依法主动处理各类案件35起、挽回经济损失824万元,维护合法权益。发挥审计监督"经济体检"作用,开展经济责任、工程项目等各类审计29项,取得直接经济成果3425万元,防范合规风险、避免效益流失。

【和谐稳定】 2022年,大港油田践行"发展为了职工、发展依靠职工、发展成果由职工共享"理念,组织开展"喜迎二十大、建功新时代"大型文体活动17项,帮助基层解决实际问题557个,慰问帮扶困难职工6500余人次,安排资金1000万元维修居民住宅3708户,办理完成港西新城13个住宅小区1.27万户不动产权证,津石高速天津东段、津歧公路大港油田段、创新路东段竣工通车,海景大道南延工程正式启动,港西新城中学建设项目落实,碱蓬草观景长廊二期工程建成投用,12个老旧小区改造成效显著,通过全国厂务公开民主管理示范单位复查。坚持稳定压倒一切,抓好维稳信访和安保防恐工作,及时协调处置工程项目规划手续办理、农民工薪酬拖欠、危陋自建房治理安置等突出信访问题17项,集团公司挂牌督办的重点信访事项和人员全面清零,联合地方公安部门抓获涉油气违法犯罪分子10名,党的二十大等特别重点阶段"政治护城河"工作受到集团公司通电嘉勉,并获集团公司"平安企业"称号。

【大港油田埕海一号平台投产】 2022年5月26日,中国石油自营区第一座海上采修一体化平台——大港油田埕海一号平台正式投产,日产原油420吨,标志着大港油田滩海自营区迈入"海油海采"新发展阶段。5月27日,大港油田收到油气新能源公司贺信。

该平台是中国石油首座自主研究、自主设计、自主建造、自主投运的万吨级采修一体化平台。创新集成多项新技术,填补滩浅海地质—海工一体化评价建产、全单筒双井设计、万吨级吊装、孤立大直径钢桩群精准定位安装4项国内技术空白,并创中国最长滩涂海缆拖拉施工纪录。采用三层甲板布置结构,总面积约7800平方米,可满足日产液3500立方米、日注水量3200立方米的开发需求和55人的生活需要。在国内首次采用全单筒双井设计,甲板面积节约30%,钻井数量增加1倍。采用分散控制、集中管理的智能化仪控系统,实现从地下到地上、从井筒到海管的全流程管控和数据全面感知,并具备四级预警关断及周界报警功能,确保油气生产安全高效。践行"护蓝色海洋、建绿色油田"理念，新建两条海底电缆和两条海底管道，电力能源供给、产液外输和地下水回注实现全程密闭输送，含油污水、生活污水"双零"排放。

【驴驹河储气库建成投产】 2022年9月23日，国家重点能源项目——驴驹河储气库注气108万立方米，标志着该储气库正式建成投用。截至2022年12月31日，注气8148万立方米，为京津冀冬季天然气保供做出新贡献，两度登上央视《新闻联播》。

驴驹河储气库投资10亿元，设计库容5.7亿立方米、工作气量3亿立方米，历时564天建成集注站1座，以及中控区、采气装置区、注气装置区、井场区、35千伏变电站、放空区6大功能区域，创造大港油田取换套纪录最深、顶管一次性穿越距离最长、作业带管道施工宽度最窄、35千伏双回路电路建设速度最快及储气库国产化率、橇装化率最高的历史纪录，成为国内首座"井站一体"式储气库、中国石油首批全数智化建设运营的气藏型储气库。

【尤立红当选中国共产党第二十次全国代表大会代表】 2022年9月25日，大港油田第五采油厂第一采油作业区采注运维三组组长尤立红当选中国共产党第二十次全国代表大会代表。尤立红是此次天津市石油石化企业当选的唯一代表，也是继党的十八大、十九大会议后，第三次当选中国共产党全国代表大会代表。党的二十大会议闭幕后，尤立红作为主讲人，在中国石油党建工作华北协作区党建会议上宣讲党的二十大精神。作为石油一线的先锋模范，尤立红先后被评为"全国技术能手""全国劳动模范""全国'三八'红旗手标兵"，并获国家专利40余项，解决生产难题230余件，创效1000万余元。

【大港油田获评"国家技能人才培育突出贡献单位"】 2022年12月28日，国家人力资源和社会保障部授予大港油田公司"国家技能人才培育突出贡献单位"称号。大港油田为中国石油唯一一家获评单位。"十三五"以来，大港油田深入实施人才强企工程，培养全国技术能手8名，天津市、中央企业、集团公司技术能手15名，建成国家级技能专家工作室2个；获省部级以上技能荣誉79项，省部级、国家级职业技能竞赛金牌13枚。破解生产难题2047项，技术革新370项，修旧利废1120项，形成先进操作法72个，年均创效1000余万元。

【大港油田首个光热替代示范区成功投运】 2022年12月，大港油田首个光热替代示范区——第二采油厂第三作业区投用运行。该区块属于稠油—特稠油油藏，原油具有"三高两低"（高密度、高黏度、高胶质沥青质、低蜡、低凝固点）特点，抽油机井筒伴热采用传统电、气伴热工艺，耗电量475.95万千瓦·时、耗气量29.80万立方米，能耗高、碳排放量高、运维费用高。大港油田在该区创新采用"光热+储热+空气源热泵+电辅热"新工艺，替代传统的电加热和燃气加热，实现井场生产化石能源零消耗。项目投运后，节省电能消耗170.17万千瓦·时/年、燃气消耗29.8万米^3/年，降低碳排放2149吨/年，助力大港油田清洁低碳、降本增效。

【大港油区首个科研党建协作组成立】 2022年8月8日，由大港油田勘探开发研究院、采油工艺研究院、石油工程研究院、经济技术研究院和东方地球物理勘探公司大港物探研究院5家科研单位党委共同组建的大港油区科研产业链条党建工作协作组正式成立。该协作组涵盖党支部50个、党员800余名，是大港油区首个大型科研党建工作协作组。协作组秉持"资源共享、专业协同、优势互补、整体提升"工作思路，聚焦行业发展难题，通过党员示范岗、示范项目、党员志愿服务等形式，开展物探地质、工程工艺、经济评价互联、技术交流、提质增效等交流活动，延伸企业基层党组织工作触角，推动各单位之间党建工作交流互助活动常态化，构建形成科研单位党建和中心工作融合发展的新局面。

（刘朝晖）

中国石油天然气股份有限公司青海油田分公司

【概况】 中国石油天然气股份有限公司青海油田分公司（简称青海油田）1999年6月成立。勘探开发领域主要在柴达木盆地，地理面积25万平方千米，盆地面积12万平方千米，沉积面积约9.6万平方千米，平均海拔3000米，空气含氧量是平原的70%，是世界海拔最高的油气田。

1954年第一批石油勘探队伍挺进柴达木，1955年6月1日青海石油勘探局在西宁成立。1955年11月，柴达木盆地第一口探井泉1井出油。1958年9月，冷湖地中4井日喷原油800吨。1959年冷湖油田原油产量30万吨，约占当年全国原油产量的12%，成为国内四大油田之一。1964年涩北发现国内最大的第四系生物气田，1977年发现亿吨级尕斯库勒油田，1998年油气产量突破200万吨。国土资源部组织开展的第四次资源评价表明，柴达木盆地常规石油资源量29.6亿吨、天然气资源量3.2万亿立方米，估算页岩油、页岩气等非常规资源量分别为44.5亿吨、1.15万亿立方米,盆地油气总资源量118亿吨。石油探明率27.2%、天然气探明率13.7%,仍处于勘探早期,具有巨大的发展潜力。矿权区域内太阳能总辐射量6600—7200兆焦/米^2,估算BSK1资源量在9000吨以上,伴生卤水液体钾、锂、硼资源总量在2000万吨以上,新能源新资源发展前景广阔。

青海油田主要生产经营指标

指 标	2022年	2021年
原油产量（万吨）	235	234
天然气产量（亿立方米）	60	62
新建原油产能（万吨）	27.88	33.56
新建天然气产能（亿立方米）	5.6	5.8
新增探明石油地质储量（万吨）	2097.46	4653.39
二维地震（千米）	600	1800
三维地震（平方千米）	1136.6	600
探井（口）	42	49
开发井（口）	508	598
钻井进尺（万米）	93.23	96.01
收入（亿元）	200.52	164.3
利润（亿元）	20.58	7.3

截至2022年底,柴达木盆地发现油田24个、气田10个,具备700万吨油气当量生产能力和150万吨原油加工能力。建成7条输油气管线,年输油能力300万吨、输气能力100亿立方米,天然气远输西藏、西宁、兰州、银川、北京等地。累计探明石油地质储量8.07亿吨,天然气地质储量4407.11亿立方米;累计生产油气当量1.54亿吨,其中原油6883万吨、天然气1063亿立方米,加工原油3549万吨,累计实现收入4570亿元、上缴利税1484亿元。青海油田有花土沟原油生产、格尔木天然气和炼油化工、敦煌科研教育生活3个基地。2022年底,青海油田设职能部门16个、直附属单位6个、二级单位33个,员工总数15065人,平均年龄41.3岁;在职党员7265人,占员工总数的48%。

2022年，青海油田完成油气三级地质储量当量1.49亿吨，探明石油地质储量2228.34万吨；完成油气当量713万吨，其中生产原油235万吨、天然气60亿立方米；加工原油150万吨；获取新能源指标240.1万千瓦；营业收入200.52亿元、同比增加36.22亿元，利润20.58亿元、同比增加13.28亿元。获集团公司"'三重一大'决策和运行监管系统应用优秀单位""'十四五'规划工作先进集体""统计工作先进单位""井控工作先进企业""新能源市场开拓先进单位"等称号。

【油气勘探】 2022年，青海油田英雄岭页岩油效益勘探取得新进展，首个10万吨页岩油生产示范区即将建成，阿尔金山前多层系勘探获得新突破，牛东鼻隆侏罗系勘探见到良好苗头。直井控规模，完成的13口直井均获工业油流，纵向落实上中下3个"甜点"段，平面控制含油面积80平方千米，展现出超5亿吨效益储量的潜力；水平井提产，投产的4口水平井均获高产稳产，其中柴平1井年累计产油超万吨，单井最终可采储量（EUR）3.5万吨，控制两个效益建产层系储量超亿吨，为30万吨建产规划奠定资源基础。

突出"三个重新"研究，强化地震资料精细解释，重上阿尔金山前带牛中斜坡，钻探牛17井、牛171井，压后日产分别达7.12万立方米、4.8万立方米；甩开预探小梁山凹陷源内碳酸盐岩，沟11井最高日产油36立方米，沟12井获工业油流，新增控制石油地质储量3138万吨。风险勘探山前冲积扇碎屑岩近源油藏，阿探1井、阿探2井证实山前斜坡区碎屑岩岩性圈闭可有效成藏，具备亿吨级增储潜力。

"柴达木盆地牛中—牛东地区油气勘探取得重要发现"获集团公司油气勘探重大发现成果二等奖。"柴达木盆地柴西北红沟子地区上干柴沟组（N_1）碳酸盐岩油藏勘探"获集团公司油气勘探重大发现成果三等奖。

【油田开发】 2022年，青海油田产能建设工作围绕"效益建产"目标，践行"1335"工作要求。完成《大风山油田风3区块N_2^1油藏开发先导试验方案》《英雄岭油田干柴沟区块柴902井区页岩油开发先导试验方案》等14个区块产能建设项目开发方案的审查和备案。

老区产能按照"细分加密、剩余油挖潜、滚动外扩"3个层次，在尕斯中浅层、油砂山、跃进二号东高点、乌南、花土沟、南翼山、英东等9个主力建产区块部署调整产能26.47万吨；增加南翼山、乌南、尕斯中浅层等效益较好区块产能5.8万吨，调减干柴沟等低效区产能5.8万吨。围绕英东、乌南等区块部署细分、加密及井网重组产能10.85万吨，建成产能9.81万吨，可采储量采油速度分别提高0.65个百分点、0.17个百分点。精细砂体剩余油挖潜技术研究与应用，部署剩余油挖潜钻井63口，建成产能6.56万吨，产能符合率87.3%，累计产油3.6万吨。结合构造及沉积储层研究，围绕花土沟北部、油砂山Ⅰ断块北部、南翼山Ⅲ油组东部开展滚动评价，部署扩边产能10.11万吨，建成产能9.37万吨，花土沟北部、南翼山东部Ⅲ油组新增探明地质储量752万吨，油砂山Ⅰ断块北部预估探明地质储量400万吨。

组建英雄岭页岩油、风西致密油全生命周期项目部，完钻15口平台井，页岩油、风西单井建井投资相对下降17%、38%。通过3个平台16口井钻探，英雄岭和风西平台水平井"甜点"钻遇率92.7%、96%；形成"旋转导向＋精准轨迹控制＋一趟钻"等关键配套技术，英雄岭和风西平均钻井周期缩短至68.25天、26.52天，分别下降49.5%、65%；以"密切割多簇多段＋限流射孔＋大排量＋变黏滑溜水高强度连续携砂"为主的水平井体积压裂2.0技术，簇间距由23米缩短至6米，单段最大簇数由6簇增加至10簇，单井平均液量分别为4.46万立方米、2.99万立方米，刷新青海油田多项水平井压裂纪录。

【气田开发】 2022年，青海油田加强生产组织，搭建"地下—井筒—地面"立体管理体系，涩北3号、6号站全面增压，日产提升15万立方米；释放65万立方米增压气量；投产涩北一号低压干线、二号低压支线，实现日增气25万立方米。紧盯"预防—监管—复产"关键环节，加密维护430井次，实施开关井动态调整2200井次。制定《青海油田公司自用气考核实施细则》，溶解气日均商品量同比增加17万立方米。

减少封堵、大修37井次，增加调层、酸化298井次，措施有效率82.2%；日维护315井次，年稳气量6.4亿立方米；对摸排的223口长停井专题论证，编制治理方案，优选148口实施作业，恢复95口，日增产97万立方米。调减涩北一号、台南水侵风险井8口，补充新井17口，动态调整涩北二号井位6口，调减南八仙5口；严格技术创新，涩北建立水侵区"2221"标准，建成产能0.2亿立方米，昆2区块探索基岩气藏高温超深井效益开发模式，建成产能0.83亿立方米。成立产建项目组，细化环节管控，钻井时效98.2%，同比提升2%；投产作业对标对表，完井、投产周期分别缩短4.5天、2.3天；细化技术保障，分段设计钻井液比重，漏失率同比下降8.4%。

优化充填砂量、封口半径等参数，单口费用下降18万元；开展冲砂液体系配伍性、流变性等实验，施工398井次，日增气72.6万立方米，年均单井漏失量同比下降1.5立方米；搭建集中气举智能诊断分析平台，实时优化注气量，累计增气0.49亿立方米；推进酸化解堵向增渗拓展，实施484井次，累增气3.08亿立方米。

挖潜涩北水侵区、泥岩层，实施6井次，新增动用储量10.2亿立方米；冷湖构造南部部署冷2101井，优选Ⅳ、Ⅴ层组10个气层试采，日产气0.18万立方米；制定尕斯联合站、乌南—扎哈泉等4个潜力区块7项挖潜对策，日增气7万立方米。

【新能源业务】 2022年，青海油田推进风电、气电、光电、地热、伴生矿和碳资产开发等新能源产业发展和业务市场开拓工作。新能源建设指标240.1万千瓦，完成年度目标的100%。开工建设指标完成0.08万千瓦，完成年度目标的0.14%。清洁能源替代量8.03万吨标准煤，完成年度目标的100.2%。实施花土沟基地办公楼屋面光伏、东坪区块天然气综合利用工程、卤水综合利用中试试验项目等10项新能源项目。

通过采取"关、停、并、转、减"及加热炉电气化改造等措施，能耗总量120.55万吨标准煤，同比下降2.01万吨，商品量单耗135.15千克标准煤/吨，同比下降5.3千克标准煤/吨。花土沟基地办公楼屋面光伏项目总装机容量794千瓦峰，11月1日开工，11月30日完工并网运行，截至12月31日，累计发电量6.3万千瓦·时，日均发电量2032.26千瓦·时。提XAI工程提前30天建成投产，产品纯度99.999%，实现天然气常温提XAI技术的突破，截至2022年12月31日，累计产XAI 425.96标准立方米。BSK1资源勘探，柴西地区部署11口钻孔、完成进尺4246米，发现5个工业孔，4个矿化孔，2个异常孔，见矿率100%，见工业矿率45%。与国家电力投资集团黄河上游水电开发有限责任公司合作建成英东油田源网荷储一体化项目，总装机容量6930千瓦峰，累计发电量58.13万千瓦·时，成为青海省氢能2022—2035年发展牵头单位。

开展PC-1溶剂工业化实验，12天实现低浓度烟气中二氧化碳的回收（二氧化碳浓度6%—7%），实验期间每小时回收浓度99.7%的二氧化碳2000立方米，回收率70%。利用废弃油气藏开展压缩空气储能先导性实验，累计注气320万标准立方米，验证地层作为储能空间具备可行性。依托柴西北丰富的油气资源，利用区域风、光和深层卤水资源，建设以风光发电为主，天然气发电为辅的智慧微电网，实现绿电采油，推进绿电生产新模式。

【炼油化工】 2022年，青海油田加工原油150万吨，生产汽油52.44万吨，柴油68.78万吨，甲醇7.8万吨，聚丙烯3.24万吨；综合能耗68.03千克·标准油/吨，综合商品率92.99%，加工损失率0.55%，均完成预算目标，轻质油收率77.43%，比计划指标低2.57%；炼油完全加工费354.02元/吨，与预算持平，炼化业务盈利228.17万元；聚丙烯产量提前74天完成年生产任务。

推进"绿色企业"污水减量攻关，格尔木炼油厂实施动力污水回用线改造、回收利用聚合水环真空泵水环水等措施，外排污水总量由178.03米^3/时降至138.30米^3/时；硫黄烟气达标攻关，建成投用净化干气深度脱硫项目，干气总硫由30毫克/厘米^{3}降至2毫克/厘米^{3}以内。

开展7项揭榜挂帅解难题和6项攻关项目，丙烯收率由27.82%提升至35.34%，超产聚丙烯7400吨。异构化汽油辛烷值由80提升至82，醚化轻汽油辛烷值由93.1提升至95.5，烷基化油辛烷值由93.2提升至95，生产95号标准汽油1500吨。

【工程技术】 2022年，青海油田动用钻机63部，其中青海钻井公司47部，渤海钻探公司16部。截至12月31日，开钻518口，完井511口，进尺93.32万米。其中开发井开钻482口，完井477口，进尺78.94万米；探井评价井开钻36口，完井34口，进尺14.38万米。平均机械钻速12.23米/时，平均钻井周期17.02天，平均完井周期22.98天。井身质量合格率99.01%；固井质量合格率92.49%；取心收获率96.31%。其中开发井井身质量合格率98.94%；固井质量合格率92.58%；取心收获率92.58%。探井井身质量合格率100%；固井质量合格率91.18%；取心收获率96.12%。开发钻井事故复杂时效2.02%。其中油田开发事故复杂时效2.34%，气田开发事故复杂时效0.51%。

井下作业动用作业机137台套，其中井下作业公司44台套，中国石油26台套，民营67台套。使用6台套带压设备完成带压作业50井次。完成投产维护作业4708井次，同比增加367井次；大修204井次，同比增加37井次；连续管作业431井次，同比增加45井次；带压作业50井次，同比增加45井次。压裂完成340井次1028层段，同比增加18井次195层段，酸化完成686井次，同比增加304井次。油水井投产维护周期4.71日/（井·次），同比增加0.5日/（井·次）。气井投产维护周期7.59日/（井·次），同比增加0.54日/（井·次）。弃置井处置206井次。页岩油、致密油压裂19口井，段长23573米，丢段率为0。

印发《2022年套损井治理实施方案》，治理套损井363口，报废处置44口，新增105口，存量890口，超额完成套损井治理年度工作指标。

【提质增效】 2022年，青海油田落实"四精"管理要求，编制《提质增效价值创造行动实施方案》，实施党群宣传、油气勘探、油气开发、生产运行、资产创效、管理提升、改革创新、风险防控等8个方面53条措施；围绕"三增、四降、五提、六升级"工作目标，实现提质增效22.48亿元。

【科技管理】 2022年，青海油田开展各类科研攻关项目313项，包括省部级及以上项目（课题）40项，完成研发经费投入强度2.76%，科研项目计划完成率97.48%，科技创新及成果转化应用率95%，数字化油田建设推进计划完成率96%。

联合申报集团公司页岩油重大科技专项1项，争取到集团连续油管三期重大推广专项及重点软件推广应用专项下设课题2项，配套研究油气新能源公司"老油区开发压舱石"等课题14项，青海省科技项目2项，新开设公司级7大专业领域科研项目145项。编制下发《科技项目经费预算编制指南》《青海油田公司政府财政科技项目绩效支出管理办法》，集团公司勘探开发研究院成立"柴达木研究中心"，获批青海省重点实验室和青海省工程技术研究中心，填补青海省石油天然气行业重点实验室和研究中心的空白。12台套大型实验设备纳入青海省大仪平台。

开展"2022油气田勘探与开发国际会议（IFECD）""第十五届国际石油技术会议（IPTC）"等19个学术会议的论文征集及参会工作，征集论文91篇，报告19篇，优秀论文3篇，展板交流8篇，收录论文集42篇。推荐4篇论文参加第一届中国科技青年论坛，1人获三等奖。出版《青海石油》4期，《青年学术论坛优秀报告专刊》1期，发表论文89篇。举办"昆仑高端学术讲坛"4期，"青年学术论坛"1次，"科技论文写作基础培训"1期。开展"全国科技工作者日"系列活动，入选青海省科学技术协会2022年"党建+N"项目1个和"学术特色学会"建设项目1个。

知识产权专题讲座2期，完成申报发明专利48项。获省部级科学技术进步奖11项，验收项目151项，对31项优秀科技成果和12项授权专利进行表彰奖励，完成新技术推广项目8项。

【安全生产】 2022年，青海油田按照"疫情要防住、经济要稳住、发展要安全"总体要求，围绕"1248"QHSE工作路径，统筹推进135项重点任务和安全生产大检查等专项整治行动。亿工时工业生产安全事故死亡率为0，道路交通安全万台车事故死亡率为0。

修订《青海油田公司安全环保事故隐患管理实施办法》等18项QHSE制度。签订《安全环保责任书》《安全生产责任清单》。追责严重事故隐患及违章360起，清退承包商3家，问责426人、安全生产记分517人次、处罚271万元。组织安全管理人员和特种作业资格取证、承包商HSE培训和关键岗位能力提升培训23期3402人次；4万余人次参与安全生产月、安全知识竞赛主题活动答题，发放安全生产月宣教视频资料103套、书籍2040册、主题挂图360套、手册3076本。

辨识油气生产、工程建设等 9 大领域 310 个风险单元，识别 4546 项安全风险，分级制定防控措施 1.1 万余条。采取"人工＋智能""专项督导＋日常监督"安全监管模式，发现事故隐患 1.2 万余项。投入安全专项资金 1.34 亿元，实施安全隐患治理项目 123 项，完成安眼工程智能分析平台建设，解决 43 千米老旧管道失效、312 台锅炉（加热炉）安全联锁不能正常运行等隐患问题。强化油气场站、人员密集场所等消防重点部位监管，日常监督检查 789 次，检查单位 458 家，部位 789 个，查出问题 407 项，日常监督检查频次同比增长 162%。安全生产专项整治三年行动，统筹推进安全生产大检查、危化品治理等 9 个专项领域整治，投入安全专项资金 1.34 亿元，治理老旧装置、油气管网等安全隐患 123 项。消防宣传培训 37 期 670 人次，培训合格率 100%。

健全职业卫生档案，实施"员工心理帮扶计划"建设，定期开展 592 处职业危害场所、6 个水源地水质检测。投入资金 300 余万元，采油五厂等 3 家单位建成健康小屋，采气二厂等 5 家单位与当地医院合作开展现场医疗服务，为涩北、英东等一线偏远生产生活基地配备自动体外除颤仪（AED）等医疗器材。开展应急知识技能实操、EAP 心理健康培训，守护员工身心健康。

【数字化油田】 2022 年，青海油田实现数字化油气水井 7453 口，生产井数字化率 91.82%，数字化场站 121 座，场站数字化率 87.05%，无人值守率 69.11%。开展《油气水井物联网动态台账》建设，形成"一井一码"台账动态管理机制。完成油田主门户和各二级门户 55 家网站 2.0 升级搭建、上线、推广工作。开展 A1 系统与青海 CPL 测井大数据平台数据库接口对接及 A2 系统与业财融合一体化系统数据库接口开发工作，实现跨系统数据的一致性、完整性。落实网络安全责任，完成冬奥会、冬残奥会、党的二十大等关键时间节点网络安全保障任务。常态化开展网络安全风险排查，处置弱口令问题 1597 项，弱口令事件环比下降 70%。参加数字与信息化建设培训 25 人。组织参与集团公司第二届网络安全攻防大赛，获团队优胜奖和最佳风貌奖。

【企业党建工作】 2022 年，青海油田坚定不移抓牢党的政治建设，确保"两个维护"落实落地。固化"第一议题"制度，开展学习研讨 39 次。修订《深入学习贯彻习近平总书记重要指示批示精神实施意见》，明确 20 项具体措施；下发学习宣传贯彻党的二十大精神的通知，安排部署 4 方面 28 项具体举措，将党的二十大精神作为各类教育培训"第一课"。制定印发年度党委工作要点，明确 6 方面 23 项具体部署。严格落实民主集中制和党委议事规则，修订完善"三重一大"决策制度，决策"三重一大"事项 129 个。召开执行董事办公会、总经理办公会15次。落实民主生活会和"三会一课"制度，提出批评与自我批评意见建议51条、制定整改措施70余项，公司领导班子成员参加所在支部各项活动35次。完成党建攻关项目213个，创效600余万元。

建成54个党建室和285个党支部活动园地，党组织健全率100%。落实两个1%要求合理设置、优选配强党务岗位，新提拔配备党委书记11人，组织党支部书记和工作者培训班7期500余人次。制定《党建责任制考核评价办法和党支部考核评价办法》《党支部纪检委员发挥作用实施办法》。逐级签订党风廉政建设责任书7084份、廉洁从业承诺书8648份，运用"四种形态"，整体提高监督执纪质量，批评教育和处理33人次。

【纪检监督】 2022年，青海油田执行服务保障"三个环境"要求，研究确定22项政治监督内容。制定"一把手"和领导班子监督实施细则，明确68条具体措施，两级纪检机构约谈"一把手"44人、班子成员79人。开展新冠肺炎疫情防控监督检查128场次，督促整改问题152个，追责问责42人次。探索"纪检+安全"模式，组织安全生产大检查、体系审核问题整改、燃气安全"百日行动"等监督检查，发现并纠正问题85个。

优化完善"一台账四清单""五责任五监督"清单化管理。运用"四种形态"，批评教育和处理33人，其中第一种、第二种形态29人，占比87.88%。开展违规经商办企业专项整治，梳理筛查核实765条疑似信息。回复党风廉政意见211个集体、819人次。指导3家油田单位党委试点开展立项监督。针对性开展立项、联合监督134项，下发监督检查建议书105份、提醒函95份，督促整改问题1201个，移交问题线索1件。受理信访举报12件，处置问题线索17件，立案审查10件，处分11人，收缴违纪款47.1万元，挽回经济损失856.1万元。

组织二级副以上领导198人观看《利剑啸歌》《贪欲之殇》《以案为鉴》，印发2000册油田典型案例警示录。对55名新提任、调任领导人员开展"六个一"任前廉洁教育。运用"5+N"廉洁教育载体，组织开展警示教育156场，讲授廉洁党课37场，"远离网络赌博、摒弃赌博陋习"主题警示教育26场次，组织2625人参观油田"两厅"、1.03万人次参加党风廉政建设知识微信答题。

汇编巡察相关制度235项。梳理2015年以来巡察工作资料，按照"6+N"模式编制巡察资料归档装订操作手册，完成79家单位394册资料装订。派出6个巡察组，专项巡察4次、"回头看"2家单位，发现114个343项问题，移交问题线索7个。建立"双反馈双通报"机制，向15个相关部门下达督导整改建议书。第一轮巡察整改完成率99.26%，完善制度61项，挽回损失3.04万元。

【企业文化建设】 2022年，青海油田企业文化建设工作以习近平新时代中国特色社会主义思想和党的二十大精神为指导。编发"学习二十大、奋进新征程"主题简报5期。修订《青海油田党委理论学习中心组学习规则》，油田党委中心组集中学习13次，开展6个方面专题研讨5次，66人次参加。政研成果评选，收集论文、成果150余篇。将"转观念、勇担当、强管理、创一流"主题教育与油田高质量发展有机融合，按照5个方面25项具体任务整体推进，媒体开辟专题专栏，开展巡回宣讲29场次，编发简报14期。

印发《青海油田公司党委意识形态工作责任制实施细则》《青海油田网络评论引导工作考核办法》等制度。306名网评员，下发网评任务76条，组织转载转发评论3万余次，开展"石油工人心向党"新媒体创作大赛，16件作品入围。首次开办新闻写作技能大赛，157人参赛。在央视广播端、新媒体端分别播出"气化西藏"系列报道11篇（条），《青藏高原首次规模开发页岩油》等相关报道被国内多家媒体转载转发。外媒刊发宣传报道400多篇（条）。组织第23届青海结构调整暨投资贸易洽谈会和"第二届国际生态博览会"参展工作，对外网全媒体各类信息数据进行采集，梳理信息4364条，编发舆情动态月报12期。开展敏感信息清查工作，清理各类书刊、报纸、画册1262份，删除网络及"三微一端"敏感信息2100余条。《孤勇者》高原铁军版MV，视频点赞量突破15万+，转发突破6000人。

【工会工作】 2022年，青海油田突出职工创新工作室引领作用，10个创新工作室480余人，解决一线生产难题76项，取得创新成果122项，获国家专利16项，征集优秀合理化建议96条，评审表彰23项。

开展员工健康体检18274人次2821万元，疗养10413人次5142万元，发放螺旋藻系列产品32万瓶1532万元，针对员工健康体检结果中心脑血管疾病占比较高现状，增发血糖宁、血脂灵6.4万瓶328万元。野外巡回医疗2次，走访基层单位及野外队站21个，体检1713次诊疗429人次，讲座40场次参与960人，发放药品43种4182份。

开展生日慰问、员工生病、生育慰问，慰问一线岗位员工3000余人次，重点节日慰问困难户2380户，"五一"慰问劳动模范187名，"六一"慰问残疾子女、孤儿16名。职工医疗互助基金收缴2968人，救助78人。救助大病特困家庭101人，救助死亡人员家庭347人，金秋助学17名学生，发放低保金32户37.5万元。为30户49人计划生育特殊家庭办理家庭医生签约服务。

【矿区服务】 2022年，青海油田推进油气生产单位和工程技术单位后勤业务改革，45个野外食堂生活物资供应实现统一采供。修订下发矿区后勤业务管理制度19项，评价现行制度35项；建立与宝石花的工作联席月度例会沟通协调机制，月检查、季考核和服务满意度测评相结合，实施"管理、考核、测评"一体化管理模式；启动民生工程项目，实施9号、10号公寓楼集中隔离储备点改造、基地玉兰灯维修、主干道路标线划线等9个重点项目；组织"我为碳中和种棵树"活动8239人参加，捐资27.8万余元；优化浇灌运行方式，分时段分区域进行浇灌，首次实现管网浇灌全覆盖，新增绿化面积5.7万平方米；后勤服务业务安全检查44次、督办整改问题156个，三大基地城镇燃气安全隐患大排查、完成18项重点隐患整治；基地危房排查整治、督办完成5个老旧场院危房拆除；污水处理项目实现全部视频监控，实现一级A标准连续长期达标运行；创建智慧食堂、健康食堂、"轻食"餐厅，实现4个基地食堂"刷脸""一卡通"就餐新模式。

【疫情防控】 2022年，青海油田应用油田"助力抗疫"系统、依托属地政府人员信息管理平台数据，排查从外地返回油田三地人员7.7万人次，隔离管控中高风险地区及其他重点人员3577人次；科学布设"15分钟步行核酸采样圈"，落实核酸采样二级单位"包保制"，完成核酸采样检测173万余人次；花土沟基地按新冠肺炎疫情防控标准改造公寓70间，列入茫崖市定点方舱储备基地；敦煌基地改造9号、10号公寓楼作为集中隔离储备点，设置石油宾馆为闭环管理点、石油大厦A座、B座及基地外6个宾馆酒店作为临时留观点，留观服务1.4万人次；组织油田基地疫苗接种39607人、接种率95.4%，油田员工非禁忌接种率100%。

（幸　利）

中国石油天然气股份有限公司华北油田分公司（华北石油管理局有限公司）

【概况】 中国石油天然气股份有限公司华北油田分公司（华北石油管理局有限公司）简称华北油田，是中国石油所属的以常规油气勘探开发为主，同时有新能源、煤层气、储气库、燃气及工程技术和综合服务等业务的地区分公司，油气勘探开发区域主要集中在渤海湾盆地冀中坳陷、内蒙古二连盆地、巴彦河套盆地和山西沁水盆地四大探区。前身为1976年1月成立的华北石油会战指挥部，总部位于河北省任丘市。1981年6月，华北石油会战指挥部更名为华北石油管理局。1999年7月，重组分立为中国石油天然气股份有限公司华北油田分公司和华北石油管理局。2008年2月，油田上市与未上市业务进一步重组整合为现在的华北油田（华北石油管理局）。截至2022年底，华北油田设机关职能部门12个，直属单位8个，直管单位3个，二级单位36个，员工总数2.43万人。

华北油田主要生产经营指标

指　　标	2022年	2021年
原油产量（万吨）	442	424
天然气产量（亿立方米）	3.47	3.28
煤层气产量（亿立方米）	18.90	13.55
新增原油产能（万吨）	59.0	72
新增天然气产能（亿立方米）	0	0.3
新增煤层气产能（亿立方米）	6.0	1.56
二维地震（千米）	942	576
三维地震（平方千米）	1099	350
探井（口）	79	85
开发井（口）	506	636
钻井进尺（万米）	184.07	150.67
勘探投资（亿元）	20.85	15.96
开发投资（亿元）	64.17	44.87
资产总额（亿元）	594.29	571.29
收入（亿元）	311.27	223.83
税费（亿元）	59.17	26.07

2022年，华北油田全面统筹战略规划和工程支撑、油气上产和新能源开发、发展质量和经营效益，取得一系列实效性进展和标志性成果，特别是三级

储量提交规模创近45年之最，SEC储量替换率连续两年大于1，油气当量跨越600万吨台阶，全年生产原油442万吨、天然气3.47亿立方米、煤层气18.90亿立方米，实现收入311.27亿元、上缴税费59.17亿元。

【油气勘探】 2022年，华北油田资源勘探成果喜人，三级储量实现高峰增长。优化形成"规模探明巴彦、探索'四新'领域、精细勘探老区、突破流转区块"整体部署，强化资源掌控，全年新增探明、控制、预测石油地质储量分别完成年度任务的311%、103%和121%。巴彦河套新区勘探取得重要突破。兴华11井、扎格1井等15口井试油日产超100立方米，兴华区块发现内蒙古地区最大的单体整装油藏。冀中二连老区勘探取得重要发现。保清1井、强104井等多口井获高产，冀中保定凹陷发现优质资源接替区，饶阳凹陷实现勘探新突破，分别获集团公司油气勘探重大发现特等奖、二等奖，冀中北部天然气勘探展现良好前景，二连盆地发现多个效益储量区，老区稳产基础有效巩固。矿权流转区块勘探取得重要进展。雅华3井试油获日产30立方米工业油流，钻探永华1井有望发现新的含油构造带。

【油田开发】 2022年，华北油田精细开发成效显著，原油产量保持箭头向上。统筹抓好巴彦新区上产和冀中二连老区稳产，为集团公司上游业务完成产量调整任务做出重要贡献。持续抓好效益建产。立足"调结构、控递减、提产能、保效益"，全年建成产能85万吨，新井单井日产油由5.4吨上升至5.8吨、创近年来新高。持续推进老油田稳产。推进老油藏精细精准挖潜、分级分类治理，实施动态调水3035井次，治理长停井450口，完成油水井措施1350井次、累计增油25万吨，自然递减和综合递减持续下降；立足转变方式提高采收率，统筹抓好潜山注气重力驱和"二三结合"化学驱，推进蒙古林火驱和八里西潜山二氧化碳捕集、封存和利用等股份公司重大开发试验。持续优化生产组织。强化生产经营指标监控和重点工程项目推进，统筹做好钻机调配、工农协调、运行保障，全力抓实巴彦原油产运储销。

【天然气保供】 2022年，华北油田增气战略深入实施，天然气业务量效齐增。煤层气业务实现跨越式发展。郑庄、马必合作等区块6.5亿立方米产能建设收尾，在沁水盆地建成国内最大的煤层气田。储气库调峰能力再创历史新高。华北储气库群单日最高应急调峰能力同比增长20%。常规天然气产量保持稳中有升。统筹抓好潜山气和致密气加快上产，杨税务潜山产能建设工程稳步实施，苏里格"三低"富水气藏开发取得阶段成效。履行冬季天然气保供职责坚决有力。坚持产供储销全面出击、协同发力，持续挖掘天然气生产潜力和储气库采气能力，精准实施燃气"压非保民"，健全完善与属地政府和上下游企业的应急联动机制，天然气产业链平稳受控，京津冀地区居民用户温暖过冬。

【新能源业务】 2022年，华北油田绿色转型加快推进，新能源业务取得阶段进展。克服指标翻番压力，统筹抓好指标获取、项目落地、效益优化等工作，着力推动油田绿色低碳转型驶入"快车道"。地热业务市场开拓成效显著。瞄准首都、雄安及周边两大区域，全力加快北京城市副中心、任丘老城区等项目建设进度，积极拓展河间、晋州等供暖市场，超额完成年度考核指标，被评为中国石油2022年度新能源市场开拓先进单位。风光发电市场保持稳定增长。聚焦冀中、内蒙古等地区，坚持主动出击、发挥优势，积极对接属地政府，强化与国内风光发电头部企业战略合作，集中力量推进分散式和保障性上网指标获取，累计获取风光发电指标1382兆瓦。BSK1勘探发现规模储量。坚持以脑木更凹陷为突破点，产研结合推进攻关部署，发现7口工业井、4口矿化井，达到中型矿床规模。

【经营管理】 2022年，华北油田提质增效走深走实，经营业绩实现大幅增长。推进提质增效价值创造行动10方面51项措施，经营业绩创近年来最好水平。突出控投提效。抓好效益排队优选、项目优化调整，开展投资"三不达"（不达产、不达销、不达效）专项治理。全面督导跨年在建项目清理，投资管控水平进一步提升。突出降本增效。完善差异化预算政策，常态化开展经济活动分析，开展"十四五"完全成本压降工作，重点实施"1+3"成本结构优化工程，推进资产轻量化。突出挖潜创效。全面提升注采输电四大系统运行效率，统筹抓好中蓝股权转让、积压物资和闲置设备调剂利用、综合服务单位公有房屋和场地出租等挖潜措施，推进闲置土地侵占、应收账款清欠、重大疑难案件解决。

【改革创新】 2022年，华北油田改革创新持续深化，企业动力活力不断增强。重点改革任务完成。按期完成厂办大集体改制，85项改革任务进度达标，改革三年行动收官；立足"四个一批"（上市收购一批、专业重组一批、管理提升一批、萎缩退出一批），编制未上市托管业务改革方案，进一步明确18家未上市单位改革方向和业务布局；开展新型作业区建设，完成二三级机构、职数压减10%工作目标。科技创新成果丰硕。创新科研体制机制和"项目+团队+人才"培养模式，优选15个重点课题实施"揭榜挂帅"，组建"三跨"科技团队协同攻关，破解"卡脖子"难题；推进数字化转型，生产运行指挥调度、物联网运维等平台上线运行，油气生产物联网数字化率90.37%。基层基础巩固夯实。实施两级机关减负攻关项目216项，重点打造12个基层站队标杆，推进基层管理标准化、信息化、精益化。

【安全管控】 2022年，华北油田坚持强管控、防风险、重合规，营造和谐稳定的生产生活环境。狠抓安全环保。开展两个阶段安全生产大检查，按月召开安全环保形势分析会，自上而下组织两级领导班子安全生产大反思、大查摆、大整治学习研讨活动38次，在重点领域安全环保隐患治理方面加大投资，安全生产形势总体稳定；完成北京冬奥会、党的二十大期间空气质量保障任务，全面开展挥发性有机物、固体废物全程管控，绿色发展根基巩固夯实；油气水井质量三年整治行动成效显著，全面完成集团公司井筒质量考核指标，被评为河北省质量管理40年功勋企业；常态化抓好新冠肺炎疫情联防联控，精细组织风险人员排查管控。狠抓依法合规。制定下发《依法合规治企和强化管理指导意见》，修订完善会议决策事项清单和领导权限指引，企业合规管理水平持续提升。狠抓和谐稳定。创新实施警企协作"三三"长效机制，集中开展信访积案化解攻坚战、"三盗"问题歼灭战、重点目标保卫战，完成北京冬奥会、全国"两会"、党的二十大等重点敏感时期维稳信访安保防恐任务，3次获集团公司电报嘉勉。

【和谐稳定】 2022年，华北油田内外环境持续优化，和谐发展氛围更加浓厚。惠民工程取得实效。抓好"十件惠民实事"，推进石油海蓝城、万达春溪渡项目建设，创业家园F区1100余套改善房完成交房，油田社区内涝治理工程完工投运，廊坊、二连等社区集资房、回迁房、房改房不动产登记政策实现突破；深化关爱帮扶，建立新冠肺炎疫情防控期间关心关爱职工常态化运行机制，走访慰问生活困难家庭5100余户；职工门诊医疗、大病医疗待遇分别提高9%和5%，公积金贷款线上办理和"华北油田大健康"网络平台正式运行。企业合作持续深化。深化与渤海钻探等兄弟单位的工作对接和战略协作，探索建立"共生、共促、共荣"的甲乙方合作机制；与内蒙古煤炭地质勘查（集团）有限责任公司、长江大学等签订合作协议，持续推动产业链创新链融合拓展、优势互补。企地融合开创新局。积极融入京津冀协同发展大局，主动走访油田生产区域属地党委政府，在新能源指标获取、地热业务发展、油气生产退出等方面赢得理解支持。

【企业党建工作】 2022年，华北油田管党治党全面从严，党的建设质量持续提升。党的政治建设不断加强。扎实做好迎接和学习宣传贯彻党的二十大各项工作，制发压实全面从严治党主体责任十大任务和25条措施，出台机关部门监管责任清单。干部人才队伍建设稳步推进。坚持做好中层领导干部提拔任用工作，40岁左右中层干部占比由15.5%提升至19%；新增聘公司级技术专家11人，新建专家工作室6个，5人成长为集团公司青年科技人才；在国家、集团公司技术技能大赛中获4金6银9铜，创历史最佳成绩。基层党建和群团工作扎实开展。组织开展"战疫保产"等系列活动，推进基层党建"三基本"建设与"三基"工作有机融合，打造出第三采油厂"六心六好"、勘探开发研究院"科研党建+"等一批基层党建示范标杆；弘扬劳模精神、劳动精神、工匠精神，刘静、王新亚、闻伟分别获评全国五一劳动奖章、"河北工匠"、全国能源化学地质系统"大国工匠"；召开庆祝建团100周年五四表彰大会，启动实施"青马工程"、青年精神素养提升工程。党风廉政建设取得实效。健全完善"大监督"体系，实行重大项目与重点工程包联制和派出监督机制，开展"专项+常规"巡察，实现党的十九大以来巡察全覆盖；以零容忍态度惩治腐败，党风政风总体持续向好。宣传思想工作形成声势。扎实推进"转观念、勇担当、强管理、创一流"主题教育，启动实施文化引领三年行动，开展新时期新华北主题宣传，选树新时代华北榜样，展示良好形象，凝聚奋进合力。

（杨　英　贺国强）

中国石油天然气股份有限公司吐哈油田分公司（新疆吐哈石油勘探开发有限公司）

【概况】　中国石油天然气股份有限公司吐哈油田分公司（新疆吐哈石油勘探开发有限公司）简称吐哈油田，是集油气勘探与生产、石油工程技术服务等多种业务于一体，跨国、跨地区经营的大型石油企业，前身为1991年2月成立的吐哈石油勘探开发会战指挥部，总部位于新疆鄯善县火车站镇。主要从事油气勘探开发、科研服务、油田建设、水电讯保障、机械制造、物资采购等业务。吐哈油田勘探领域包括吐哈、三塘湖、准噶尔、银额、总口子5个中小盆地，分布在新疆、内蒙古、甘肃三省（自治区），登记15个探矿权区块，探矿权面积3.34万平方千米。勘探开发30余年，累计生产原油6401.28万吨、天然气259.58亿立方米。

2022年底，有机关职能部门12个、直属机构4个、二级单位19个，用工总量 8426 人，其中合同化员工 6680 人、市场化用工 1746 人。上市业务资产总计 115.35 亿元，未上市业务资产 34.99 亿元。

吐哈油田主要生产经营指标

指标		2022 年	2021 年
原油产量（万吨）		139	135.25
天然气产量（亿立方米）		3	2.90
新增原油生产能力（万吨）		18.02	19.53
新增天然气生产能力（亿立方米）		0.30	0.3
二维地震（千米）		0	592
三维地震（平方千米）		0	514
完成钻井（口）		94	131
钻井进尺（万米）		39.04	42.18
勘探投资（亿元）		11.54	10.16
开发投资（亿元）		17.36	15.44
资产总额	上市（亿元）	115.35	104.34
	未上市（亿元）	34.99	31.95
营业收入	上市（亿元）	69.06	48.32
	未上市（亿元）	21.21	20.05
利润总额	上市（亿元）	0.35	−30.38
	未上市（亿元）	0.06	−1.90
税费	上市（亿元）	12.74	4.79
	未上市（亿元）	0.98	2.06

2022 年，吐哈油田实施资源、创新、人本三大战略，凝心聚力战疫情，坚定信心增资源，加快节奏促上产，改革创新提效益，实现上市、未上市业务"双扭亏"，国企改革三年行动任务全面完成，新能源新产业发展加快推进，获集团公司油气勘探重大发现成果二等奖、三等奖各 1 项。生产原油 139 万吨、天然气 3 亿立方米。上市业务实现收入 69.06 亿元、税前利润 3524 万元，同比

增利30.7亿元；未上市业务实现收入21.21亿元，税前利润554万元，同比增利1.9亿元。

【油气勘探】 2022年，吐哈油田非地震完成时频电磁366.6千米，重磁5900平方千米，完成VSP勘探1口（葡探1井）。石油及天然气预探井完成18口，完成钻井进尺8.63万米；石油及天然气预探试油交井10口22层，新获工业油气井数7口，预探井成功率46.7%。完成风险探井2口，完成进尺1.61万米，试油交井0口2层。油藏评价完成钻井12口，完成进尺4.9万米；完成试油交井6口，新获工业油气井数5口，年度综合评价井成功率62.5%。

加大新区风险勘探和区域勘探力度，强化重点领域集中勘探，2个亿吨级、1个千亿立方米级油气富集区带储量规模不断落实。丘东洼陷致密砂岩油气藏、吉木萨尔凹陷砂岩油藏两项勘探成果分别获集团公司2022年度油气勘探重大发现二等奖和三等奖。统筹推进吉南凹陷、吉木萨尔凹陷砂岩油藏预探和评价工作，吉南凹陷新钻11口探评井均发现油层，试油完成9口井获6—62立方米工业油流，二叠系井井子沟组油藏在吉南凹陷东部呈现整体含油态势；吉木萨尔凹陷刻画西北物源扇体有利勘探面积183平方千米。二叠系井井子沟组砂岩油藏成为准东区域规模增储上产的主攻领域。推进台北凹陷源内致密砂岩油气藏规模增储，吉7块新钻7口探评井均钻遇油层，吉702H井获日产气5.24万立方米、油55.7立方米。台北凹陷源内致密砂岩油气藏成为吐哈老区最现实的重点接替领域。攻关扩展准东页岩油储量规模，吉页5H井、吉页6H井、石树5H井、石树7H井等均获稳定工业油流，拓展出页岩油规模储量新区块。准东页岩油日产530吨，成为吉木萨尔国家级页岩油示范区重要组成部分。

【油气开发】 2022年，吐哈油田生产原油139万吨、天然气3亿立方米。突出抓好效益开发，新区全力组织油藏评价和效益建产技术攻关，老区推进以控制递减率和提高采收率为核心的"压舱石"工程，牛圈湖油田获集团公司2022年度高效油田开发奖。加强重点区块评价建产一体化，高效建成准东30万吨产能新型采油管理区，加快萨探1、吉新2、吉28、马56等重点区块评价建产节奏，准东勘探开发项目经理部产油20.3万吨，同比增加12.3万吨。持续优化产能建设方案设计，建立"一井一策"优化模板，新井效果不断改善，投产新井65口，新建产能原油20.1万吨、天然气0.4亿立方米，产能符合率91.5%，同比提高3%。加大控递减工作力度，实施油藏分类评价、分类治理，提升剖面动用程度和平面波及范围，自然递减率18.6%，同比下降2.3个百分点。强化提高采收率技术攻关，动态开展SEC储量评估，老油田资产创效能力逐步增强。推进鲁克沁稠油天然气吞吐和减氧空气泡沫驱、葡北天然气重力驱等重大开发试验，试验区产量保持平稳，全年产油14.3万吨。优先实施注气吞吐、二氧化碳前置压裂等效益好的工作量，增油11.9万吨，超方案3.4万吨。油田综合递减率控制到10.4%，同比下降4.4个百分点；除鄯善采油管理区外，其他油气生产单位全部实现盈利，油藏经营效果持续好转。

【新能源业务】 2022年，吐哈油田锚定绿色低碳转型、高质量发展目标，优化产业发展顶层设计，加快项目运行，围绕新能源与油气业务协同发展总体部署，制定新能源发展规划以及碳达峰实施方案，初步形成油气产业与风光发电、煤炭清洁利用、二氧化碳驱存产业一体化发展的工作思路。与吐鲁番市签订新能源战略合作框架协议，建立与大唐新疆发电有限公司、特变电工股份有限公司等企业战略合作关系，弥补指标获取、项目建设、后期运营等方面的短板。强化新能源项目与产能建设、终端电气化改造配套建设，新区胜北产能配套600千瓦光伏项目5月建成，日均发电量3800千瓦·时，全年发电72.9万千瓦·时；老区清洁替代吐鲁番区域120兆瓦源网荷储一体化项目12月并网运行，每年可发电2.2亿千瓦·时，同步完成22台燃气导热炉"气改电"，油田终端电气化率45%。三塘湖原油外输管道四号站光热清洁替代项目完成可行性研究报告。温西一储气库注气系统8月底按期投运，累计注入垫底气2.2亿立方米，储气库调峰采气具备规模化运营条件。

【科技攻关】 2022年，吐哈油田完善以科技创新为核心的产业链、价值链和科技创新策源地的顶层设计，强化关键瓶颈技术攻关和成熟技术配套应用，取得多项重要进展。强化油气勘探基础研究和整体研究，立足"四新"领域，开展盆地成藏规律、资源潜力、勘探领域和区带综合评价优选，系统组织工业化图件编制，加速地质认识深化和创新，有力支撑风险勘探和预探部署，3口风险探井被集团公司采纳。开展煤层气、煤气化及富油煤等新领域前瞻性研究，落实煤系资源"甜点"区，实施集团公司第一口富油煤参数井钻探。强化效益开发技术攻关，建立萨探1块二叠系井井子沟组"上生下储、微断裂通源、甜点控富集"成藏模式，有效推动评价建产工作。开展提高采收率机理研究，稠油天然气吞吐、稀油天然气重力驱技术更加配套完善，老区稳产基础不断夯实。强化重点区块钻井提速瓶颈技术攻关，萨探1块钻井周期由122.7天缩短至49.7天；开展"细分切割+高强度"体积压裂参数优化和前置二氧化碳新技术应用，吉木萨尔页岩油单井产量提升16.4%，改造成本下降10.8%。强化业务工作与信息化深度融合，加大A1、A2、业财融合等系统推广应用力度，促进科研和管理效率提升；推进物联网建设，单井、场站数字化覆盖率分别为100%和89%，中、小场站无人值守率分别为68%和80%。

【改革创新】 2022年，吐哈油田贯彻新发展理念，推进深化改革，突出提质增效，提升发展质量效益。扎实推进改革任务走深走实，将深化"双百行动"和改革三年行动同步部署、同步推进、同步落实，"双百行动"39项改革任务和改革三年行动49项改革任务全部完成；每月动态更新完善改革三年行动工作台账，对各项任务验证材料进行评审验收，有效杜绝"纸面改革""数字改革"，确保各项改革工作经得住审计和巡视检查、经得起历史和实践检验。实施未上市业务归核化发展，对8家未上市二级单位和5家法人公司的20项业务进行梳理，按照"四个一批"原则，编制上报《吐哈油田公司深化改革总体方案》，推动未上市企业瘦身健体和转型升级。组织供水供电公司、物资保障中心等4家工程技术单位全面梳理业务现状，对近三年10项亏损业务和2项盈利能力较弱、存在潜亏风险的业务，通过深入调研分析，研究制定业务优化和改革措施。强化企业管理工作，推进对标管理提升行动，部署战略、组织、运营、财务等8个方面的24项工作任务、48项成果全部完成；将管理提升措施融入制度规范和流程标准，累计制修订制度办法10项；加强管理创新成果总结和应用，及时推广各单位管理创新优秀做法和成功案例，各单位开展管理创新工作的积极性和主动性显著提升。有序实施"人才强企"工程，制定实施11个专项工程，启动"青马工程"，参加集团公司"青年科技人才培养计划"和自治区"天山英才""天池英才"高层次人才选拔，打通管理、技术、技能三支人才队伍岗位序列转换通道，完善专家补贴及绩效考核兑现激励办法，逐步形成老中青三结合的合理梯次配备，队伍活力有效激发。完善工效挂钩考核机制，规范专项奖励管理，制定工资总额管理办法，形成以工效挂钩考核为主，专项奖励、单列支持、特别奖惩为重要补充的工资总额决定机制。加大中层领导人员业绩考核力度，修订中层领导人员业绩考核管理办法，差异化设置考核指标及权重，明确年度考核主要指标及完成底线，综合业绩考核"不合格"或任一主要指标未达到完成底线的，扣减全部业绩奖金。落实人工成本峰值管理，建立"月跟踪、季分析、年评价"工作机制，将人工成本评价分析、人工成本利润率、人事费用率等相关指标纳入单位考核。

【依法合规治企】 2022年，吐哈油田强化依法合规治企，法治企业建设全面推进。制定法治企业建设实施方案，明确总体目标和主要任务。完善法律论证审查机制并有效执行，完成25项重大事项法律参与，重点开展储气库、新能源等项目的全过程法律支持。突出规章制度合法合规性审查，在落实规章制度前置法律审查基础上，增设制度发文法律部门会签流程，提升制度严肃性和权威性。强化采购体系运行监督，开展重大采购项目"一站式"集中审查，从源头规范采购行为，开展合同管理突出问题专项治理，提升签约履约能力，交易领域风险持续受控。高效组织"合规管理强化年"和经营业务合规管理问题专项治理，建立常态化合规管理检查机制，全方位开展经营业务合规风险和违法违规问题排查，提升依法合规治企水平。突出纠纷隐患处理与化解，开展案件多发领域风险排查，有效降低诉讼风险，被诉案件发生数量持续下降。开展"打击假冒国企专项行动"，排查发现商标侵权行为1起并依法处理，有效维护公司合法权益。开展"八五"普法宣贯和全员合规培训，突出领导干部和重点业务人员培训，提升全员法律意识与合规理念。

【提质增效】 2022年，吐哈油田发挥6个工作专班作用，实现提质增效6.02亿元，6户全级次企业全部盈利。强化投资管控，树立全过程价值管理理念，落实优化设计抓源头、造价审查控投入、设备利旧省投资等措施，定期开展投资效果评价，及时优化调整投资项目，阶梯油价下萨探1块砂岩油藏、吉28块页岩油下"甜点"、三塘湖马56块条湖组页岩油建产项目实现效益正向拉动。强化全面预算管理，差异化、精准化核定预算指标，根据油价、产量和效益变化联动调整，预算执行取得良好效果。围绕SEC储量评估、折旧折耗控制、运行成本压降、地面系统优化、水电能耗管理、闲置土地处置等工作系统发力，预算口径油气单位完全成本控制到71.57美元/桶，同比降低4.53美元/桶；油气单位操作成本22.83美元/桶，同比降低1.63美元/桶。坚持高价多销、低价多储，发挥鄯善区域原油品质优势，综合实施鲁克沁、准东等区域原油混掺和价差增效措施，为上市业务盈利做出贡献。加大外部市场开拓力度，做好气举、监检测等业务市场推介，国内外部市场利润1597万元，同比增长18.3%；海外业务利润1567万元。

【安全环保】 2022年，吐哈油田将安全生产作为重要议事内容，专题研究QHSE工作，全年未发生任何安全生产、生态环境保护事故事件，未发生地市级及以上媒体曝光和地方政府通报事件，连续19年实现安全生产。加强QHSE管理体系建设，完善审核工作机制，组织审核问题整改"回头看"，各项隐患问题全面完成整改销项。抓实重点环节安全监管，全面推进安全生产专项整治三年行动，统筹实施危险化学品安全风险集中整治、房屋建筑隐患排查等专项工作，查改问题7909项。强化特殊敏感时段升级管控，落实22项重点项目升级管控责任，细化76项风险管控措施，保障特殊敏感时段安全生产。开展承包商资质、人员能力和设备完整性评估，严格承包商考核，有效降低现场作业风险。落实生态环境风险管控措施，推进绿色企业创建，开展挥发性有机物重大环保隐患治理，完成中央环保督察迎检任务。推进工程质量提升专项活动，井身质量合格率97.6%，固井质量合格率92.8%，分别同比提升1.7%和5.3%。组织援疆专家巡回义诊，建立精准化体检模式，筛查心脑血管疾病中、高风险人员882人，制定10个方面健康干预措施，营造良好健康氛围。强化油区维稳安保工作，全国"两会"和党的二十大安保工作受到集团公司通电嘉勉。压实各油区疫情防控指挥部和各级党组织工作责任，及时响应地方疫情防控部署，实现疫情防住、安全生产和经营业绩完成的工作目标。

【企业党建工作】 2022年，吐哈油田党委深入开展"建功新时代，喜迎二十大"习近平总书记重要指示批示精神再学习再落实再提升主题活动和"转观念、勇担当、强管理、创一流"主题教育活动，落实"两个一以贯之"，压紧压实全面从严治党主体责任，连续5年获集团公司党建工作责任制考核A级。两级党委严格落实"第一议题"制度和学习贯彻习近平总书记重要指示批示精神落实机制。加强"三重一大"决策制度体系建设，建立党委前置研究讨论重大经营管理事项清单。严格落实意识形态工作责任制，发展壮大主流舆论，部署启动文化引领专项行动。依托"学习强国""铁人先锋""中油e学"平台，组织各类知识竞赛，全员参与率100%。推进基层党建"三基本"建设与"三基"工作有机融合，创新"党建协作区、党建互联共建、区域化党建"协同工作模式，深化党员先锋队、党建项目化管理、"点区岗"创建等载体实践。推进政治监督具体化、精准化、常态化，优化完善派驻监督、职能监督，制定落实加强对"一把手"和领导班子监督的实施细则，完成党的十九大以来巡察全覆盖任务。修订贯彻落实中央八项规定精神的实施细则，开展违规吃喝问题专项治理和"反围猎"专项行动，推进廉洁文化建设，风清气正的政治生态持续巩固。

坚持以职工代表大会为基本形式，深化以团（组）长扩大会、厂务公开、员工座谈会等有机结合的民主管理保障体系。常态化推进"我为员工群众办实事"，争取个人养老金试点，开展"春夏秋冬＋会员普惠"慰问帮扶工作，修订下发《扶贫帮困基金管理暂行办法》《金秋助学活动实施办法》等制度办法，帮扶助学52人。做好驻村工作，推进定点帮扶，统筹做好捐赠援助，开展"民族团结一家亲"活动。组织开展形式多样的文体活动，油田和谐稳定局面持续巩固。

（朱晓龙　李艳蓉）

中国石油天然气股份有限公司冀东油田分公司

【概况】 中国石油天然气股份有限公司冀东油田分公司（简称冀东油田）1988年4月成立，位于河北省唐山市。探区包括河北省唐山市、秦皇岛市部分地区（冀东探区）和陕西省榆林市及内蒙古部分地区（西部探区）。截至2022年底，累计探明石油储量67700.64万吨，2022年新增石油探明储量508万吨、新增天然气探明储量468亿立方米，生产原油105.08万吨、天然气2.7亿立方米，油气当量126.62万吨。2022年12月，冀东油田有油气矿业权11个，总面积10570.14平方千米，其中探矿权3个、面积9801.55平方千米，采矿权8个、面积768.59平方千米。冀东探区有油气矿业权9个，其中探矿权1个、面积4903.178平方千米；已投入开发的高尚堡、柳赞、老爷庙、唐海、南堡、蛤坨6个油田有8个采矿权，面积768.59平方千米。西部探区有矿业权2个，位于陕西省榆林市神木县探矿权1个，面积3232.475平方千米；位于陕西省榆林市佳县探矿权1个，面积1665.897平方千米。冀东油田主营业务包括石油、天然气、地热的勘探、开发、生产、销售、科研，以及油田工程技术、机械制造、电力通信、油田化学、海上应急救援等业务。设10个机关处室、2个直属部门、二级单位（分公司）23个，员工5740人（合同化员工3992人，市场化员工1748人）。

冀东油田主要生产经营指标

指标	2022年	2021年
原油产量（万吨）	105.08	120.55
天然气产量（亿立方米）	2.7	2.05
新增原油生产能力（万吨）	10.5	19.68
新增天然气生产能力（亿立方米）	1.5	—
新增探明石油地质储量（万吨）	508.21	774.59

续表

指　标	2022年	2021年
新增探明天然气地质储量（亿立方米）	468.23	—
三维地震（平方千米）	578	512
钻井（口）	298	112
钻井进尺（万米）	87.95	28.2
勘探投资（亿元）	4.3	5.3
开发投资（亿元）	28.12	15.5
资产总额（亿元）	140.24	133.32
收入（亿元）	60.2	48.5
利润（亿元）	5.2	0.2
税费（亿元）	12.37	6.43

2022年，冀东油田面对复杂宏观环境、多轮疫情冲击、发展任务艰巨等多重考验，统筹推进业务发展、提质增效、改革创新、安全环保、疫情防控等各项工作，油气生产平稳运行，主要经营指标稳健向好。

冀东油田获集团公司"新能源市场开拓先进单位"称号，冀东油田新能源事业部获集团公司"新能源生产经营先进单位"称号，冀东油田山东省德州市武城县地热供暖项目获集团公司"新能源优秀项目"称号。

【增储上产】 2022年，冀东油田资源勘探有突破。推进高效勘探专项行动，新增三级石油地质储量1647万吨、天然气地质储量979亿立方米。西部探区致密砂岩气高效勘探取得重要成效，新增天然气控制储量、预测储量510亿立方米。南堡凹陷火山碎屑岩精细勘探取得重要成果，南堡27-12井、南堡2-71井等多口井试油获工业油气流。南堡洼陷区浅层效益勘探见到重要苗头，2号构造东一段首获工业油流。开发水平有提升。推进压舱石工程，突出效益导向，高质量开展达标达产管理、老油田稳产、提高采收率、控递减工程等重点工作。新增SEC证实石油储量38.5万吨、天然气储量9.4亿立方米。加强地质研究、油藏描述、精细注水、综合治理等工作，自然递减率、综合递减率"两个递减"，以及水驱储量控制程度、动用程度"两个程度"等关键开发指标进一步好转。强化多专业协同、一体化攻坚，高5致密油效益开发迈出坚实步伐。加强高效产建目标研究，优化产能建设方案，百万吨产能建设投资同比下降9.6%。西部建设有大发展。应对企地关系协调、自然灾害、疫情防控、人员紧缺、交叉作业等困难挑战，高效推进神木气田第三天然气处理厂及阳湾集气站、白家铺集气站、张家沟集气站、印斗集气站、李家圪集气站"一厂五站"工程建设，获油气新能源公司高度肯定。生产组织紧凑高效，产能建设效果显著，生产天然气6536万立方米。

【提质增效】 2022年，冀东油田量化效益的驱动要素，建立业财融合的提质增效计划表，分解落实目标责任7大类专题、38个一级专题，406个具体工作量化目标。

向管理要效益。加强项目前期管理，严格设计估概预算审查和实施过程投资管控，控减投资5880万元。推进钻井提速提效，钻完井周期降低11.23%，控减投资1.25亿元。推行地面工程"六化"（标准化设计、规模化采购、工厂化预制、模块化建设、信息化管理、数字化交付）管理，优化工程方案，强化过程监管，节约投资1.2亿元，轻烃、天然气增产增收4085万元。强化资产分类评价，积极治理低效、无效资产，盘活再利用资产5714万元。用好用足财税与惠企政策，创效3343万元。

向政策要效益。推行"商信通""票据池"业务，控减财务费用。持续压控"两金"（应收账款等债权和存货余额）规模，合理安排付现支出，缓解现金流压力。申请西部探区致密气国家财政专项补贴2200万元；所得税清算优惠1925万元；资源税累计综合税率同比下降0.37%，原油、天然气优惠产品比例分别提高17%和12%。

向市场要效益。科学把握产运储销配置，加大高销低储力度，推进市场化价格形成机制，实施分质分销，增效5909万元。首拓原油销售套期保值业务，期货单边收益178.85万元。

向质量要效益。持续加强油气井日常管护，强化方案设计把关，优化油水井措施工作量，成本费用大幅下降。原油单位完全成本61.41美元/桶，比预算降低2.93美元/桶；天然气单位完全成本每千立方米1350元，每千立方米比预算降低151元。

【转型发展】 2022年，冀东油田储气库建设全面推进。快速实施扩大先导试验、输气管网建设、注气采气、调峰保供等工作，刷新多项项目建设纪录。当年注气1.52亿立方米，两座储气库累计注气2.42亿立方米，形成工作气量1.5亿立方米，调峰能力50万米^3/日，高质量保障冬季保供任务。

新能源发展持续推进。加快推进新能源项目市场开发与建设实施，建成地热项目 3 个，供暖面积 958 万平方米，节约标准煤 24.3 万吨。完善中深层砂岩地热开发"6+18"项核心技术。打造中国石油最大水面光伏项目，建设（在建）光伏项目 11 个、总规模 68.5 兆瓦。建成清洁替代项目 6 个，替代加热炉 41 台，节约天然气 1352 万立方米。利用 CCUS（二氧化碳捕集、封存和利用）先导试验获得新突破，实施效果显著超出设计预期。新能源利用规模实现节能 29.24 万吨标准煤，折合标准石油 20.46 万吨。积极开发碳资产，确认并优先开发武城清洁能源供暖项目，获中国能源研究会"百县千项"清洁能源示范项目。唐山冀东地热能开发有限公司被评为河北省供热行业先进单位、河北省科技型中小企业。

【科技创新】 2022 年，冀东油田科技创新体制"破""立"并举。科技创新管理体系进一步完善，修订油田科学技术奖励、信息化管理、软件成果转化与推广等制度，规范新知识、新产品、新工艺、新技术项目管理，推行"揭榜挂帅""赛马"科研任务攻关，释放科研创新潜能，激发科研创新活力。技术成果转化"量""质"同增。严格项目立项、中期检查、验收评审过程管理，加大成果转化与应用力度。承担集团公司、冀东油田重大重点科技项目 35 项，投入科研、试验经费 1.6 亿元，获省部级科学技术进步奖 3 项、授权发明专利 10 件。组织新技术新产品成果推广 60 项，实现产值 1.9 亿元。"高效相变低氮加热炉技术"入选国家矿产资源节约和综合利用先进适用技术目录，中国石油地面工程试验基地燃烧设备分基地通过集团公司验收。信息化建设"速""效"齐升。启动重点建设项目 21 个，加速推进生产指挥中心、数字化交付、区域数据湖等项目建设，推动管理模式变革。

【依法治企】 2022 年，冀东油田健全合规管理组织架构，建立业务管理、合规审查、专职监督"三道防线"，形成统一领导、分级管理、各负其责、协同联动的工作格局。重点调整计划、预算、招投标、合资合作和法人企业相关管理程序，解决管理缺位问题，提高决策科学性和管理效率。年度预算编制程序基本成型，投资的计划性和管控力明显增强。建立重大项目招标方案评审机制，招标策略审查程序和模板付诸实施，项目招标质量不断提升。年度合同总量下降 37%，合同金额下降 38%。推进重大事项法律参与深度，为合规决策提供法治支持。完善农民工工资保障合同条款，维护生产秩序和企业形象。依法打击盗油盗气盗电、阻碍生产运行等不法行为，维护油田合法权益。

【风险管控】 2022 年，冀东油田全面实施安全环保升级管理，连续 5 年未发生上报工业生产安全、环境、质量事故。

狠抓重点领域、关键环节的全过程监管，突出关键领域"四条红线"（可能导致火灾、爆炸、中毒、窒息、能量意外释放的高危和风险作业；可能导致着火爆炸的生产经营领域的油气泄漏；节假日和重要敏感时段的施工作业；油气井井控等关键作业），开展全方位安全生产大检查，一体推进危险化学品安全风险集中整治和重点领域安全生产专项治理。经受住新冠肺炎疫情考验。想方设法抓协调、千方百计保运行、集中精力稳生产，推行"两点一线""AB班"等工作模式，精准管控人员流动、生产办公场所、生活小区，推进健康企业建设，密切跟踪"五高"（患高血糖、高血压、高血脂、高体重、高尿酸血症）人群，开发技术公司、南堡油田作业区、油气集输公司和供电公司4家试点单位达到《中国石油天然气集团有限公司健康企业验收标准（试行）》。

着力防范化解不稳定因素。开展维稳安保防恐风险隐患"大排查、大督查、大整改"，实现"三个绝不允许"（绝不允许发生大规模进京聚集，绝不允许发生涉访个人的极端行为，绝不允许发生信访问题引发的负面炒作）"三个坚决防止"（坚决防止发生涉油气的暴力恐怖事件，坚决防止发生重特大涉油气的刑事案件，坚决防止发生个人极端恶性的刑事案件），受到集团公司电令嘉奖3次。坚决维护农民工合法权益，协调承包商单位清欠农民工工资380万元。开展治安秩序专项整治和"反内盗"综合整治，油区涉油涉气违法犯罪案件数量降至历史新低。

【企业改革】 2022年，冀东油田"油公司"模式进一步顺畅。优化油气销售体制机制，新能源、储气库技术支撑组织体系更加完善。组织机构扁平化调整有序推进，"十四五"以来压减三级机构35个、下降10%。全面开展机关部门与二级单位责权"剖面"梳理，整合业务链条，明确责权归属，管理效能大幅提升。薪酬分配体系进一步完善。深化绩效与薪酬3.0版升级改革，重构"基础+浮动"绩效奖金考核体系，推进工效挂钩正向激励、对高端骨干人才和贡献突出人员的精准激励。市场化经营机制进一步健全。完善以市场为导向，以效益为中心的市场化经营机制，搭建内部市场化价格体系，市场化交易规则、运行模式基本建立。辅助生产单位保障主业能力不断增强，节约对外委托支出3977万元，内部市场占有率比2021年提高6.86%。

【队伍建设】 2022年，冀东油田推进"十大人才专项工程"，"生聚理用"（生才要有道、聚才要有力、理才要有方、用才要有效）人才发展长效机制持续完善。突出领导干部竞争性选拔和考核监督，推行任期制和契约化管理，40岁左右中层干部比例同比提高14.8个百分点，优化干部队伍结构和梯次配备。出台《专业技术岗位序列人员管理实施办法》，有序推进一线生产单位"双序列"（专业技术岗位序列和行政管理岗位序列）改革。强化人才引进与培养，新入职员工培养方案制定率、"双导师制"（业务导师和职业发展导师）培养协议签订率100%。科学分析评价员工队伍质量，强化富余人员分流安置，向新业务精准补充骨干力量120人。青年科技人才培养、博士后工作站、创新工作室等平台育人才、助发展的作用不断彰显。2022年，完成1名博士后出站答辩、4名博士后开题答辩和1名博士后中期考核。利用属地人才政策，支撑博士后工作站建设，2022年申请河北省人才项目一般资助一次、唐山市人才项目资助一次；2名博士后人员获唐山市凤凰英才3.0政策10万元引才资助。依托技能专家工作室，利用资源整合和配置优势，搭建冀东油田技能领军人才共享平台。开展技术技能难题巡诊、生产难题对接研讨等活动，对生产难题解决情况跟踪处理，持续性为基层单位提供难题"复诊"服务。集合两级技能专家技能优势，对76项一线生产难题开展联合攻关，推送优秀项目参选集团公司生产创新项目基金，申领研发资金20余万元，专项用于科技研发。搭建技能人才锻炼成长平台，获第四届全国石油石化职业技能竞赛暨中国石油天然气集团有限公司首届技术技能大赛个人竞赛1银2铜和团队竞赛铜奖；获第十七届"振兴杯"全国青年职业技能大赛（职工组）创新创效竞赛银奖和优胜奖。

【和谐企业建设】 2022年，冀东油田聚焦民生福祉办实事。开展节日帮扶和金秋助学，精准帮扶235户次、金额81.3万元。组织重大疾病专项援助活动，46人获助15.95万元。聚焦员工家属解难事。协调处理房产历史遗留问题，1964户取得产权证，房产历史遗留问题全部解决。畅通患病员工就医绿色通道，聘请知名专家来油区坐诊52人次、诊疗805人次，赴京就诊297人次。聚焦回馈社会做好事。落实新冠肺炎疫情期间经营用房减租政策，减免租金115.7万元；向唐山红十字会、曹妃甸临港商务区管委会捐赠价值34.3万元防疫急需物资。应急中心紧急驰援辽河油田抗汛情、保安全、护产量，连续奋战61天，完成抗洪防汛抢险任务。积极构建和谐企地关系，精准推进驻村帮扶，通过消费帮扶、捐资建设基础设施和产业发展等方式累计贡献55.93万元，巩固拓展脱贫攻坚成果。

【企业党建工作】 2022年，冀东油田严格落实"第一议题"制度，以习近平新时代中国特色社会主义思想武装头脑、指导实践、推动工作。思想建设更加深入，党建融合更加紧密，组织南27发现井教育基地参观学习，举办中国石油纪念日暨喜迎国庆升旗仪式，激发员工爱党、爱国、爱企热情。完善基层党建工作常态化排查整改机制，开展党组织书记抓基层党建述职评议考核，择优建立党建骨干人才库，1人获河北省"千名好支书"。开展党建课题研究和"四创"党建活动，8项成果受到集团公司和河北省国资委表彰。监督执纪更加主动，开展违规吃喝专项治理、"反围猎"专项行动、违规经商办企专项排查和依法合规经营综合治理。深化内部巡察，强化问题整改督查，实现二级党组织巡察全覆盖。

（韩　晶）

中国石油天然气股份有限公司玉门油田分公司

【概况】　中国石油天然气股份有限公司玉门油田分公司（简称玉门油田）最早开发于1939年，为抗日战争胜利、新中国成立初期的国民经济建设及石油石化工业的奠基和发展都做出历史贡献，是新中国第一个天然石油基地，肩负着"三大四出"的历史重任，被誉为"中国石油工业的摇篮"。玉门是铁人王进喜的故乡，是铁人精神的发祥地，也是石油精神的重要源头。玉门油田位于甘肃省玉门市境内，南依祁连山，北靠戈壁滩，东邻万里长城"边陲锁钥"嘉峪关，西通"东方艺术明珠"敦煌莫高窟。业务范围主要包括勘探开发、炼油化工、井下作业、水电供应、机械加工、生产保障、综合服务、物资供应、消防应急、清洁能源、海外生产等。在83年的发展历程中，先后获全国思想政治工作优秀企业、"中华老字号"、全国五一劳动奖章、全国首批"重合同、守信用"单位、全国企业文化建设优秀单位及国家级文明单位、甘肃省先进企业突出贡献奖等称号。截至2022年底，投入开发老君庙、石油沟、鸭儿峡、白杨河、单北、青西、酒东、合道、郭庄子共9个油田；有5个探矿权，有持证探矿权3个，其中酒泉盆地2个（酒西、酒东），面积共6793.48平方千米；鄂尔多斯盆地1个（环县），面积1709.59平方千米，均于2022年完成变更延续，有效期5年。宁庆区块（吉尔、胡尖山A10）探矿权勘查持证单位为长庆油田，面积1585.65平方千米。探明含油面积272.65平方千米，探明石油地质储量23075万吨，技术可采储量5703万吨，动用面积163.92平方千米，动用石油地质储量20026万吨。

玉门油田主要生产经营指标

指　　标	2022年	2021年
原油产量（万吨）	69.02	59.02
天然气产量（万立方米）	4057	771
新增原油生产能力（万吨）	20.88	20.059
新增探明石油地质储量（万吨）	735.61	1055.61
三维地震（平方千米）	158	400
石油钻井（口）	303	380
钻井进尺（万米）	85.68	98.23
原油加工量（万吨）	200.5	200.21
收入（亿元）	172	137.86
利润（亿元）	0.05	−10.56
税费（亿元）	45.04	40.49

2022年7月26日，国家工业和信息化部工业文化发展中心与玉门油田在酒泉联合举行工业文化研学实践教育试点示范基地授牌暨共建启动仪式（何畅　摄）

2022年底，玉门油田设机关职能部门11个，直属机构4个，二级单位16个。在册员工9282人，在岗员工6894人。其中：经营管理人员1501人，占在岗员工总数的21.8%；专业技术人员1439人，占在岗员工总数的20.9%；技能操作人员3954人，占员工总数的57.3%。截至2022年12月，玉门油田在册设备共11383台套，设备原值60.4亿元，净值21.41亿元，新度系数0.35。资产总额93.7亿元，固定资产及油气资产净值113.81亿元，净额59.43亿元。2022年收入172亿元，经营利润6.41亿元，账面利润总额为0.05亿元，同比减亏

10.6亿元，实现2014年以来首次整体扭亏为盈。

2022年底，玉门油田在册采油井1504口，正常开井1335口，在册注水井469口，开井347口。完钻投产新井179口，新建产能20.88万吨，新井产油7.99万吨。年生产原油69.02万吨（含液化气0.35万吨）。综合含水率60.98%，综合递减率5.0%，自然递减率11.96%。2022年，宁庆区块天然气开发试验，气井开井22口，日产气量30万立方米。

2022年，玉门油田分公司获甘肃省先进企业突出贡献奖；党委书记、执行董事刘战君获甘肃省"优秀企业家"称号；工业文化研学实践教育试点示范基地于2022年7月被工业和信息化部工业文化发展中心确立为全国首家合作共建的试点示范基地；玉门油田红色旅游景区入选文化和旅游部发布的2022年国家工业旅游示范基地；"变配电运行值班员（新能源方向）团队项目""油藏动态分析团队项目""变配电运行值班员（新能源方向）"分获集团公司第四届全国油气开发专业职业技能竞赛暨中国石油首届技术技能大赛金奖、铜奖、优秀组织奖；炼油化工总厂联合运行一部获集团公司"2022年度质量先进基层单位"称号；环庆采油厂环庆作业区获集团公司"2022年度绿色先进基层单位"称号；老君庙采油厂老君庙作业区、监督中心HSE监督站分获集团公司"2022年度HSE标准化先进基层单位"称号；水电厂锅炉车间获集团公司"2022年度节能计量先进基层单位"称号。"玉门油田三次采油技术研究与应用"项目获甘肃省科学技术进步奖二等奖；"油管举升装置"获国家专利局授权的实用新型专利；"一种井下往复式注水装置"获国家专利局授权的发明专利。

【油气勘探】 2022年，玉门油田油气勘探按照"油气并举、效益优先"原则，优化勘探部署，主要工作量集中在环庆、宁庆区块。在环庆、宁庆区块和酒泉盆地部署风险探井2口；集中勘探环庆西部长8，实现规模增储；宁庆天然气立体勘探落实中东部富集区；酒泉盆地强化基础研究取得新进展。油气勘探时隔8年获批风险探井2口。立体勘探多层系，完钻探评井10口，完试11口（5口跨年井），7口获工业气流，在太原组和盒8段落实可动用储量330亿立方米，取得3项成果。

2022年，鄂尔多斯盆地环庆地区完成三维地震采集158平方千米。完成三维地震资料处理1558平方千米。完成三维地震解释2959平方千米，二维地震715千米，落实圈闭93个，面积860.8平方千米，建议井位56口，采纳井位38口。其中：酒泉盆地解释三维地震749平方千米，落实圈闭5个，面积22.7平方千米；环庆区块解释三维地震1280平方千米，落实圈闭42个，面积507.5平方千米，建议井位35口，采纳25口；宁庆区块解释三维地震930平方千米，二维地震715千米，落实圈闭46个，面积330.6平方千米，建议井位21口，采纳13口。

2022年，玉门油田完成测井271口/826井次测井施工作业，共156.10万测量米，其中裸眼测井318井次、工程测井370井次、生产测井138口，曲线合格率100%，优等率98%，作业一次成功率提升至98.8%。完成录井作业263口，录井进尺30.8万米，录井工作日3476天。石油预探获工业油流井8口，天然气预探获工业气流井7口，油气勘探综合探井成功率48%。

【油田开发】 2022年，玉门油田按照"油气并举，多能驱动"工作思路，老区推进油田稳产工程，探索低成本开发技术，加快三次采油工业化应用进程，实现40万吨稳产；生产原油69.02万吨（含液化气3500吨），超产1万吨，同比增加10万吨，"十三五"以来连续7年原油产量持续增长。新老区年产气量4057万立方米，日产气量从年初3万立方米上升到30万立方米，2022年底具备年产亿立方米的生产能力。全年投产油井179口，新建产能20.88万吨，新井产油8.0万吨，超计划1.1万吨。探明含油面积272.65平方千米，探明石油地质储量23075万吨，技术可采储量5703万吨，动用面积163.92平方千米，动用石油地质储量20026万吨。

2022年，环庆区块西部长8通过攻关形成低渗透构造岩性油藏高效建产关键技术系列，实现虎洞长8油藏高效建产，生产能力达到14万吨，环庆区块快速建成40万吨油田。其中环庆96区块建设成高效建产示范区，通过加强构造精细解释和砂体展布研究，开发井成功率100%，投产油井95口，日产量快速攻上392吨，单井平均日产4.1吨，超过方案设计（3.0吨/日）；环庆75井区实现效益开发，采用"混合井网+超前注水"开发模式，开井17口，单井稳定日产油5.7吨，自然递减率控制在6.5%；加速建成环庆地面集输骨架管网，原油外输能力60万吨/年。

玉门老区产能建设在窿119探井$K_1g_2^1$、鸭儿峡白垩系、濒临报废的鸭四井区、老君庙走滑断块弓形山等地区精细部署，获良好显示。

2022年10月13日，玉门油田第一个天然气脱水集气站（宁庆集气站）建成，一次投运成功，处理规模50万米^3/日，后期预留扩容至100万米^3/日，实现宁庆天然气生产计量、集中处理和增压外销。

2022年，玉门油田注水专项治理工程实施主干工作量335井次，同比提升177%，注水井开井数上升68口，日注水量上升1388立方米，自然递减率降至11.96%；环庆开水井由147口升至224口，日注水由1650立方米升至3240立方米，自然递减率由15.95%降至12%，水驱控制程度由68.1%升至77%，油田分注合格率达80%以上，自然递减率得到有效控制。

【炼油化工】 2022年，加工原油200.5万吨，完成利润5.03亿元，销售各类产品177.66万吨，实现销售收入130.88亿元。其中：配置产品销售163.14万吨，销售收入122.72亿元；非配置产品14.52万吨，销售收入8.15亿元。综合商品收率91.21%，原油综合损失率0.36%，炼油综合能耗66.97千克标准油/吨。主要产品产量：汽油58.54万吨、航空煤油7.59万吨、柴油88.35万吨、液化气7.68万吨、聚丙烯3.24万吨、石油焦8.13万吨。炼化总厂全年开炼生产装置23套，其中燃料油装置及公用工程18套，化工装置1套，特油装置2套，环保装置2套。全年完成9项工程项目的施工建设和投运，包括循环水系统流程优化节能改造项目、加热炉燃气连锁隐患治理项目、往复式压缩机在线监测与故障诊断系统项目、腐蚀在线监测系统完善技术改造项目、富氢瓦斯氢气膜回收系统节能改造项目、聚丙烯车间气柜改造项目、新型节能涂料在加热炉上的应用项目、航空煤油及军柴储运系统完善改造项目及氢气充装系统改造项目。落实提质增效措施111条，实现提质增效3578.06万元。

2022年，炼化总厂建立16项企业最高计量标准，12项计量标准2022年12月通过计量行政部门考核复证。检定炼化总厂计量器具9732具，折合费用224.94万元。检定油田单位内部计量器具1852具，对外创收86.78万元。

2022年，开展"无异味装置"建设、环保管理流程规范化活动、水处理装置专项审核、危险废物资源化利用等管理措施，全年完成检测密封点14.68万个，泄漏率为0.19%，减排5.72吨。建立生态环境隐患排查常态化机制，实施环保隐患治理项目2项；年度二氧化硫排放54.64吨，同比减排13%；氮氧化物排放159吨，同比减排20%。

2022年，炼化总厂历时41天完成检修项目2157项，投资及小型技改64项，实现焊接一次合格率99%，静设备、大机组检修一次合格率100%，装置开工气密合格率100%，联锁投用率100%，23套装置一次开车成功，炼化大检修迈入"四年一修"新时代。

【新能源业务】 截至2022年底，玉门油田绿电业务建成清洁电力装机50.59万千瓦。石油沟887千瓦光伏电站，发电量147.05万千瓦·时，实现清洁能源替代1012吨标准煤。200兆瓦光伏并网发电站，结算上网电量35622万千瓦·时，实现收入7285万元、利润3015万元。2022年6月29日，国家能源局可再生能源发电项目信息管理平台向油田核发"玉门油田玉门东镇200兆瓦光伏并网发电项目"1月、2月绿证37940个，这是油田历史上第一次获国家绿色电力证书。全年获取绿证35万余张。2022年底300兆瓦光伏发电项目主体工程完工，标志着中国石油规模最大的光伏发电项目，也是油田有史以来一次性投资最多（不含税13.54亿元）的项目实现当年开工、当年建成，再现"石油摇篮光速度"。2022年9月6日，玉门东200兆瓦光伏并网发电站配套储能系统项目开工建设，12月9日合闸、并网，标志着玉门油田在新能源储能项目建设上实现"零"的突破。

2022年，玉门油田获批国家电网系统外第一家新能源计量分中心；新能源实践培训中心初步建成投用；同年8月30日新能源装备制造中心开始建设，引进600兆瓦/年光伏支架智能生产线快速建成投入运行，为300兆瓦项目提供84兆瓦光伏支架。制定低碳油田建设思路及措施，完成《低碳生产建设方案》，通过机采、注水系统节能提效，集输流程密闭改造、分布式光伏（风电）、低温光热技术、空气源热泵、电磁加热等综合能源利用措施，提高天然气商品率和终端电气化率。确定油田碳达峰碳中和目标路径，完成《碳达峰实施方案》，确定"27·45"总体目标，即2027年通过落实节能提效、清洁替代、负碳技术等减排措施，油田二氧化碳排放总量达到峰值，2045年实现碳中和。论证争取600万千瓦"沙戈荒"大基地项目纳入甘肃省实施方案，由玉门油田分别建设巴丹吉林沙漠310万千瓦和腾格里沙漠290万千瓦"风光气储"一体化项目，所发电力用于提升兰州石化绿电消纳配比、支撑新建项目绿色发展，得到甘肃省政府支持。

2022年4月22日，甘肃省首条中长距离纯氢管道玉门油田可再生能源制氢示范项目——输氢管道工程开工（朱俊霖　摄）

2022年4月22日，甘肃省首条中长距离输氢管道玉门油田可再生能源制氢示范项目——制氢管道工程开工建设，6月28日主线路全线贯通，7月25日完成管道试压试验，历时94天完成，具备投运条件，成为甘肃省氢气输送管道建设的范例。玉门油田牵头组建酒泉市氢能产业发展联盟，酒泉市人民政府办公室批复同意成立，玉门油田公司为理事长单位。联合航天科技长城上海公司和酒钢集团积极申报甘肃省"氢能源装备制造及储氢技术创新联合体"和

"绿氢/二氧化碳"绿色应用创新联合体,设立"氢气掺入天然气输送和应用的研究"揭榜挂帅研究课题,获酒泉市财政支持100万元。

【海外市场开拓】 2022年,玉门油田开拓海外市场,乍得上游人员技术服务项目、乍得炼厂对口支持项目、乍得清蜡测试项目、土库曼斯坦和尼日尔炼厂对口支持项目成功续签协议。两个勘探开发研究项目"南乍得盆地Doseo-Salamat坳陷地质与地球物理研究"和"Ronier、Mimosa、Prosopis油田开发调整方案实施跟踪"通过甲方最终验收;中亚市场取得突破,2022年为土库曼斯坦阿姆河天然气项目输送16名技术骨干。签订支出合同15份,收入合同5份。梳理社会安全体系建设、社会安全管理、应急管理、员工健康管理和新冠肺炎疫情防控工作,迎接年度社会安全审核和集团公司五维绩效考核工作,年度五维绩效考核获优秀级。

【工程技术】 2022年,玉门油田井下作业完成钻修工作量2296井次,其中浅层钻井26口,总进尺20882米,井身质量合格率100%,固井作业53井次,固井合格率100%;井下作业2270次。压裂车组作业119井次,射孔作业141井次,特车服务3923台班,收入46606万元,同比增加2980万元,增长6.8%;玉门本部完成大修作业22井次,其中浅井18井次,成功17井次,成功率94.44%;外部市场大修作业21井次(陇东9井次、新疆2井次、青海10井次)。完成特种作业766井次(带压作业29井次、连续油管作业166井次、电缆作业465井次)。

2022年,玉门油田完成发电量8.39亿千瓦·时(其中火力发电4.2亿千瓦·时,水力发电6224万千·瓦时,光伏发电3.57亿千瓦·时)。供汽101万吨,供水801万吨。完成虎洞井区1条12千米10千伏供电专线、热泵站2条10千米10千伏供电专线、井区内45千米10千伏供电线路和12台套变压器的架设安装。甘肃省氢气输送管道7月25日完成管道试压试验,历时94天完成,具备投运条件。实施引进炼厂氢气替代尿素作为锅炉脱硝还原剂改造项目,9月22日投运,投产后年可节约费用212万元左右。玉门东镇200兆瓦光伏并网发电示范项目配套40兆瓦/80兆瓦时储能系统项目历时93天完成建设,为项目并网投运奠定基础。玉门油田300兆瓦光伏并网发电项目12月29日主体工程施工完成,进入收尾和后续调试阶段。其中玉门油田玉门东镇200兆瓦光伏并网发电示范项目获评集团公司优秀模块化建设项目。

2022年,玉门油田生产服务保障工作处理原油34.07万立方米,外输伴生气至青西联合站61.13万牛·米^3。采出水处理综合水质达标率98.52%。完成钻前井11口、大修井扩垫施工25口、土方施工8口、新投井24口;完成各类管线安装5000余米，40立方米储罐制作9具；完成鸭儿峡接转站伴生气回收项目的施工任务，日均输气9000牛·米³左右；鸭儿峡新总站油水分离项目油水泥分离处理23366.9立方米，上交原油2185立方米；鸭儿峡33口井9650米集输管网的建成及8-1、8-2两条集输干线的沟通提高所属区块的运行能力。配合老君庙采油厂完成维护项目302项，数字化维保处理数据采集故障1665次，视频故障1148次，上线率均95%以上；特车服务570余台次，完成外部车辆及通井机等各类设备维修186台次。累计安装注气管线7800米，新建注气站1座；安装注水管线1950米。完成炼厂19具罐的隐患治理及切断阀的安装调试、10具罐配套设施改造；安装、试压、防腐保温管线1380米，拆除旧泵及旧基础6台套。完成各类抢险46次，高效完成青西至炼油厂输油管线泄露抢险工作。

2022年，玉门油田机械制造建成600兆瓦/年光伏支架生产线，提前完成6000组光伏支架生产、22个区光伏支架安装任务，实现当年立项，当年投产，当年见效。生产抽油杆136.73万米，抽油泵1836台，抽油机330台，生产铺设柔性复合管71.1千米，井下工具及配件10767件；完成炼化总厂大检修任务，校验修复2057只安全阀。通过提升工程管理水平，疏通影响生产经营和安全隐患关键节点，优化工程验收，提升工程施工质量。

2022年，物资采购发生费用4251.8万元，相比考核指标4319万元节约67.2万元；外部创收2164万元，完成考核指标（800万元）的270%，完成提质增效奋斗目标（1600万元）的135%；签订合同1371份，金额16.70亿元，招议标率94.96%，物资采购资金节约率10%，节约采购资金1.26亿元。

【科技创新】 2022年，玉门油田承担三级科技项目56项。负责或参与集团公司总部科技项目"氢气掺入天然气输送和应用研究""百万级规模碱性电解水制绿氢工艺技术中试放大实验研究"等科技项目9项；专业公司课题5项；玉门油田公司科技项目32项。其中，勘探开发、工程技术类项目21项，炼油化工类项目4项，新能源及绿色低碳发展类项目4项，数智油田建设类项目2项，其他综合类项目1项。

贯彻落实《央企知识产权高质量发展指导意见》及《集团公司知识产权工作高质量发展实施方案》，控制专利申请总量，提升发明专利占比，2022年申请专利15件，全部为发明专利。获专利授权2件，其中发明专利1件。对2021年玉门油田公司评选出的30项科学技术进步奖成果，进行成果归档；甘肃省推荐的"三次采油技术研究与应用"项目获2021年度甘肃省科学技术进步奖二等奖；依据《玉门油田分公司科技奖励办法》，推荐30项成果上报公司科委会审定，评选出27项科学技术进步奖成果，其中一等奖4项、二等奖10项、三等奖13项。

【标准化工作】 2022年，按照集团公司标准化工作要求，结合玉门油田公司实际情况，编制印发《关于做好2022年重点标准实施工作的通知》，订购下发相关标准文本2159本，组织召开企业标准审查会，完成2022年制修订的43项企业标准的备案工作；对105项企业标准复审意见进行审查，其中继续有效45项、修订25项、废止35项；对拟定的2023年企业标准制修订项目计划和复审项目计划进行审定，下发2023年企业标准制修订及复审计划，计划修订企业标准12项，复审企业标准57项。

【信息化建设】 2022年，玉门油田重点推进集团公司统建项目、油田公司重大信息化项目建设，加快推进已建应用系统深化应用，推进信息基础设施建设、网络安全体系建设、信息化保障能力建设。油气生产物联网（A11）项目建设力度持续加大。截至2022年底，玉门油田数字化覆盖井数1982口（油井1582口，水井400口），单井数字化率100%；实现数字化场站38座，覆盖率100%，其中中小型站场34座、大型站场4座，中小型站场无人值守率76.7%；建成1套公司级生产管理子系统、4套数据采集与监控系统平台；油田本部实现无线传输全覆盖、光缆到场站，酒东实现无线网桥宽带传输全覆盖，新区实现光缆到已建数字化井场、场站全覆盖；通过试点形成"智能一键巡井、报警优化、功图诊断、采撬分析"等特色功能，并在全油田范围推广应用。

2022年，玉门油田门户网站2.0正式单轨运行，玉门油田作为集团公司首批试点单位，搜集整理门户系统2.0各单位铺底数据187条，完成门户1.0主站新闻频道、文档库等相关数据梳理，清理敏感信息。完成身份认证系统和门户2.0系统铺底数据导入及平台用户权限开通和用户信息审核。完成玉门油田公司门户2.0主站、党建门户2.0和33个基层单位门户2.0网站建设，完成所有网站的用户授权和数据迁移工作。

安眼工程井下作业视频推广实施，重点开展针对人员违章行为的智能识别与主动预警。按照集团公司"安眼"工程井下作业视频推广项目工作部署，如期建成上线，与集团公司总部平台实现视频级联对接，完成补充方案建设内容。

2022年，油田数智指挥中心投用，监控大屏显示视频主要分为重大危险源、井下作业和智慧工地等91路视频监控。重大危险源44路，其中环庆32路、玉门10路、酒东联合站2路，井下作业视频监控在线20路、智慧工地视频监控27路。

2022年，新做数字证书134个，办理邮件及AD开户184个，进行邮箱密码复位、信息变更110余次，邮件用户总数3651个，AD账号2158个。VPN账号延期申请46个，新增账号52个，系统内在用账号98个。完成清理ERP账号32个、邮箱及AD账号65个。

加强各类网络安全检查和重大活动期间网络保障，组织开展"HW2022"网络攻防演习、"网络安全为人民，网络安全靠人民"为主题的网络安全宣传周活动、北京冬奥会、北京冬残奥会、中共二十大、第五届进博会等重大活动期间的网络安全保障工作。

【安全环保】 2022年，玉门油田学习贯彻习近平生态文明思想和习近平总书记关于安全生产重要论述，严格落实集团公司安全环保工作部署，落实安全生产十五条硬措施，较好地完成QHSE各项目标指标，安全环保形势持续稳定受控。

2022年，未发生较大及以上质量事故和重大顾客投诉事件。井身质量合格率98.8%、固井质量合格率99.22%，优于集团考核指标（97.7%、93.7%）。自产产品出厂合格率、产品质量抽检合格率、计量器具定检率3项指标全部实现100%。开展入井材料及化学助剂质量提升专项行动，治理套损井19口，开展钻井液材料检查270井次，查改问题74项，井筒质量巡查监督履职进一步增强。开展群众性QC活动，优选QC成果获集团公司三等奖3项，质量信得过班组1个；获甘肃省特等奖1项、一等奖1项、二等奖6项、三等奖2项，创造经济效益2483万元。

2022年，玉门油田职业健康体检率和职业危害场所检测率100%。建立员工健康体检档案、推广个人体检信息实时查询，优化增加体检项目，配发个人应急药品，实施员工健康科学干预。加强海外员工健康管理，严把外派员工健康筛查关，出国健康体检率和评估合格率100%。组织开展特殊作业岗位健康负面清单排查，消除健康隐患。

2022年，玉门油田严格落实常态化新冠肺炎疫情防控措施。精准施策抓实抓细人员流动、场所管控、活动组织、疫苗接种、核酸检测、物资储备发放管理，筑牢疫情防控防线。专人专班有序组织核酸检测，开展核酸采样41轮32万余人次，坚决阻断疫情传播。严格落实国际业务新冠肺炎疫情常态化防控工作指导意见，加强海外旅途防护管理；严密监控回国员工健康状况，保障海外项目的稳定运行。

2022年，玉门油田落实新《安全生产法》"三管三必须"和健全完善全员安全生产责任体系的要求，结合油田改革、岗位调整的实际情况，组织修订完善并发布2022版安全生产责任清单，包含领导和14个职能部门、16个二级单位领导岗位安全生产责任清单110个,管理岗位安全生产责任清单1350个。整改问题隐患13000余个,发布实施制度措施137项。组织各级检查1191次,查改问题2686项,查改各类隐患问题261项。查处车辆问题和驾驶员违章行为168起,收取QHSE教育费4.23万元,安全记分42分。开展消防安全督查,检查重点要害部位117处,下发消防安全检查告知书24份,发现各类隐患85处,全部完成整改。完成9个单位336学时2500人次培训,组织各层级开展多种形式、内容丰富的系列活动720多场,宣传受众两万余人。

2022年,玉门油田未发生环境污染(生态破坏)事件,废气、废水排放达标率100%,固废处置利用率100%。二氧化硫较2021年同比减排21.3%,氮氧化物减排18.57%。组织对各二级单位在用的锅炉29台、压力容器1241具、电梯91部、起重机械94台、厂(场)内专用机动车辆38辆、压力管道3854条、安全阀1855个、汽车式起重机40台进行定期检验,办理青西联合站61条压力管道、油田作业公司完成11台高温熔蜡车、蒸汽清蜡车台装锅炉、酒东联合站29条工业管道的登记手续,开展违法行为专项督查,消除违法风险。

【经营管理】 2022年,玉门油田突出提质量、增效益,亏损治理成果丰硕。亏损治理实现18年来首次经营利润为正的历史跨越。落实"四精"管理和亏损企业治理"六个精准",突出全生命周期成本最优,控投降本降费工作成效显著。提升油气勘探开发力度,油气储量连续4年保持千万吨增长势头,油气产量当量连续两年实现10万吨级跨越式增长,天然气日产突破30万立方米,玉门油田进入"油气并举"新时代。油气产量当量从45万吨跃升到71.77万吨。

加强设备管理,从基础工作、制度规程、人员素质、设备状况4个方面,对11个基层单位设备管理部门、61个车间队站、156个作业现场,330台主要生产设备进行现场检查,对49名设备管理人员的技术能力和业务素质进行考核,发现426个问题,整改完成418个问题,整改率98.12%。2022年调剂利用设备46台套,节约资金2367.8万元,设备修旧利废节约资金753.8万元,改造节省资金8万元,租赁节约资金493.5万元,处置节约资金384.4万元,管理创效184.1万元,节约4191.6万元。

加大外部市场开拓,全年实现外部收入5.18亿元。其中,油田作业公司外部市场创收7771万元,同比增加2088万元,增长36.9%;水电厂外部市场创收1.21亿元、同比增加987.69万元,增长8.87%;生产服务保障中心外部市场创收4422万元,同比增加2257万元,增长104%;综合服务处外部市场创收7050万元,同比增加978万元,增长13.87%。机械厂外部市场创收7661.96万元,初步形成"产品+服务"一体化机械加工模式。

【企业管理】 2022年，玉门油田组织各职能部门参加集团公司、专业分公司改革相关会议11次。搭建剥离企业办社会职能后续工作机制，完成剥离企业办社会职能后评价报告。制定发布实施《玉门油田分公司2022—2023年度授权管理清单》和《玉门油田分公司强化管理实施方案》。按月填报集团公司改革在线督办管理系统，改革三年行动83项改革任务全面完成。收集总结各单位、各部门改革典型经验材料19篇，上报集团公司改革督办系统8篇。总结上报油田公司改革经验交流材料3篇，完成改革三年行动工作台账和资料清单的编制。完成2021年度对标管理工作总结，编制2021年对标管理提升行动工作成果清单，梳理以系统性方案、制度性文件等为主要形式的对标成果60余项。开展2021年度对标指标数据收集，完成2021年度对标分析报告，对所属16家二级单位主管领导和主要业务人员进行对标管理基础内容培训。修订发布《玉门油田分公司内部市场管理办法》，梳理形成立项—选商—合同—内部市场综合管理流程，推进内部市场管理信息化建设，2022年4月，投入使用市场管理信息系统，截至2022年底，各业主单位在系统提报535家承包商（服务商）开展的651条合同项目信息。

编制2022年度规章制度制定、修订申报计划和拟废止规章制度计划，新制定规章制度计划15项，修订制度计划55项。截至2022年底，发布制度35项，修订制度36项，年度制修订计划完成率超过90%。修订完善《玉门油田分公司规章制度管理实施细则》，推进"合规管理强化年"，成立"合规管理强化年"领导小组。组织开展专题合规培训11次，累计参培员工约1.2万人次。组织合规文化宣贯活动17次，参与人数累计1300人次。

修订完善玉门油田《内部控制与风险管理业绩考核实施细则（试行）》，下发《关于加强公司重大经营风险事件管理工作的通知》，计划组织开展内控测试，编制完成《玉门油田分公司内部控制有效性自我评价报告》。

制定《玉门油田分公司深化依法合规治企，创建"法治建设示范企业"实施方案》，开展普法宣传，组建成立公司律师事务部，2022年办理公司（局）授权委托书及负责人证明文件35份，办理诉讼案件16件，出具法律意见书10份，法律风险提示函1份。提供商事法律服务，明晰油田所属法人企业管控职责，强化合同管理。修订完善物资供应管理考核指标，新增物资年度需求计划上报项数准确率等7个指标，加强物资供应管理考核。将8家在招标投标中存在失信行为的投标人列入不诚信企业名单，并在中国石油电子招标投标网对其失信行为公示。组织完成各单位2022年物资供应商考评，对发生交易的一级物资供应商156家、二级物资供应商348家，涉及3247个物资品种的到货业务供应商的产品质量、技术水平、服务能力、合同履约等内容量化打分，将打分不合格的 16 家供应商分别做出暂停品类交易权限和暂停交易权限处理。

【队伍建设】 2022 年，玉门油田规范选人用人机制。加强对基层单位选人用人工作指导，落实报批报备制度，审核各单位选拔任用工作方案，加强过程跟踪指导和结果审核把关，提升选人用人质量。调整交流和选拔任用二级正、副职领导人员 41 人，其中调整交流 10 人，新提拔二级正、副职 25 人（提拔二级副职 20 人，二级正职 5 人）、公司副总师 2 人，进一步使用 4 人。推荐 1 名二级副职干部到大庆油田挂职锻炼；2 名二级副职干部到酒泉市发改委和能源局挂职锻炼；1 名三级正职和 1 名三级副职干部到金塔工业集中区管理委员会、甘肃酒泉核产业园管理委员会挂职锻炼。选派优秀年轻干部到环县等对口扶贫点进行蹲村挂职磨炼，在扶贫攻坚实践中锻造优秀年轻干部。按照集团公司统一要求，首次承办玉门油田 56 名招聘大学生的 A 类入职培训任务，指导并审定见习计划 56 份。

编制完成《玉门油田自主认定题库》，投入使用 28 个职业（工种）、38 个专业（方向）理论知识试题 24000 道，组织完成 53 个职业 67 个工种 1120 人次的职业技能等级认定工作。采用"积分制"，完成 3 名集团公司技能专家、15 名公司技能专家、15 名特级技师、27 名高级技师及 229 名技师选聘工作。

【企业党建工作】 截至 2022 年 12 月 31 日，中国共产党玉门油田分公司委员会有基层党组织 210 个，其中党委 18 个，党总支 7 个，党支部 174 个，党员 4630 名。其中女党员 1014 名，占党员总数的 21.9%；少数民族党员 83 名，占党员总数的 1.79%；35 岁及以下的党员 570 名，占党员总数的 12.31%；大专以上学历的党员 3662 名，占党员总数的 79.09%。发展党员 60 人。

2022 年，玉门油田公司召开第三次党代会，严格执行《中国共产党基层组织选举工作条例》，选举产生中共玉门油田分公司第三届委员会和纪律检查委员会。严格按照选举程序，9 个基层党委召开党员代表大会，9 个基层党委召开全体党员大会，全部完成换届选举；2 个基层党支部按期完成换届工作，基层党组织建立健全率保持 100%。制订印发《玉门油田分公司基层单位党委书记抓基层党建工作述职评议考核实施细则》《玉门油田分公司党委关于推进基层党建"三基本"建设与"三基"工作有机融合的实施意见》《玉门油田分公司基层党支部工作考核评价实施细则（试行）》《玉门油田分公司党建信息化平台考核评价实施细则（试行）》，推动全面从严治党向基层延伸。公司党委所属 174 个党支部全部组织召开组织生活会并开展民主评议党员工作。6 个单位的党委书记进行现场述职，接受测评，开启第三轮党委书记抓基层党建工作现场述职评议考核评议。将党的二十大精神学习作为基层党委、党支部当前首要政治任务和学习培训"第一课"，为公司18个基层党委、7个党总支、174个党支部统一配发党的二十大精神学习用书。严格落实《玉门油田公司2019—2023年党员教育培训规划》，优选3人参加集团公司党支部书记示范培训班；依托"四个课堂"培训模式，完成党组织书记及党务干部年度集中轮训全覆盖。在公司范围内优选40名年轻党务工作者，举办党务骨干人才及青年马克思主义者培训班。党员线下集中学习与"铁人先锋"等在线学习同步开展，保证党员每年参加集中培训学习时间不少于32学时。常态化做好党建信息化平台2.0推广应用工作，党建信息化水平持续提升，综合排名始终保持在集团公司前列。

开展"立足岗位建新功，喜迎党的二十大"系列活动，评选9篇党组织书记优秀党课、5个党支部优秀案例。坚持开展春节、"七一"、国庆期间慰问党员工作，"进家门到班组"慰问老党员、优秀共产党员231人。在纪念建党101周年会议上，2个党委、3个党支部做专题交流。推进党建协作区、党建互联共建，4个党委签订党建协作区协议，4个党委签订党建共建协议。常态化制度化推进党支部达标晋级动态管理，严格考核标准，创建示范党支部16个，优秀党支部15个。

2022年6月29日，玉门油田党委召开"贯彻落实党代会精神、纪念建党101周年、喜迎党的二十大"庆"七一"活动现场（朱俊霖　摄）

（王振军　徐玉洁）

中国石油天然气股份有限公司浙江油田分公司

【概况】 中国石油天然气股份有限公司浙江油田分公司（简称浙江油田）于2005年7月由浙江勘探分公司与浙江石油勘探处重组成立。总部位于浙江省杭州市。主要从事常规和非常规石油天然气勘探、开发、生产、储运和销售及新能源开发等业务。工作区域主要分布在浙江、江苏、福建、山东、安徽、湖南、湖北、四川、重庆、云南、贵州11省（直辖市）。截至2022年底，累计生产原油51.06万吨、天然气94.01亿立方米。2022年底，设职能部门10个、二级单位10个，用工总量496人。

浙江油田主要生产经营指标

指　标	2022 年	2021 年
原油产量（万吨）	2.28	2.15
天然气产量（亿立方米）	18.31	18.12
新增天然气产能（亿立方米）	3.49	5.61
新增探明天然气地质储量（亿立方米）	0.00	1216.85
三维地震（平方千米）	300.00	782.00
探井（口）	7	13
开发井（口）	48	47
钻井进尺（万米）	22.55	20.31
勘探投资（亿元）	2.63	9.01
开发投资（亿元）	25.59	16.77
资产总额（亿元）	109.68	97.78
收入（亿元）	30.52	23.84
利润（亿元）	2.83	-12.82
税费（亿元）	1.32	1

2022年，浙江油田实施"五五战略"（打造发展"双引擎"，建设传统能源油气当量500万吨生产能力，新能源业务油气当量500万吨供应能力两个500万吨浙江油田；塑造发展"新格局"，做优页岩气、新能源、常规油气、煤层气、市场营销五大业务增长极；构筑发展"硬支撑"，坚定创新、人才、数智化、文化引领、绿色低碳五大战略方向，提升发展"软实力"；落实党建工作政治统领行动，思想聚力行动，组织赋能行动，作风提升行动，纪律保障行动五大举措；夯实发展"硬基础"，提升文化引领力、红色战斗力、改革创新力、资产创效力、公司治理力五大核心竞争力），开展"转观念、勇担当、强管理、创一流"主题教育、提质增效专项行动、百日上产攻坚等工作，有效克服新冠肺炎疫情反复、高温限电、外协阻工等因素影响，完成各项生产经营任务。

【油气勘探】 2022年，浙江油田完成探井钻井7口，实施三维地震勘探300平方千米，新增SEC储量19.30亿立方米。大安1井、大安2井均获20万米^3/日以上的测试产量（最大油嘴7—8毫米，井口压力40—51兆帕），稳定试采产量10万米^3/日以上。临江、板桥和璧山等宽缓向斜区是大安区块页岩气勘探的主体区，目的层主体埋深3500—4500米，构造较为平缓，Ⅰ类储层连续厚度7—13米，储层品质好，压力系数高（2.0），综合评价Ⅰ类有利区面积923平方千米。大坝1井，在茅一段发现2套富有机质的纯碳酸盐岩非常规气层，累计厚度43.4米，对断上盘茅一段裂缝—孔隙型灰质源岩气储层进行酸压试气，6毫米油嘴下获稳定测试产量4.2万米^3/日，成功开辟大安探区茅一段缓坡相沉积、区域连片展布的纯灰质源岩气规模资源勘探新领域。

【油气田开发】 2022年，浙江油田生产原油2.28万吨；生产天然气18.31亿立方米（页岩气17.08亿立方米、煤层气1.2亿立方米、常规气0.03亿立方米）。依托数字化建设，强化单井生产数据实时提取跟踪，形成人工预判调整机制，一井一策，灵活采用以泡排为主、多种气举和负压抽吸等为辅的"泡排+"排水采气工艺，适应低压低产阶段的生产特征，释放气井产能；优化定型多元化气举模式（平台压缩机特色化气举、高低压互助气举、一机多举远程控制等），定型压窜井和积液井平台增压/负压抽吸复产措施；多元化组合工艺治理井筒异常，浅层33口异常井恢复率82.6%；开展措施310井次，增产2.0亿立方米，页岩气年综合递减率控制至26.5%，同比下降7%。煤层气实施增产作业13井次，增气11万立方米，检泵周期提升至1800天以上；开展地面集输分流优化，降输压提产量，年增销量210万立方米。

【产能建设】 2022年，浙江油田页岩气产能建设计划开发井完钻48口（紫金坝区块3口、太阳区块1口、海坝区块44口），实际完钻48口（紫金坝区块

3口、太阳区块1口、海坝区块44口）。开发井计划压裂74口（黄金坝区块4口、紫金坝区块1口、太阳区块20口、海坝区块49口），实际完成58口（黄金坝区块4口、紫金坝区块3口、太阳区块19口、海坝区块32口），完成率78.38%；计划投产64口（黄金坝区块4口、太阳区块27口、海坝区块33口），实际完成45口（黄金坝区块4口、太阳区块26口、海坝区块15口），完成率70.3%。新建产能3.49亿立方米。

【新能源开发】 2022年2月8日，浙江油田成立新能源事业部，撤销南方新能源开发公司（筹备）、地热建设项目组，调整南方新能源开发公司（筹备）职能、人员和地热建设项目组职能、人员到新能源事业部。2022年12月26日，成立新能源研究中心，在新能源事业部加挂牌子，新能源事业部更名为新能源事业部（新能源研究中心）。2022年，浙江油田与地方政府及相关企业签订30份新能源业务合作协议。在江苏海安建立苏北光热替代试验及海一联合站综合技术节能改造工程。苏北光热替代试验累计节电21万千瓦·时，实现清洁能源替代量64吨；海一联合站建设光热＋空气源热泵＋水源热泵机组替代燃气锅炉，累计节约天然气41039立方米，清洁能源替代量54.58吨标准煤；2022年风光并网任务目标100万千瓦，完成风光并网指标38.59万千瓦，指标完成率38.59%；2022年地热供暖任务目标50万平方米，签订供暖开发协议64.86万平方米，指标完成率129.72%。

【技术攻关】 2022年，浙江油田完成科技立项24个，其中集团公司（股份公司）B级项目4个、油气新能源公司C级项目2个、浙江油田公司级科技项目18个；开展14个上级项目（课题）和45个浙江油田公司级项目攻关，中期检查14项，验收评审26项。开展13项浙江油田公司级科研项目和1项带有研发性质的生产性项目——"三新"鉴定及材料修撰工作，研发经费加计扣除实现节税3095万元。19项已验收项目成果和在研项目阶段成果转化应用，完成3项新技术新产品推广。页岩气精细三维地质力学模型、岩屑监测装置在大安深层页岩气应用，实现钻井漏失与卡钻风险由定性到定量的突破，故障复杂率由20%降至5%以内。测试与采气一体化关键装备在阳102H27平台试验成功，作业时间由原来的32—40天缩短至15天。探索科技项目孵化新模式，利用长三角地区科技企业集聚优势，加强科技精准合作，推出超声井筒成像测试等6个科技孵化项目。完成13项专利申报，其中发明专利11项，发表技术论文49篇，申报2项省部级科技进步奖。修订发布《浙江油田公司科技项目管理办法（试行）》及补充管理规定。起草编制《浙江油田公司完全项目制试点项目实施细则》。

【质量健康管理】 2022年，浙江油田开展井筒质量管理体系评价，明确和监督落实 78 项井筒质量提升工作具体措施；推进油气水井质量三年集中整治行动，落实 4 个专项 36 项工作；开展为期三个月的井筒质量专项整治行动，重点是对工程设计跟踪与回访、"双井长制"落实、"一井一工程"管理、压裂施工复盘分析等 5 方面 17 项工作的整治和提升；开展为期两个月的入井材料和工具质量专项整治行动，形成《浙江油田入井材料和工具质量管控十条措施》；修订《浙江油田公司井筒质量管理规定》；开展产品质量监督抽检，甲供必检物资和乙供产品抽检率 100%，对抽检发现的 7 项不合格产品进行通报和处理；发布质量通报 9 期，对 186 项油气井工程、地面建设项目典型质量问题进行分析，落实质量要求，对 6 家单位进行考核；实施 QC 项目 18 项，创历史新高。井身质量合格率 98.5%（指标≥95%），固井质量合格率 98.5%（指标≥92%），压裂丢段比例 0.21%（指标≤1%）；地面建设工程质量合格率 100%，自产产品质量合格率 100%，采购物资质量合格率 99.15%（指标≥98%），必检物资入库抽检率 100%；计量器具周期检定率 100%。开展健康企业建设，按期完成建设并通过验收，被认定为集团公司 2022 年健康企业建设达标企业；推进健康知识进单位、进基层、进班组，提高全员健康意识；实施个性化员工健康体检，设置"必检项+可选项"点餐式体检项目，让体检更贴合员工实际情况；开展健康风险评估，完善健康档案；职业健康体检率 100%，职业病危害因素检测率 100%；开展患心脑血管等高风险疾病员工健康干预，全年未出现职业健康病例和非生产亡人事件；及时跟踪新冠肺炎疫情发展态势，按照集团公司防控工作要求，结合属地政府防疫政策，开展疫情突发应急演练，落实各项疫情防控措施；修订《新冠肺炎疫情防控工作指导手册（第九版）》，印发执行；疫情防控平稳，勘探开发、生产运行顺畅。

【安全环保】 2022 年，浙江油田安全生产专项整治三年行动收官，完成 5 大专题、193 项工作任务，发现整改问题隐患 12710 项，形成制度措施清单 146 项；开展危险化学品安全风险集中治理和重点领域安全风险集中整治，查改各类问题 465 个；将 15 条安全生产硬措施细化为 84 项具体工作，逐项落实；各层级开展安全生产大检查 110 次，发现整改各类问题隐患 913 项；开展安全生产专项整治自查自改，发现整改问题 423 项；排查燃气使用现场 18 个，发现整改问题 31 项，制定落实风险防控措施 34 项；对 36 幢房屋进行安全专项排查，发现整改问题 14 项；开展"三长制"管理责任落实专项检查，抽查生产建设现场 20 个、基层单位 4 个，发现整改问题 63 项；开展安全生产培训"走过场"专项整治，自查自改问题 86 项，QHSE 委员会办公室抽查验证，发现并督促整改问题 35 项；修订作业许可管理制度，制定发布质量、安全、环保"十大禁令"；推进安全文化建设，落实19项具体工作；开展2次QHSE体系审核，量化打分分别为85.83分、86.76分，审核累计发现问题261项，整改率99.6%，体系运行绩效持续提升；未发生生产安全事故和溢流险情。通过第二轮第六批中央环保督察组和四川省环保督察组的相关检查，未接到督察通报；绿色企业创建自评得分953分，完成申报并通过验收，被认定为2022年"中国石油绿色企业"；排查发现生态环境风险一般隐患10项，全部整改完成；达标回用回注采出水64.2万立方米，水基岩屑资源化利用8.6万吨，油基岩屑无害化处置0.33万吨；未发生环境事件，主要污染物排放量完成考核指标，氮氧化物排放量1吨（指标≤2吨）、二氧化硫排放量0.2吨（指标≤0.3吨）、二氧化碳排放量58000吨（指标≤60000吨）、甲烷排放量1650吨（指标≤1735吨）。

【提质增效】 2022年，浙江油田聚焦价值创造，强化全生命周期、全员、全过程、全要素经营管控，落实"提质增效价值创造行动"，制定33项提质增效措施，建立系统化、全链条价值创造体系，全方位挖掘油气供应链价值，全年增收6.18亿元，降费0.52亿元，控投2.69亿元，盘活积压物资1.39亿元，土地复垦208亩；点滴创收，分角降本，积少成多、集腋成裘，直接增效6.7亿元，完成年度提质增效奋斗目标5亿元的134%。

【深化改革】 2022年，浙江油田确定25项具体改革任务，编制运行大表，成立专班，推进事业部授权赋责机制、价值评估与绩效考核体系、"油公司"高效管理模式构架、技术序列项目化、任期制和契约化管理等5项改革重点任务，集中力量攻坚，确保改革重点任务高效协同推进。国企改革三年行动成效显著，优化"油公司"模式顶层设计，2019—2022年，精简机构超50%、缩编岗位超20%，配套健全授权管理清单，管理体系融合推进有力有效；在重庆天然气事业部开展授权赋责经营机制改革试点，做实项目全生命周期管理；制定实施"价价联动"机制，首次实现天然气售价与市场接轨；中层领导人员实行任期制、契约化管理，推行管理人员竞争上岗、末等调整和不胜任退出，纵深推进技术序列项目化改革。向集团公司和勘探与生产分公司报送改革典型经验案例总结交流材料6篇，其中1篇入选集团公司第一批典型案例。

【依法治企】 2022年，浙江油田实施《关于深化依法合规治企，进一步加强法治建设实施方案》，细化85项工作任务。实施《2022年规章制度制修订工作计划》，深化制度立改废工作，制定制度22项、修订35项、废止34项，健全完备制度体系；加强制度执行情况监督，严格追究违反、变通、规避制度的行为，维护制度的严肃性和权威性。强化风险管控措施落实，动态销项管理，重点领域合规风险全面受控，规范性文件、合同、重大涉法事项等合法合规审查率均

100%；对重大事项的合法性、可行性、需履行的法律程序、潜在的法律风险、设定的权利义务及法律后果等进行全面审查，落实规避、防范、化解法律风险的措施，最大限度维护合法权益。修订合同管理办法，合同全过程管理流程进一步优化规范；强化合同审查质量，坚持严格把关与提高效率并重，论证合同重要条款，合同签订质量和效率进一步提升，事后合同严控在考核目标以内。推进未结案件妥善处理，有效控减纠纷高发领域案件，纠纷案件管控力度显著提升。针对不同普法对象的特点和需求，构建分层次、差异化、有实效的普法格局，实现精准普法和有效普法。

【员工培训】 2022年，浙江油田开展送外培训101项279人次；计划浙江油田公司级培训39项，实施32项1709人次，完成率82%；开展厂处级培训321项，3016人次；培养高级技师1人，实现高级技师零的突破；培养技师3人、高级工1人。开展承包商关键岗位人员培训22期，合计培训635人次；入场培训班22期，合计培训597人次；开展全员履职能力评估，岗位履职能力评估覆盖率100%。选拔18名选手参加省部级、集团级技术技能竞赛3项；其中选拔3名选手参加集团公司首届技术技能大赛油藏动态分析竞赛，杨小冬获个人铜牌，张卓被聘为集团公司级竞赛裁判；选拔4名选手参加浙江省地质调查员（矿产地质方向）职业技能竞赛；选拔7个项目、11名选手参加集团公司第二届创新大赛生产创新竞赛、青年科技创意竞赛。选派1名青年技术骨干参加集团公司两级技术专家培训班，到中国石油大学（北京）进行为期4个月的学习，并针对实际生产难题进行立项研究，取得成果。开展9个一线生产难题攻关，其中"页岩气地面管线与井筒腐蚀评价及防腐技术优化"项目入选基金项目，获集团公司10万元资金支持并完成攻关。建设培训课件307个、视频课程76门、各类试题库234个。根据集团公司"一省一中心"区域人才评价中心的安排，完成建立"中国石油浙江地区认定中心"相关工作，获浙江省人社厅人才评价指导中心的批复文件。

【企业党建工作】 2022年，浙江油田以党委会和党委理论中心组（扩大）学习为主要载体，两级党委开展"第一议题"学习126次，中心组成员撰写理论成果文章16篇，提交心得体会21篇。党支部开展主题党日活动47次，支部书记讲授专题党课43次。推送各类学习文章1005篇，组织线上答题12次，累计答题50012人次；深化党的理论成果创新，开展党建、政研课题研究，分别获集团公司二等奖、三个奖各2个。开展思想教育引导80人次，各级组织开展红色革命教育64场次。两级党委开展主题教育相关学习76次，组织宣讲44次，举办大讨论51场次，对标查摆48次，查摆问题432项，制定整改措施621项。

两级党委研究意识形态工作9次，开展专项督导3次，听取专题汇报9次，发现并整改问题43项。开展专项隐患大排查3次，制订特殊时段预案4套，报送月报11期，召开维稳工作推进会1次。召开统一战线工作推进会1次；强化党外人士政治引导和培养教育，下发自学材料6期，组织集中学习党的创新理论3次；严格落实党外人士联谊交友制度，更新联谊交友点，并召开党外人士座谈会，听取关于改革发展大局和浙江油田中心工作意见建议32项。有效处置舆情事件3起，未发生重大负面舆情事件。

【民生工程】 2022年，浙江油田深化"我为员工群众办实事"实践活动，做好节日慰问、员工生日福利发放、员工身心健康讲座、线上读书及单身青年联谊、家庭困难帮助等工作，通过"夏送清凉、冬送温暖"，发放慰问品18.63万元；吊唁去世退休员工19人，金秋助学27人，开展困难员工扶贫救助407人次；推进484人参加浙江省第8期职工大病保障医疗互助活动，帮助13名员工申领理赔保障金。维护员工健康权益，开展争做"职业健康达人"活动和配合举办集团公司健步走网络公开赛，第三次获石油体协团队一等奖。关心员工身心健康，组织全员收看《强管理8堂课》等系列直播讲座17讲。

【智慧油田建设】 2022年，浙江油田对投入时间长、设备性能不足的硬件设备进行升级替换，新采购部署服务器、存储等硬件设备11台套，为新建应用系统的安装部署提供基础设施，也为大数据管理平台、测井数据库、勘探开发一体化协同研究平台等系统的迁移提供硬件条件；开展视频会议设备、UPS电源电池等其他设备的升级更新，提升应用效果。完成叙永海坝倒班公寓、泸州倒班点、一体化中心科创楼等新办公场所的网络建设，确保办公网络覆盖率100%；升级改造网络设备，对投入使用超过10年的网络设备和非国产网络设备进行更换，实现千兆到桌面，提升网络系统的稳定性和安全性；在服务器集群前部署防火墙、单向隔离网闸，启用访问控制，对网络审计、日志审计等网络安全设备进行系统升级，提升综合防护能力。开展自建应用迁移到华东区域中心DMZ区集中部署工作，完成10个系统迁移并上线运行。修订《浙江油田公司数据管理办法》，汇编《信息化管理规章制度及标准规范清单表》，收集制度40项。确立A1系统作为勘探开发静态数据的主采录定位，打通A1系统与区域湖接口，钻录测地质油藏数据入湖，实现勘探开发数据入湖存储、共享应用；重建A1系统基本实体（组织机构、地质单元、生产单元、井/井筒），规范浙江油田区域湖基本实体架构；开展地震、钻测录压试采入湖数据梳理，建立数据入湖规则，推进数据归集；完成大数据管理平台、测井全量库系统的本地化部署；上线地质工程一体化决策平台的压裂、试气采集模块，弥补压裂—试气方面的数据缺项；完善地质工程一体化远程决策系统，支撑一体化协同研究平台工程应用研究；开发 A1 系统页岩气、煤层气分析化验数据采集模块，弥补分析化验数据库缺项，保障地质工程研究所需。协同办公平台、云枢平台、勘探开发一体化协同研究平台、智能智联生产运行平台、地质工程一体化远程决策平台、大数据管理平台、井下作业视频监控、门户网站持续优化升级。明确以"区域湖+大数据管理平台+PHD 数据库"组成的数据中台为核心的数据流管理理念，各系统数据向数据中台集中的数据管理基础，为集中数据库建设、集中数据存储、深化智能应用的数智化转型发展明确数据治理基础。

【**首次牵头编制 2 项行业标准**】 浙江油田牵头编制的 2 项行业标准《页岩气地震地质工程一体化技术规程》（NB/T 10839—2021）、《海相页岩地质力学评价规范》（SY/T 7617—2021）由国家能源局发布公告，2022 年 2 月 16 日起实施。2 项标准的发布实施，填补页岩气开发地震地质工程全过程一体化技术流程及海相页岩采样制备、地质力学测试及地应力场、钻井液安全密度窗口、压裂可压性地质力学评价的标准空白，对我国页岩气高效开发提供有力的技术支撑。

【**复杂山地浅层页岩气科技成果通过鉴定**】 2022 年 6 月 8 日，中国石油和化学工业联合会在杭州召开科技成果视频鉴定会。鉴定委员会主任杨树锋、副主任杜金虎及石林、谢刚平、余刘应、鲜成钢、王红岩等专家，浙江油田副总经理、总地质师梁兴参加会议，项目组领导、成员和浙江油田科技管理部相关人员参加会议。鉴定委员会听取浙江油田"复杂山地浅层页岩气成藏理论突破与关键技术规模应用"的科技成果汇报，一致认为"复杂山地浅层页岩气成藏理论突破与关键技术规模应用"科技成果总体处于国际领先水平，同意通过鉴定。该成果应用于太阳—大寨和海坝气田的高效勘探开发，提交探明储量 2576.35 亿立方米，建成 14 亿米^3/年生产规模，带动地方经济发展，经济社会效益显著。

【**机器人破解长输管道检测难题**】 2022 年，国产化电磁涡流管道内检测机器人首次在浙江油田西南采气厂输气管道中成功应用。这款机器人可以对管道内腐蚀情况开展定量检测，发现输油管道制造及使用过程中产生的腐蚀、壁厚减薄、裂纹等问题，可测定管道腐蚀的程度，且可确定腐蚀的位置。这款机器人由国内研发，在机械结构、高通过性、信号采集及稳定性方面具有良好的性能，可完全支持发球阀管道作业。同时，可以采集到信噪比高、清晰度高的检测数据。2022 年 6 月 12 日开始检测工作，2022 年 7 月 25 日结束，历时 44 天，发送清管检测器 15 次，检测里程 85.22 千米，管径 219.1 毫米、168.3 毫米、323.8 毫米3种。分析检测数据85.22千米，发现缺陷17897处、凹陷34处、焊缝异常1处。2022年8月11日—10月27日，开挖管道41处，发现存在缺陷与检测结果一致，完成钢制环氧套筒＋黏弹体＋聚丙烯补强2处，玻璃纤维补强＋黏弹体＋聚丙烯补强5处，其余采用黏弹体＋聚丙烯补强。

【压裂新工艺技术开中国石油先河】 四川盆地渝西大安区块油气资源富集，是浙江油田增储上产的主力区块。预探井大坝1井在钻探过程中茅一段见良好的气测显示，岩心测试表明茅一段发育一套眼球眼皮状泥晶生屑灰岩，属源储一体型的灰质源岩储层，TOC含量高，含气性好，是四川盆地风险勘探缓坡型沉积相带新领域。浙江油田开展新一代压裂工艺研发，经过与川庆钻探井下作业公司等单位多轮次的专家会审论证，决定对大坝1井断下盘茅一段以基质孔隙型储层为主的富有机质灰岩，按照非常规分段分簇压裂思路，创新采用"高温胶凝酸＋变黏滑溜水携砂＋大排量注入"多级交替转向缝网体积压裂加砂改造增产工艺，以期实现储层充分体积改造，进一步落实茅一段储层产能。2022年6月，大坝1井完成断下盘茅一段的压裂改造工程。灰岩储层多级交替转向缝网体积压裂加砂改造增产工艺的成功尝试，开创基质孔隙型碳酸盐岩储层成功压裂的先河，填补中国石油在茅一段压裂改造工艺空白，在中国石油、四川盆地均属首次。压后采取"焖井"＋小油嘴开井，并按照油嘴逐级增大的原则控制返排测试，气产量0.3万—1.0万米^3/天，气举助排最高日产1.8万立方米。2022年8月19日，针对断上盘的茅一段裂缝孔隙型灰质源岩储层，采用"自生酸＋高温胶凝酸"三级交替注入工艺进行储层改造。2022年9月12日—12月31日，大坝1井生产天然气264.11万立方米。

【2项油气勘探成果获集团公司2022年度勘探重大发现成果奖】 2022年，浙江油田在大安区块黄204H、大安1H井、大安2H井深层页岩气勘探获重大突破，证实渝西大安深层页岩气勘探潜力，落实优质储量目标区，获中国石油天然气集团有限公司2022年度油气勘探重大发现成果二等奖。2022年，浙江油田对大安区块东山高陡背斜带茅口组探井大坝1井断上盘茅一段裂缝—孔隙型灰质源岩气储层进行酸压试气，实现茅一段灰质源岩非常规气工业性突破，成功开辟大安探区茅一段缓坡相沉积、区域连片展布的灰质源岩气规模资源勘探新领域，优选勘探有利区面积1000平方千米，获中国石油天然气集团有限公司2022年度油气勘探重大发现成果三等奖。

（罗新明　唐立）

中石油煤层气有限责任公司

【概况】 中石油煤层气有限责任公司（简称煤层气公司）是中国石油天然气股份有限公司独资设立的从事煤层气业务的专业化子公司，2008年9月成立，总部位于北京市，主要从事煤层气、致密气、页岩气资源的勘探、开发，以及技术服务、技术咨询、信息咨询等业务。工作区域横跨山西、陕西、内蒙古、宁夏、新疆、湖南、贵州、黑龙江等8省（自治区），规模生产区域主要位于晋陕两地的鄂尔多斯盆地东缘。

煤层气公司主要生产经营指标

指　标	2022年	2021年
天然气产量（亿立方米）	27.49	25.63
新增天然气产能（亿立方米）	5.38	3.74
新增探明天然气地质储量（亿立方米）	—	762.08
三维地震（平方千米）	522	300
探井（口）	10	6
开发井（口）	81	120
钻井进尺（万米）	29.92	34.63
勘探投资（亿元）	2.80	0.91
开发投资（亿元）	21.00	14.89
税费（亿元）	5.15	2.27

截至2022年底，机关设11个部门、2个直属机构，以及勘探开发研究院、勘探开发建设分公司、韩城采气管理区、临汾采气管理区、忻州采气管理区、工程技术研究院、外围勘探开发分公司、物资分公司、新能源事业部、中石油渭南煤层气管输有限责任公司、监督中心11个所属单位。按照股份公司授权，负责管理中联煤层气国家工程研究中心有限责任公司。用工总量1097人。

2022年，煤层气公司上下坚持以习近平新时代中国特色社会主义思想为指导，认真学习贯彻党的十九大、党的二十大精神，完整、准确、全面贯彻新发展理念，全面落实集团公司党组决策部署，统筹新冠肺炎疫情防控和生产经营，强化战略和战术执行，踔厉奋发深耕"党的建设、安全环保、硬增储、高效建产、长效稳产、提质增效、创新驱动、市场营销、合规管理、深化改革"十一篇文章，完成各项工作任务，勇毅前行实现迈向高质量发展新跨越，连续两年获集团公司先进集体称号。

【勘探增储】 2022年，煤层气公司实施三维地震522平方千米，新增SEC储量完成年度考核指标的122%，获集团公司2022年度油气勘探重大发现三等奖。持续深化全域性系统资源评价，完成煤层气公司中长期勘探发展和储量规划。深层煤层气集中勘探取得重大突破，大吉区块压裂试气26口直丛井，平均单井日产超7000立方米；石楼西1口井创国内煤层气直丛井产量最高纪录，增强合作方加快深层煤层气业务战略转型的信心。页岩气评价、中浅层煤层气评价试采取得重要进展，新层系勘探见到好苗头。

【高效开发】 2022年，煤层气公司新建产能5.38亿立方米，实现产量27.49亿立方米、同比增长7.3%，保德煤层气田获集团公司"高效开发气田"表彰。建立EUR（单井评估的最终可采储量）建设与保护的理念，通过"优育、孕育、生育、哺育、养育"5个环节，进行"五育"全生命周期管理，强化精准挖潜、技术增储及资产归算，新增PD（已开发）储量实现5年连续增长、平均增长率49%。突出"未动用储量池、项目池、井位池"建设，完成优质产能项目和井位储备，"源头"价值赋能更加充盈。产能建设高产井不断涌现，开发指标屡破纪录，全年产能到位率89.8%、新井产能当年贡献率42.1%、水平井平均储层钻遇率95.4%，分别同比提高6.4个百分点、9.1个百分点、8.7个百分点；深层煤层气开发井成功率、方案与井位部署及时率均100%。建立全要素建管模式，统筹井场、井间、区域布局，建立供水、供电、物资供应三大保障系统，平均钻井周期缩短30%，工厂化压裂作业时效同比提升300%，平台交付投产时间缩短40%。大胆突破理念、理论、技术、实践禁区，加快深层煤层气评价上产，新投产水平井单井最高日产15.5万立方米、平均稳定日产8.2万立方米，是方案设计配产的2—3倍、中浅层煤层气水平井的10—20倍，预测平均单井EUR超6000万立方米，标志着煤层气公司率先在世界范围内2000米以深煤层气领域获得具有里程碑意义的重大突破。

【气田管理】 2022年，煤层气公司气田开发态势持续向好，气田综合递减率19%，同比下降7个百分点；探索排水采气新工艺，致密气生产时率同比提

7个百分点,煤层气井检泵周期延长至832天。产量结构实现战略转型,煤层气年产量首次突破10亿立方米大关,同比增长20%;日产量占比49.5%,基本实现煤层气与致密气"半壁江山"的格局。精细气藏地质研究,实现老气田一次精描全覆盖;聚焦气田"供给侧""采出侧"要素和平面、层间、层内三大矛盾,开展地质、工程、地面"三个大调查",高效完成年度气田综合调整方案编制。深化综合治理,措施有效率85%,年增气9900万立方米,当年产出投入比2.6;实施老井压裂增产工程,55口井措施有效率98%,年增气5466万立方米,产出投入比3。启动千口老井复查评价立体挖潜项目,层内挖潜、层间接替,支撑300口潜力井入挖潜池。

【提质增效】 2022年,煤层气公司提质增效工作进一步升级,全年全口径收入同比增长38%;单位操作成本同比下降7%;实现提质增效约12亿元。突出主营业务优化投资结构,勘探、评价投入分别同比增长62.7%、29.5%,非生产类投资同比下降4个百分点;压低投资控制"天花板",亿立方米产能投资同比降低5.5%,亿元投资新增EUR同比增长19.7%。持续优化项目方案设计,深层煤层气先导试验及扩大项目收益率高出方案设计3.7个百分点。强化招投标、造价及审计过程管控,全年控减费用7600万元。强化精细挖潜,通过优化控减承包商总量,加大修旧利废力度,发挥规模采购优势,降本增效过亿元。开展气井分类效益评价,建立高利井、中利井、低利井、毛利井、边利井、无利井、负利井"七利井"台账,动态评价近8000井次,通过有序治理升级增效1.8亿元。优化资产结构,加强在建工程清理,实现在建工程规模下降36%。市场营销价值实现能力逐步增强,通过强化市场研判、风险应对、制约要素突破、市场布局和开发、价值导向、营销专业化队伍建设"六个强化",有效应对市场竞争日趋激烈、市场价格波动、市场需求波动"三大挑战",外输渠道、管网互联互通、局部区域销售权、局部产销不平衡"四个制约"因素相应缓解。合作共创共赢共享局面逐步向好,扎实做好强化矿权危机意识、强化思想引领、强化规划统领、强化管理带领、强化技术提领、强化合作区块综合治理、强化深层煤层气业务、强化勘探项目转入开发阶段的工作力度、强化法律风险防控"九个强化"工作,要素管控逐步深入,首次以第三方为主体梳理合作项目投资回收情况,实现"项项有记账、账账皆循章",有效压减非生产性支出4670万元。

【科技创新】 2022年,煤层气公司聚焦创新工作"十大要素",围绕深层煤层气等关键领域实施各级项目95项,打造创新团队51个,研发投入强度达4.1%,发布各类标准7项,发表核心、EI等期刊论文59篇,2项管理成果获国家级二等奖、三等奖。创新体制机制进一步优化，推行"揭榜挂帅"科技项目组织模式，形成首席技术专家主导、技术骨干主责、两院一中心主攻、管理区及分公司主推的协同创新合力。"三个一代"（研发一代、应用一代、储备一代）创新格局进一步完善，围绕创新工作7个方向、13个布局，突出重点领域关键技术攻关和战略技术储备，设立科技创新工程16项，进一步加大基础实验和攻关力度；实施"应用一代"项目23个，完成技术有形化90项，进一步完善勘探开发成熟技术体系。科技成果转化力度进一步加大，规模推广煤层气水平井负压捞砂、连续油管射孔等14项技术，创造效益1500余万元、产出投入比大于2。专利知识产权成果大幅提升，全年申报专利23件，其中发明22件，获授权发明专利7件，为历年之最。国际、国家、行业标准实施取得重大突破，特别是新发布的两项国际标准，标志着我国煤层气领域标准化工作水平继续保持国际领先，国际话语权进一步提升。首次开展数字化大调查，明确未来三年数智气田建设指导意见。新能源新业务发展空间进一步拓宽，推动2个光伏项目并网运行，3个光伏替代项目获股份公司批复。牵头成立集团公司煤炭地下气化研发中心，成功研制国内首套块煤热重仪等煤炭地下气化关键技术实验装置。

【质量健康安全环保】 2022年，煤层气公司未发生一般B级及以上生产安全事故和环境事件，安全生产形势平稳受控，连续第7年获集团公司QHSE先进企业。风险隐患治理能力不断增强，构建信息收集、信息梳理、风险研判、预警发布、跟踪确认、预警关闭的"六步法"风险管控模式，发布风险预警1.9万项；聚焦6个重点领域，治理重点隐患12个，累计整改问题2462项，本质安全水平进一步提升；动态评估承包商队伍160支，其中列入灰名单2支、警告5支、清退4支，推动承包商由被动监管向自主管理转变。绿色发展理念不断深化，取得山西省首个油气开发采出水回注许可，实现钻井液循环利用率95.2%，压裂返排液综合处理率94.5%，促进减污降碳协同增效。质量管理体系不断完善，优化工艺、技术设计审查要点，强化重点施工过程监管，严把工程物资质量，井身质量、固井质量、入井材料合格率分别达97%、99%、100%。开展"健康企业"创建，推行"1+X"体检方案，员工"五高"同比下降11%；建设"健康驿站"6个，"一人一档"健康档案基本完善；因时因势优化新冠肺炎疫情防控措施，疫防药品、物资及时足量配送到家，坚守疫情防控与员工健康的防线。

【人才强企】 2022年，煤层气公司深化"重人才"基本战略，实施"人才强企工程"，进一步推进人力资源向人力资本转化。构建形成"63155"队伍格局，即600人左右的地质、工程、地面三支人才队伍，300人左右的经营管理和党建人才队伍，100人左右的市场管理及监督人才队伍，50人左右的高素质营销队伍，50人左右的数字化人才队伍。开展人才专项盘点，制订专业化人才培养实施方案，打通各业务板块全链条培养通道。建立技术技能复合型人才成长机制，一线科技骨干5人入选集团公司"青年科技人才培养计划"；职业技术技能大赛再获新突破，取得国赛1银、集团公司2铜的历史最佳成绩。打通"工程师+技师"职业发展双向通道，20名专业技术人员取得采气工技师职业技能等级资格，5名优秀技术技能骨干通过"绿色通道"获聘三级工程师。增强培训赋能效应，建立涵盖74项业务单元、195项课程体系的岗位培训管理矩阵，编制两级培训计划393项，累计培训7400余人次。聚焦理论技术问题，形成涵盖3个主干领域、9个分支专业的课题41个，公司专家、两院领导带头授课，进一步营造师带徒、传帮带的良好氛围。

【合规管理】 2022年，煤层气公司"合规管理强化年"取得积极成效，合规问题数量同比下降30%。构建《岗位合规培训管理矩阵》，组织"八五"普法、合规培训1556人次，全员依法合规思想意识进一步强化。成立依法合规治企领导小组，设立煤层气公司首席合规官，进一步健全合规管理组织体系；按照"管业务必须管合规"的原则，建立"三道防线"工作格局；完善《岗位合规风险防控指引》，建立"四个合规清单"，合规风险管控水平进一步提高。开展合规风险排查及重点领域合规风险防范治理工作，整改违法违规问题37项，突出问题专项治理成效进一步增强。违规问题责任追究从严，对行为违规"多纠偏"、主观违规"零容忍"，违规处罚的警示和震慑作用进一步发挥。

【深化改革】 2022年，煤层气公司"改革三年行动"收官，超前完成6方面22个重点领域67项具体任务；通过开展改革任务"回头看"，确保短板弱项"清零"。组织体系更加优化，全年压减编制15人、压减率12.5%，连续两年硬下降。双序列改革更加深入，坚持"管理序列"做减法、"技术序列"做加法，首次将经营、安全、监督管理等人才纳入技术序列，有序推进所属单位专业技术岗位序列改革，管理序列与专业技术序列岗位比例由6：4优化至5：5。业绩考核更加全面，构建以"单位分级分类、岗位价值、业绩贡献"三位一体的挂钩联动考核体系，有效破除"洗碗效应"。薪酬激励更加精准，以价值贡献为主导、单位类别及效率为调节、专项激励为补充的薪酬分配机制初步建立。国家工程中心入选国务院国资委"科改示范企业"，获批博士后科研工作站，组建6支特色技术创新团队，提升自主创新能力、培养行业高端人才的基础进一步夯实。

【企业党建工作】 2022年，煤层气公司坚守"党建统领"战略定力，推进引领工程、聚力工程、铸魂工程、强基工程、融合工程"五大工程"，努力开创"政治站位高、组织系统优、队伍能力强、基础工作实、党建成效好"的高质量党建新局面。实施引领工程，学习贯彻习近平新时代中国特色社会主义思想，深入学习贯彻党的二十大精神，深刻领悟"两个确立"的决定性意义，推动两级党委全面落实"第一议题"制度。常态化开展"我为员工群众办实事"42件，员工"三感"更加充实、更有保障、更可持续；深化企地融合发展，全年贡献财税同比增长167%，民生用气同比增长5%，冬保供气同比增长2.5%，在新冠肺炎疫情联防联控、保生产保供应等方面获地方表彰嘉奖。坚定不移全面从严治党，加强对"一把手"和领导班子的监督，构建综合监督、职能监督、专职监督"三道防线"、建立日常沟通、协作配合、成果共享、责任追究、考核评价"五项机制"，监督体系进一步完善；驰而不息纠治"四风"，五项费用支出同比下降21.5%。做实巡视巡察"后半篇文章"，巡视反馈问题整改率100%；深化党委巡察"回头看"，强化共性问题自查自纠，以巡促改、促建、促治的良好态势逐步形成。实施聚力工程，聚焦政治坚强、本领高强、意志顽强"三强"干部队伍建设，完善选人用人实施细则，加大竞争性选拔力度，出台管理人员考核退出制度；坚持培养年轻干部，选派13名管理技术骨干到重点工程、重大项目挂职锻炼。实施铸魂工程，以喜迎党的二十大、宣贯党的二十大为主线，学习贯彻习近平总书记重要讲话和指示批示精神，两级班子带头学习党的创新理论，结合实际深入交流研讨，形成迈向高质量发展的一系列新思路、新举措；弘扬伟大建党精神，深挖石油精神和大庆精神铁人精神时代内涵，进一步丰富形成以"忠于党、为人民、责任心、真功夫、强管理、重创新、好习惯、好形象"为价值追求的新时期煤层气企业文化核心理念。实施强基工程，党组织书记抓基层党建述职评议实现第二轮全覆盖，推进基层党建"三基本"建设与"三基"工作有机融合，43个基层党支部全部达标，党组织健全率和党员班组覆盖率均100%。煤层气公司党委连续4年获评集团公司党建工作责任制考核"A档"。实施融合工程，完善两级党委"三重一大"决策制度，进一步规范党委前置研究范围和程序，科学决策、民主决策机制更加成熟；制修订党委规范性文件21项，党建制度体系更加健全。在绩效考核中新增"党建类"指标，权重分布达到15%—40%。推进党建载体创建与中心工作紧密结合，两项课题获集团公司优秀党建研究成果一等奖、二等奖。

（纪　烨）

南方石油勘探开发有限责任公司

【概况】 南方石油勘探开发有限责任公司（简称南方公司）前身为1984年在北京注册成立的中国石油天然气勘探开发公司，1991年迁至广州；1995年以"南方石油勘探开发有限责任公司"名称在广州注册；2008年9月，调整为中国石油天然气集团公司直属单位，业务上归原勘探与生产分公司管理；2011年10月，中国石油天然气股份有限公司正式完成对南方公司的股权收购。

南方公司主要生产经营指标

指　标	2022年	2021年
液态石油（万吨）	32.01	31.02
天然气产量（亿立方米）	1.01	1.03
新增原油产能（万吨）	5.4	5.4
新增天然气产能（亿立方米）	0.06	0.09
探井（口）	8	11
评价井（口）	5	5
开发井（口）	33	23
钻井进尺（万米）	17.41	12.12
勘探投资（亿元）	2.35	2.20
开发投资（亿元）	8.60	2.97
资产总额（亿元）	62.93	54.35
收入（亿元）	17.46	12.45
利润（亿元）	4.92	2.74
税费（亿元）	4.59	1.66

南方公司勘探区域覆盖海南、广东、云南、广西四省（自治区）及有关海域。有探矿权29个，其中海南省2个、广东省1个、广西壮族自治区1个、云

南省1个、有关海域24个。勘查面积17.374万平方千米。有采矿权5个，其中海南省4个、广东省1个，开采面积372.306平方千米。截至2022年底，南方公司累计产油480万吨、产气32亿立方米。

2022年底，南方公司设机关部门10个、二级单位7个。在职员工165人，平均年龄42岁，其中党员占64%，本科及以上学历占81%，中级及以上职称占70%，高级职称占42%，教授级高工3人。

2022年，南方公司生产液态石油产销量32.01万吨；生产天然气1.01亿立方米，销售9055万立方米；营业收入17.46亿元、同比增长40.2%，为历史之最；利润总额4.92亿元、净利润4.15亿元，分别同比增长79.9%和77.8%，分别创近8年和12年来最好水平，经济增加值同比增加2.27亿元，净资产收益率、营业收入利润率大幅提升，自由现金流稳步增长，完成上级下达的考核指标。全员劳动生产率创历史新高。连续23年无安全生产亡人事故，连续5年获评集团公司质量健康安全环保节能先进企业。

【油气勘探】 2022年，南方公司立足福山凹陷精耕细作，强化物探攻关，深化基础研究，探井成功率55.6%，评价井成功率100%，落实探明石油地质储量770万吨、预测石油地质储量1368万吨；SEC储量原油修正40.29万吨、天然气修正0.6亿立方米。拓展勘探永安浊积扇，古近系流沙港组二段岩性油藏展现大场面；精细勘探朝阳断阶带，涠洲组、流一段、流二段多层系立体勘探获新成果；探索花场永安洼槽区，部署花28x井获得成功，展现满洼含油潜力。集中立体勘探评价永安油田，培育千万吨储量接替区取得关键性进展。推动与中国海油合作项目，完成第一阶段主体工作量。

【油气开发】 2022年，南方公司推进新区效益建产和老区稳产，生产液态石油产品32.01万吨、连续7年刷新产量纪录，天然气保持1亿立方米以上稳产。勘探开发建设全面提速，新钻产能井20口，新建原油产能5.4万吨；投产新井17口，产油1万吨。深化非稳态注水研究和动态调配，强化措施增产，开展长停井、低产井治理，注水油藏含水率从48.1%下降到45.2%，原油自然递减率9.9%、综合递减率5.5%，均创近年新低。创新和推广应用气藏CCUS（二氧化碳捕集、利用与封存技术）、柱塞气举、小泵深抽等新技术适用技术，天然气自然递减率4.6%、综合递减率0.6%，保持在历史最低区间。

【新能源业务】 2022年，南方公司按照"三步走"总体部署，取得一批标志性成果。将开拓海上风电业务作为主攻方向，率先获取海南60万千瓦海上风电指标，谋划在粤东建设百万千瓦海上风电基地。完成福山凹陷地热资源普查，建成海南首个地热能综合利用示范项目，新增地热制冷面积3400平方米，年减排二氧化碳 1600 吨、节约费用 117 万元。启动油田分布式光伏建设，规划总装机容量 7 兆瓦。

【工程技术】 2022 年，南方公司关键核心技术攻关取得突破，高温高压、大位移、超深井施工技术初步成型，以"薄互层限流射孔＋绳结暂堵"为主的层间转向压裂工艺技术在花 107-100 大平台应用，取得显著成效；推广"内衬油管＋塔式抽油机"技术，检泵周期达到 747 天，为历史最好水平。制定实施数字化转型、智能化发展规划，油气生产物联网全面深化应用，数字化赋能油气生产提质增效取得实质性进展。

【科研创新】 2022 年，南方公司承担上级下达科技项目 12 项，自立 8 项，投入经费 4495 万元，"海南福山凹陷复杂火山岩物探技术创新与规模效益储量发现"获海南省科学技术进步奖一等奖，"油气生产物联网建设及创新应用"获二等奖。国内外首例凝析气藏 CCUS（二氧化碳捕集利用和封存技术）先导试验取得成功，国内首个千万吨级油田全生命周期 CCUS 先导试验见到初步成效。创新形成完整的二氧化碳分离、利用与埋存业务链条，建成"高效率、高采收率、高埋存率、强气源适配性、强扩展推广性"CCUS 福山油田模式，取得突出的经济和社会效益，全年埋存二氧化碳 5.03 万吨，累计埋存二氧化碳 17.8 万吨。南方公司 CCUS 工作得到央视聚焦报道及地方各级领导的高度关注；海南省委书记、省长亲临实地调研，给予高度肯定。

【安全环保】 2022 年，南方公司贯彻新《安全生产法》和国务院安全生产工作"十五条"硬措施要求，统筹推进安全生产专项整治三年行动、安全生产大检查和 QHSE 体系审核，狠抓城镇燃气、井控等重点领域安全风险集中治理，升级关键时段安全管理，安全生产形势总体稳定。制订实施深入打好污染防治攻坚战、持续推进绿色企业创建工作方案，甲烷和挥发性有机物协同管控初见成效，未发生环境污染事件。开展员工健康风险评估和干预，巩固健康企业建设成果。因时因势调整优化新冠肺炎疫情防控措施，强化应急响应程序动态管理和物资储备，关心关爱"三个群体"身心健康，将疫情对生产经营和员工群众工作生活的影响降到最低。连续 5 年获评集团公司质量健康安全环保节能先进企业。

【经营管理】 2022 年，修订《南方石油勘探开发有限责任公司投资管理细则》，严格科学论证把关和效益排队优选，优先保障主营业务和重大项目建设，完成上级下达投资任务，投资效率效益持续提高。提升统计质量水平，获评"海南省工业生产者价格统计调查工作先进单位"。部署推进提质增效价值创造专项行动，实施"五提质、五增效"措施，实现增效 1.31 亿元。原油完全成本 59.43 美元/桶，同汇率同比增加 14.1 美元/桶，其中油价上涨导致的税费增加成本

7.36美元/桶，消化历史遗留问题增加成本 6.03 美元/桶，为 2023 年"轻装上阵"做足准备；天然气完全成本每千立方米 1465 元，同比基本持平。全面实施零基预算管理，深化资金紧平衡管控，加强税收筹划和税率优化，"两金"占用得到有效控制，资产负债率创近 10 年新低。

【企业党建工作】 2022 年，南方公司修订"三重一大"决策制度，决策事项 52 项，党委领导作用充分发挥。把政治建设放在首位，坚持"第一议题"制度，健全学习贯彻习近平总书记重要指示批示精神落实机制，开展"建功新时代，喜迎二十大"主题活动，深刻领悟"两个确立"，坚决做到"两个维护"。制订专项工作方案，精心组织党建活动，全面掀起学习宣传贯彻党的二十大精神热潮。开展"转观念、勇担当、强管理、创一流"主题教育，加强和改进思想政治工作，巩固和发展爱国统一战线，未发生意识形态领域问题。深化拓展党史学习教育成果和全国国企党建会精神落实成果，召开党建工作部署会，规范党费和党组织工作经费管理，制订实施党委班子成员巡回指导基层党组织专项计划，基层党建"三基本"建设与"三基"工作有机融合，党建工作质量和水平进一步提升。坚持党管干部、党管人才，加大各层级优秀干部培养使用力度。强化党风廉政建设和反腐败工作，修订贯彻落实中央八项规定精神实施细则，开展纪律教育学习月活动，党风企风持续向好，政治生态持续净化。聚焦"两个维护"和"国之大者"强化政治监督，组织冬季天然气保供等 14 项专项监督，推进"反围猎"专项行动和以案促改专项工作，完成党委巡察"回头看"；坚决彻底、举一反三整改巡视巡察、审计反馈、内控测试发现问题，构建长效机制，堵塞管理漏洞。

【企业文化建设】 2022 年，南方公司持续深化"我为员工群众办实事"实践活动，落实全员疗养政策，优化调整基本工资制度，员工收入普遍提升。用心做好新冠肺炎疫情期间后勤服务保障，海口基地获评海南省首批"无疫小区"。以工程思维组织实施人才强企专项工作，培训 1500 余人次，建立健全专项奖励和综合考评机制，高质量完成人事档案专审，选拔中层管理人员 4 人、二级单位助理副总师 3 人、高级主管 2 人，推荐评审正高级职称 2 人、副高级职称 6 人。创新青年工作组织体系，一体推进"青马工程"和青年精神素养提升工程，开展建团百年系列活动，激扬青年员工不负韶华、拼搏奋斗的青春力量。关爱退休老同志，开展节日慰问。整体环境和谐稳定，员工干事创业劲头十足，有 5 个单位、集体和 27 人次获省部级以上表彰奖励。

（杨　琳）

中国石油天然气股份有限公司储气库分公司

【概况】 中国石油天然气股份有限公司储气库分公司（简称储气库公司）前身是 2016 年 11 月组建的中国石油天然气销售储备气分公司；2018 年 5 月更名为中国石油天然气股份有限公司储气库分公司，隶属油气新能源公司；2019 年 2 月 21 日成立中国石油集团储气库有限公司（简称储气库有限公司），与储气库公司合署办公。

储气库公司作为油气新能源公司附属单位，主要承担储气库规划计划、建设与运营管理、技术开发应用、标准规范制修订、考核评价、合资合作及业务发展政策研究等工作；受托负责油气田区域之外建设的其他储气库资产管理，是盐穴储气库的投资主体、运营主体和责任主体，承担实体职能，统筹开展盐穴储气库合资建设及运营工作，加快推进盐穴储气库项目落地实施。

2022 年，储气库业务注采气量再创新高，注气 156.7 亿立方米，注气同比增加 36.6 亿立方米，增长 30.47%；新增工作气量 18 亿立方米，工作气量达到 157 亿立方米。单日最高注气量 1.07 亿立方米，首次突破 1 亿立方米，同比增长 27.7%。切实履行安全温暖过冬的责任，截至 2022 年 12 月 31 日，本轮累计采气 50.6 亿立方米。

2022 年，完成《储气库公司未上市业务中长期高质量协同发展规划》编制，进一步明晰未上市业务发展方向和路径，形成"三群九库一中心"发展格局。

强化企业化经营，集团公司批复的 3 个盐穴储气库项目平稳有序推进，张兴项目合资公司运行顺畅，年底具备注气条件，菏泽项目完成三维地震勘探，三水项目积极开展专项研究，协调地方政府支持开展三维地震等工作。

合资公司顺利运转。2022 年 1 月，江苏国能石油天然气有限公司完成注册，合资项目实现零的突破。组建董事会、监事会和经营管理团队，储气库公司通过股东会和董事会行权，确保依法合规维护公司权益，召开股东会和董事会各 3 次，分别审议议案 14 项和 21 项。有效发挥股东优势，实现优势互补，协调气源和市场等关键问题，盐化企业解决卤水处理等难题，合资优势转化为发展动力。

【企业管理】 2022年，储气库公司菏泽盐穴储气库先导工程取得批复，投资2.89亿元；部署32平方千米三维地震项目，是储气库公司首个开展的物探项目。项目合作双方相向而行，企地紧密配合，克服高温酷暑、疫情防控、农作物抢收抢种等困难，在一个月内高效完成现场采集，完成资料处理解释。广东三水项目完成储气库资产收购，有序开展4项专题研究，为项目可行性研究开展、科学决策提供重要支撑。

应用前期评价成果，开拓市场抢占先机，山东泰安和云南昆明、江苏丰县等项目洽谈顺利，完成合作意向书或框架协议签订，锁定合资合作权益，进一步夯实发展基础。

利用编制江苏省、山东泰安市盐穴利用规划机遇，掌握岩盐资源、评价优质资源。参与集团公司储氢产业链建设，承担盐穴库址资源前期评价、精氦存储盐穴库选址评价等课题研究，加快拓展盐穴库多元化、多方向的综合创新应用。

完成"盐穴储气库注采动态热力学模拟技术研究"课题验收，为盐穴库动态分析夯实理论基础。对进口声呐测腔设备进行消化、吸收，完成多个测腔作业项目，利用特色技术开展项目可行性研究、技术论证等工作。2022年专利成果丰硕，申报专利9项，是2021年的2倍多，其中发明专利8项，取得授权专利4项。紧密结合现场急需，抓好专标委和评估中心工作，完成《储气库注采能力计算规范》等5个项目标准制修订审查，培育国际标准1项，组织200余人参加标准宣贯，发挥行业引领作用；发挥4个评估分中心参谋支持作用，在库容标定、风险井治理、安全审核、经济评价等方面取得新进展。持续推进智能储气库生产运行平台建设，完成大屏演示环境的建设和系统软件部署上线运行，开发39张报表的数据模型，为储气库数字化转型、智能化发展迈出第一步。

【质量安全环保】 2022年，储气库公司组织完成辽河双6、新疆呼图壁等6家油气田9座在役储气库第三轮注气期安全环保专项审核，审核发现问题397项，提出技术建议66项，促进井筒等重点部位的安全管理。首次组织开展8家油气田12座储气库采气期安全环保监督检查，发现问题219项。首次开展储气库安全环保深度审核，以大港油田储气库为试点，审核现场11个，发现问题88项，提出技术建议11项，有效提升储气库安全环保管理基础。

党委中心组专题学习贯彻习近平安全生产思想，落实安全生产月和质量月活动要求,组织办公场所安全检查和消防检查。督导张兴项目加强钻井、溶腔及地面工程质量安全环保管理,合资公司及时完成钻井纠偏、钻井液不落地措施等整改工作。组织菏泽项目开工前安全环保培训,严控火工药品管理,领导带队开展安全环保专项检查。完成储气库公司首次QHSE体系内审工作,发现问题36项,各部门逐项分析整改,编修体系文件41项,完成储气库公司《QHSE管理手册》修订。发布第四版疫情防控工作手册,及时调整疫情防控措施。有序组织员工健康体检,通过对近年体检数据比对分析,优化体检项目,组织专业医生对员工进行一对一解读,最大限度满足员工健康体检的个性化需求。

【张兴盐穴储气库建设】 张兴盐穴储气库位于江苏省淮安市淮安区,由中国石油集团储气库有限公司与江苏盐业井神股份公司合资兴建,双方股比为49:51。该储气库利用张兴盐矿采卤后形成的地下老腔改建,设计总库容31.26亿立方米,设计工作气量18.5亿立方米,计划总投资65亿元,新建1座集注站、3座集配气站、19座注采井场,设计总注气能力1200万米^3/日、总采气能力1800万米^3/日。整个项目分三期建设。2025年一期工程建成并投产,建成7组井,形成库容10.35亿立方米、工作气6.31亿立方米。其中先导工程共封堵老井4口、新钻井5口,预计可形成有效体积62.3万立方米,形成库容1.57亿立方米,工作气量0.84亿立方米。2027年二期工程建成4组井,形成库容6.93亿立方米、工作气4.2亿立方米;2029年三期工程建成9组井,形成库容15.5亿立方米、工作气7.99亿立方米。

2021年12月28日,张兴储气库先导试验地下工程开工。截至2022年底,完成5口更新井的钻井施工,总进尺9903米,生产套管固井质量合格率99.86%,盖层优质率100%。2022年2月26日地面工程开工建设,12月综合用房完工,地面机电安装工程单位进场,开始工艺区施工。2022年完成投资1.26亿元。

【菏泽盐穴储气库建设】 菏泽盐穴储气库位于山东省菏泽市单县黄岗镇,2022年3月取得先导试验工程方案批复,设计库容1.85亿立方米,工作气量1.11亿立方米,工作量4井3腔。先导性试验工程由储气库公司组织实施。

2022年,完成三维地震现场采集,三维地震设计满覆盖区域30.6平方千米,炮点面积50.1平方千米,资料面积70.51平方千米,接收点面积93.54平方千米。测量资料合格率100%。同时,完成地面采卤站工程设计。完成投资2027万元。

【企业党建工作】 2022年,储气库公司党委坚持用习近平新时代中国特色社会主义思想武装头脑，第一时间学习贯彻党的二十大精神和习近平总书记重要讲话及指示批示精神，组织中心组学习23次，学习材料162篇，筑牢企业发展的根和魂。落实集团公司纪检监察组《关于对林长海、宓龙彪案开展以案促改工作的建议》，开展以案促改工作，针对案件暴露出的问题和纪检监察组提出的3项整改建议，细化整改措施17项，强化整改落实，制定《推进以案促改制度化常态化工作细则》。开展"合规管理强化年"活动，组织"严肃财经纪律、依法合规经营"综合治理专项行动，2次法治集中学习，开展专题对照检查，制定高风险岗位清单，梳理风险点18个。落实落细意识形态工作责任，制定宣传报道审核流程，强化网络安全管理，守住意识形态阵地。

2022年，储气库公司在岗职工69人，共产党员61人、其中预备党员2人，党员占比为88.4%。

（刘鑫林）